国家农业图书馆　农业大数据与信息服务联盟

全国农科院系统科研产出统计分析报告
（2013—2022年）

中国农业科学院农业信息研究所　组织编写

中国农业科学技术出版社

图书在版编目(CIP)数据

全国农科院系统科研产出统计分析报告．2013-2022年／中国农业科学院农业信息研究所组织编写．--北京：中国农业科学技术出版社，2023.11
ISBN 978-7-5116-6560-7

Ⅰ.①全… Ⅱ.①中… Ⅲ.①农业科学院-科技产出-统计分析-研究报告-中国-2013-2022 Ⅳ.①S-242

中国国家版本馆CIP数据核字(2023)第233498号

责任编辑 史咏竹
责任校对 马广洋
责任印制 姜义伟 王思文

出 版 者 中国农业科学技术出版社
北京市中关村南大街12号 邮编：100081
电　　话 (010) 82105169 (编辑室) (010) 82109702 (发行部)
(010) 82109709 (读者服务部)
网　　址 https://castp.caas.cn
经 销 者 各地新华书店
印 刷 者 北京建宏印刷有限公司
开　　本 185 mm×260 mm 1/16
印　　张 18.5
字　　数 483千字
版　　次 2023年11月第1版 2023年11月第1次印刷
定　　价 128.00元

《全国农科院系统科研产出统计分析报告（2013—2022年）》

专家委员会

梅旭荣　孙　坦　杨　鹏　韩　刚　谢江辉　李泽福　杨国航
李中林　魏　辉　杨天育　易干军　孙　健　周维佳　黄正恩
李　岩　张　磊　来永才　梅书棋　张德咏　马国成　沈建新
张爱民　潘荣光　赵　举　刘常青　万书波　杨　娟　刘永红
程　奕　杨　勇　周　平　佘庆辉　高维明　王继华　李国景

编委会

主　　任　周清波
副 主 任　赵瑞雪
委　　员　（按姓氏汉语拼音排序）
毕洪文　曹宗喜　付江凡　郭保民　郝朝运　何　鹏
黄　界　黄　平　金龙新　李　捷　李国锋　刘桂民
卢青侠　马辉杰　欧　毅　彭秀媛　覃泽林　任　妮
阮怀军　施建春　宋庆平　孙素芬　孙英泽　王凤山
王晓伟　吴卫成　解　沛　张晓琴　赵　恒　赵泽英
周　容　周灿芳　庄忠钦

主　　编　赵瑞雪　朱　亮　寇远涛　鲜国建
副 主 编　赵　华　孙　媛　叶　飒　季雪婧　金慧敏　张　洁
编写人员　（按姓氏汉语拼音排序）
陈　洁　程彬彬　葛　瑾　龚丝雨　郭　婷　侯云鹏
胡　婧　黄峰华　黄力士　康　乐　李　季　林　萍
龙　海　陆光顺　齐世杰　申屠垠　苏小波　孙　亮
唐　研　唐江云　万红辉　王　婧　王　莉
王　琼（新疆农垦科学院）王　琼（新疆畜牧科学院）
肖楚妍　许正春　杨兰伟　张志娟　赵俊利　周　蕊
周舒雅　朱　昆

说　明

统计说明

《全国农科院系统科研产出统计分析报告（2013—2022 年）》是对农业农村部所属“三院”及部分省（自治区、直辖市）级农（垦、牧）业科学院共 33 家农业科研机构近十年（2013—2022 年）科技期刊论文、获奖成果、国内专利产出情况的客观统计，未进行统计对象间的对比分析。科技期刊论文统计数据来源于科学引文索引数据库（Web of Science，WOS）、中国科学引文数据库（CSCD）、中国知网（CNKI）、万方数据，获奖科技成果统计数据来源于国家科技成果网、国家科学技术奖励办公室、农业农村部官网，国内专利统计数据来源于国家知识产权局。科技期刊论文统计数据截止日期为 2023 年 9 月，由此可能造成部分已发表的论文数据未纳入本次统计范围，相关统计结果可能与实际发文情况存在误差。现将统计分析报告编制有关事项说明如下。

统计对象

农业农村部所属“三院”即中国农业科学院、中国水产科学研究院、中国热带农业科学院，以及安徽省农业科学院、北京市农林科学院等部分省（自治区、直辖市）级农（垦、牧）业科学院，共 33 家农业科研机构，详细名单见表 1。

表 1　报告统计对象详细名单

序号	单位名称	序号	单位名称
1	中国农业科学院	10	广西壮族自治区农业科学院
2	中国水产科学研究院	11	贵州省农业科学院
3	中国热带农业科学院	12	海南省农业科学院
4	安徽省农业科学院	13	河北省农林科学院
5	北京市农林科学院	14	河南省农业科学院
6	重庆市农业科学院	15	黑龙江省农业科学院
7	福建省农业科学院	16	湖北省农业科学院
8	甘肃省农业科学院	17	湖南省农业科学院
9	广东省农业科学院	18	吉林省农业科学院

（续表）

序号	单位名称	序号	单位名称
19	江苏省农业科学院	27	天津市农业科学院
20	江西省农业科学院	28	西藏自治区农牧科学院
21	辽宁省农业科学院	29	新疆农垦科学院
22	内蒙古自治区农牧业科学院	30	新疆农业科学院
23	宁夏农林科学院	31	新疆畜牧科学院
24	山东省农业科学院	32	云南省农业科学院
25	上海市农业科学院	33	浙江省农业科学院
26	四川省农业科学院		

统计分析报告构成

《全国农科院系统科研产出统计分析报告（2013—2022 年）》包括两部分：科技期刊论文、获奖成果、国内专利产出总体情况统计，统计对象分报告。

（1）科技期刊论文、获奖成果、国内专利产出总体情况统计：汇总统计 33 家农业科研机构近十年（2013—2022 年）科技期刊论文、获奖成果、国内专利总体及分年度产出情况。

（2）统计对象分报告：对某一统计对象及其所属二级机构近十年（2013—2022 年）科技期刊论文产出情况进行分项统计分析。

统计数据来源

（1）科技期刊论文数据：英文科技期刊论文数据来源于科学引文索引数据库（Web of Science，WOS）收录的文献类型为期刊论文（Article）、会议论文（Proceedings Paper）和述评（Review）的 Science Citation Index Expanded（SCIE）论文数据。本次统计论文发表年份范围为 2013—2022 年，数据统计截止时间为 2023 年 9 月。

中文科技期刊论文数据来源于中国科学引文数据库（CSCD）、中国知网（CNKI）、万方数据，本次统计论文发表年份范围为 2013—2022 年，数据统计截止时间为 2023 年 9 月。

（2）获奖科技成果数据：国家级获奖科技成果包括国家自然科学奖、国家技术发明奖、国家科学技术进步奖三类。省部级获奖科技成果本次仅统计神农中华农业科技奖成果，包括 2011—2020 年评选的 2012—2013 年度、2014—2015 年度、2016—2017 年度、2018—2019 年度、2020—2021 年度五次获奖成果。获奖科技成果统计数据来源于国家科技成果网、国家科学技术奖励办公室、农业农村部官网。

（3）国内专利数据：国内专利数据包括发明专利、实用新型专利和外观设计专利三类，本次仅统计 2013—2022 年已获授权的专利。国内专利数据来源于国家知识产权局。

（4）机构规范数据：本次 33 个统计对象均为我国国家级或省（自治区、直辖市）级农（垦、牧）业科学院，其规模较大，建设历史较长，期间机构调整及变动较多。为保证统计结果的准确，报告编制团队对 33 个统计对象本级及其二级机构信息进行了规范化处理，重点是机构的中外文规范名称、别名等，其中别名所含信息包括了机构历史沿革（拆分、合并、调整等）名称。

统计分析指标说明

本报告采用的指标均为客观实际的定量评价指标，现将相关统计分析指标的内涵、计算方法简要解释如下。

（1）发文量：包括英文发文量和中文发文量，英文发文量是指统计对象于 2013—2022 年在 WOS 数据库 SCIE 期刊上发表的全部论文数量。中文发文量包括北大中文核心期刊发文量、CSCD 期刊发文量，北大中文核心期刊发文量是指统计对象于 2013—2022 年发表的北大中文核心期刊论文数量，CSCD 期刊发文量是指统计对象于 2013—2022 年发表的中国科学引文数据库（CSCD）期刊论文数量。

（2）发文期刊 JCR 分区：2013—2022 年统计对象所发表英文论文发文期刊所在 WOSJCR 分区情况，按年度统计每一分区的发文数量。

（3）高发文研究所：2013—2022 年中英文论文发文量排名前十的统计对象所属二级单位。

（4）高发文期刊：2013—2022 年刊载统计对象所发表中英文论文数量排名前十的科技期刊，英文期刊包括期刊名称、发文量、WOS 所有数据库总被引频次、WOS 核心库被引频次、期刊最近年度影响因子（来源于 JCR）。中文期刊包括期刊名称、发文量，按北大中文核心期刊、CSCD 期刊分类进行统计。

（5）合作发文国家与地区：2013—2022 年与统计对象合作发表英文论文（合作发文 1 篇以上）的作者所来自国家和地区，按照合作发文的数量排名取前十名，包括国家与地区名称、合作发文量、WOS 所有数据库总被引频次、WOS 核心库被引频次。

（6）合作发文机构：2013—2022 年与统计对象合作发表中英文论文的作者所属机构，按照合作发文的数量排名取前十名。

（7）高频词：2013—2022 年统计对象所发表全部英文论文关键词（作者关键词）按其出现频次排名前二十者。

免责声明

在本报告的编制过程中，力求严谨规范，精益求精。但由于统计年限较长、数据源收录数据完整性、统计对象机构变化调整等原因，可能存在部分统计结果与统计对象实际期刊论文和获奖成果产出情况不完全一致，内容疏漏与错误之处恳请广大读者批评指正。

目　录

全国农科院系统期刊论文及获奖科技成果产出总体情况统计

1 英文期刊论文发文量统计

统计对象2013—2022年在WOS数据库SCIE期刊上发表的论文数量情况见表1-1，农业农村部所属“三院”在前，省（自治区、直辖市）级农（垦、牧）业科学院按名称拼音字母排序。

表1-1 2013—2022年全国农科院系统历年SCI发文量统计 单位：篇

序号	发文单位	2013年	2014年	2015年	2016年	2017年	2018年	2019年	2020年	2021年	2022年	发文总量
1	中国农业科学院	1 675	2 092	2 473	2 928	3 009	3 361	4 022	4 648	5 192	6 294	35 694
2	中国水产科学研究院	430	455	559	749	648	703	842	851	1 010	1 387	7 634
3	中国热带农业科学院	263	284	299	302	317	302	408	407	530	600	3 712
4	安徽省农业科学院	45	51	79	87	90	113	146	165	192	223	1 191
5	北京市农林科学院	238	250	278	364	322	330	486	468	571	842	4 149
6	重庆市农业科学院	10	19	25	24	36	39	34	41	56	60	344
7	福建省农业科学院	33	46	53	92	99	101	133	151	192	210	1 110
8	甘肃省农业科学院	14	21	20	29	18	28	49	79	58	82	398
9	广东省农业科学院	171	199	224	245	266	293	441	544	621	792	3 796
10	广西壮族自治区农业科学院	30	30	64	45	70	65	124	160	201	280	1 069
11	贵州省农业科学院	16	18	29	55	52	72	94	94	122	201	753
12	海南省农业科学院	5	6	15	27	26	20	27	27	38	54	245

（续表）

序号	发文单位	2013 年	2014 年	2015 年	2016 年	2017 年	2018 年	2019 年	2020 年	2021 年	2022 年	发文总量
13	河北省农林科学院	47	50	61	54	67	79	99	117	124	187	885
14	河南省农业科学院	46	59	83	113	124	113	138	176	230	249	1 331
15	黑龙江省农业科学院	35	51	70	87	127	124	159	188	197	297	1 335
16	湖北省农业科学院	54	62	68	85	83	102	158	173	207	249	1 241
17	湖南省农业科学院	22	30	44	60	64	85	124	150	216	222	1 017
18	吉林省农业科学院	33	44	61	45	67	78	115	130	166	197	936
19	江苏省农业科学院	164	229	342	403	424	456	513	566	669	853	4 619
20	江西省农业科学院	31	37	39	44	51	53	59	72	93	132	611
21	辽宁省农业科学院	25	32	30	33	40	27	57	71	96	107	518
22	内蒙古自治区农牧业科学院	9	16	15	25	17	24	28	40	50	103	327
23	宁夏农林科学院	3	10	8	14	19	18	35	56	63	116	342
24	山东省农业科学院	144	147	155	202	175	227	280	302	351	480	2 463
25	上海市农业科学院	70	78	102	132	112	172	229	260	279	338	1 772
26	四川省农业科学院	36	40	70	91	84	92	119	145	175	214	1 066
27	天津市农业科学院	15	8	13	21	22	17	31	41	75	103	346
28	西藏自治区农牧科学院	4	9	20	10	22	39	53	63	83	104	407
29	新疆农垦科学院	15	13	16	14	25	21	43	66	76	117	406
30	新疆农业科学院	20	39	51	52	49	44	109	101	139	182	786

（续表）

序号	发文单位	2013 年	2014 年	2015 年	2016 年	2017 年	2018 年	2019 年	2020 年	2021 年	2022 年	发文总量
31	新疆畜牧科学院	6	8	13	17	21	21	22	28	31	35	202
32	云南省农业科学院	76	75	113	127	128	134	174	203	211	270	1 511
33	浙江省农业科学院	197	200	235	227	267	254	313	380	496	678	3 247
	年度发文总量	3 982	4 708	5 727	6 803	6 941	7 607	9 664	10 963	12 810	16 258	85 463
	年均发文量	120.7	142.7	173.5	206.2	210.3	230.5	292.8	332.2	388.2	492.7	2 589.8

2 中文期刊论文发文量统计

2.1 北大中文核心期刊发文量

统计对象2013—2022年发表的北大中文核心期刊论文数量情况见表2-1，农业农村部所属“三院”在前，省（自治区、直辖市）级农（垦、牧）业科学院按名称拼音字母排序。

表2-1 2013—2022年全国农科院系统北大中文核心期刊历年发文量统计 单位：篇

序号	发文单位	2013 年	2014 年	2015 年	2016 年	2017 年	2018 年	2019 年	2020 年	2021 年	2022 年	发文总量
1	中国农业科学院	3 820	3 861	3 981	4 030	4 048	3 991	3 800	3 350	3 047	3 266	37 194
2	中国水产科学研究院	1 009	924	958	991	1 058	1 098	1 035	842	774	894	9 583
3	中国热带农业科学院	498	622	727	627	580	608	527	515	515	522	5 741
4	安徽省农业科学院	199	177	184	144	131	125	115	124	105	129	1 433
5	北京市农林科学院	521	501	509	494	529	520	506	512	548	458	5 098
6	重庆市农业科学院	79	63	72	47	53	79	94	77	89	90	743
7	福建省农业科学院	195	193	189	283	343	340	313	235	245	288	2 624
8	甘肃省农业科学院	184	132	174	178	138	175	210	174	173	194	1 732

（续表）

序号	发文单位	2013 年	2014 年	2015 年	2016 年	2017 年	2018 年	2019 年	2020 年	2021 年	2022 年	发文总量
9	广东省农业科学院	393	437	401	362	288	303	330	396	428	498	3 836
10	广西壮族自治区农业科学院	249	351	329	363	388	338	375	380	397	370	3 540
11	贵州省农业科学院	318	316	285	279	266	251	294	342	385	385	3 121
12	海南省农业科学院	71	93	86	88	83	94	67	66	72	43	763
13	河北省农林科学院	189	185	164	166	199	189	209	187	216	237	1 941
14	河南省农业科学院	229	212	237	258	296	321	255	328	345	372	2 853
15	黑龙江省农业科学院	259	275	261	229	223	223	204	219	217	278	2 388
16	湖北省农业科学院	235	288	299	199	153	212	276	319	298	284	2 563
17	湖南省农业科学院	144	113	133	165	167	175	189	206	186	207	1 685
18	吉林省农业科学院	168	181	219	189	152	214	250	266	221	233	2 093
19	江苏省农业科学院	913	899	858	853	753	625	553	558	563	579	7 154
20	江西省农业科学院	103	109	122	91	101	95	136	143	121	123	1 144
21	辽宁省农业科学院	294	275	265	269	255	197	179	221	232	262	2 449
22	内蒙古自治区农牧业科学院	117	129	123	102	125	124	131	121	113	124	1 209
23	宁夏农林科学院	173	169	155	178	151	156	156	154	152	177	1 621
24	山东省农业科学院	343	347	338	372	381	417	416	373	293	352	3 632
25	上海市农业科学院	242	230	246	221	182	199	237	261	310	282	2 410
26	四川省农业科学院	236	246	228	230	225	221	213	229	192	198	2 218
27	天津市农业科学院	124	134	136	120	92	139	168	133	124	123	1 293

（续表）

序号	发文单位	2013 年	2014 年	2015 年	2016 年	2017 年	2018 年	2019 年	2020 年	2021 年	2022 年	发文总量
28	西藏自治区农牧科学院	23	39	44	51	55	88	122	88	89	72	671
29	新疆农垦科学院	160	120	134	112	114	104	94	93	105	135	1 171
30	新疆农业科学院	256	247	299	269	283	303	246	279	267	291	2 740
31	新疆畜牧科学院	51	67	82	86	59	68	43	49	65	66	636
32	云南省农业科学院	324	333	353	304	294	295	316	293	243	291	3 046
33	浙江省农业科学院	354	301	278	263	268	268	300	288	300	320	2 940
	年度发文总量	12 473	12 569	12 869	12 613	12 433	12 555	12 359	11 821	11 430	12 143	123 265
	年均发文量	378.0	380.9	390.0	382.2	376.8	380.5	374.5	358.2	346.4	368.0	3 735.3

2.2 CSCD 期刊发文量

统计对象 2013—2022 年发表的中国科学引文数据库（CSCD）期刊论文数量情况见表 2-2，农业农村部所属“三院”在前，省（自治区、直辖市）级农（垦、牧）业科学院按名称拼音字母排序。

表 2-2　2013—2022 年全国农科院系统 CSCD 期刊历年发文量统计　单位：篇

序号	发文单位	2013 年	2014 年	2015 年	2016 年	2017 年	2018 年	2019 年	2020 年	2021 年	2022 年	发文总量
1	中国农业科学院	2 554	2 548	2 463	2 383	2 459	2 443	2 185	2 214	2 139	2 082	23 470
2	中国水产科学研究院	839	786	790	798	736	1 010	732	677	663	687	7 718
3	中国热带农业科学院	583	581	483	442	426	444	390	382	366	298	4 395
4	安徽省农业科学院	102	139	115	98	87	84	83	101	74	87	970
5	北京市农林科学院	365	353	351	350	360	374	323	361	344	292	3 473
6	重庆市农业科学院	62	50	47	37	36	51	67	63	56	56	525

（续表）

序号	发文单位	2013 年	2014 年	2015 年	2016 年	2017 年	2018 年	2019 年	2020 年	2021 年	2022 年	发文总量
7	福建省农业科学院	180	155	130	140	159	165	280	206	217	230	1 862
8	甘肃省农业科学院	125	114	147	151	109	145	159	139	153	138	1 380
9	广东省农业科学院	340	337	198	193	183	170	171	218	215	247	2 272
10	广西壮族自治区农业科学院	219	227	173	175	196	183	148	213	253	186	1 973
11	贵州省农业科学院	120	129	90	131	142	144	123	139	144	154	1 316
12	海南省农业科学院	36	48	32	39	39	51	29	36	28	15	353
13	河北省农林科学院	131	133	106	105	116	129	121	115	146	133	1 235
14	河南省农业科学院	195	168	196	201	234	248	134	183	174	162	1 895
15	黑龙江省农业科学院	154	172	141	149	128	133	96	124	117	118	1 332
16	湖北省农业科学院	53	78	66	81	80	86	86	111	123	95	859
17	湖南省农业科学院	99	94	92	111	118	127	127	174	160	127	1 229
18	吉林省农业科学院	153	160	103	95	91	125	114	139	114	93	1 187
19	江苏省农业科学院	549	547	509	478	412	373	323	280	335	332	4 138
20	江西省农业科学院	70	77	79	50	65	66	78	105	91	88	769
21	辽宁省农业科学院	109	120	96	93	70	69	71	94	131	137	990
22	内蒙古自治区农牧业科学院	51	66	55	30	41	50	38	72	71	77	551
23	宁夏农林科学院	83	92	70	68	80	75	79	84	83	82	796

（续表）

序号	发文单位	2013年	2014年	2015年	2016年	2017年	2018年	2019年	2020年	2021年	2022年	发文总量
24	山东省农业科学院	239	244	204	217	215	246	229	239	178	148	2 159
25	上海市农业科学院	206	213	209	212	245	234	124	141	145	107	1 836
26	四川省农业科学院	190	195	167	161	165	156	152	153	140	138	1 617
27	天津市农业科学院	46	52	33	29	31	38	49	55	38	34	405
28	西藏自治区农牧科学院	14	24	30	27	39	53	61	44	59	52	403
29	新疆农垦科学院	94	78	87	64	88	68	51	60	70	85	745
30	新疆农业科学院	186	197	223	193	229	239	198	230	240	261	2 196
31	新疆畜牧科学院	34	41	23	32	22	35	19	16	25	26	273
32	云南省农业科学院	226	268	260	241	232	208	224	227	185	186	2 257
33	浙江省农业科学院	262	223	204	206	197	202	191	193	171	175	2 024
	年度发文总量	8 669	8 709	7 972	7 780	7 830	8 224	7 255	7 588	7 448	7 128	78 603
	年均发文量	262.7	263.9	241.6	235.8	237.3	249.2	219.8	229.9	225.7	216.0	2 381.9

3 获奖科技成果统计

3.1 国家级获奖科技成果数量

统计对象2011—2020年取得的国家级获奖科技成果数量情况见表3-1，包括国家自然科学奖、国家技术发明奖、国家科学技术进步奖三类。统计条件是获奖科技成果完成单位中包含统计对象及其所属机构。农业农村部所属“三院”在前，省（自治区、直辖市）级农（垦、牧）业科学院按名称拼音字母排序。

表 3-1　2011—2020 年全国农科院系统国家级获奖科技成果历年数量统计　单位：项

序号	获奖单位	2011 年	2012 年	2013 年	2014 年	2015 年	2016 年	2017 年	2018 年	2019 年	2020 年	成果总量
1	中国农业科学院	8	13	12	9	13	9	11	11	10	13	109
2	中国水产科学研究院			1	1	1			1	1	1	6
3	中国热带农业科学院		1		1					2		4
4	安徽省农业科学院			1					3		2	6
5	北京市农林科学院	4	1	1	1	1		2		1	4	15
6	重庆市农业科学院										1	1
7	福建省农业科学院	1	1	3					1	1		7
8	甘肃省农业科学院		2			1					1	4
9	广东省农业科学院	1		1	2	1	3	1			1	10
10	广西壮族自治区农业科学院											
11	贵州省农业科学院			1								1
12	海南省农业科学院							1				1
13	河北省农林科学院	2	1		1	2			2	1	1	10
14	河南省农业科学院	3	1		2	1	1		1		2	11
15	黑龙江省农业科学院		1			2	1	2	1	2	2	11
16	湖北省农业科学院	1		1	1	1	1	1	1	2	3	12
17	湖南省农业科学院		1			2	1	2	2	1	1	10
18	吉林省农业科学院		1			2	1	1		1	1	7
19	江苏省农业科学院		1		1	2	2		2	1	1	10
20	江西省农业科学院			1		1	1	1	1			5
21	辽宁省农业科学院	1		2			1		1	2	1	8

（续表）

序号	获奖单位	2011 年	2012 年	2013 年	2014 年	2015 年	2016 年	2017 年	2018 年	2019 年	2020 年	成果总量
22	内蒙古自治区农牧业科学院			2								2
23	宁夏农林科学院					2		1				3
24	山东省农业科学院	1	1	2	1	2	1		1	5	1	15
25	上海市农业科学院	1	1	2			1				1	6
26	四川省农业科学院	1	3	1		1	1	1			1	9
27	天津市农业科学院		1							1		2
28	西藏自治区农牧科学院											
29	新疆农垦科学院					1						1
30	新疆农业科学院	1			1	2		1			2	7
31	新疆畜牧科学院											
32	云南省农业科学院	1	1			1		3	1		1	8
33	浙江省农业科学院	1	1	1	2	2		2	1	1	1	12
	年度获奖成果总量	27	32	32	23	41	24	30	30	32	42	313
	年均获奖成果数量	0. 82	0. 97	0. 97	0. 70	1. 24	0. 73	0. 91	0. 91	0. 97	1. 27	9. 48

3.2 神农中华农业科技奖成果数量

统计对象的神农中华农业科技奖成果数量情况见表 3-2。统计条件是获奖科技成果完成单位中包含统计对象及其所属机构。农业农村部所属“三院”在前，省（自治区、直辖市）级农（垦、牧）业科学院按名称拼音字母排序。

表 3-2 全国农科院系统神农中华农业科技奖获奖成果历年数量统计 单位：项

序号	获奖单位	2012—2013 年度	2014—2015 年度	2016—2017 年度	2018—2019 年度	2020—2021 年度	成果总量
1	中国农业科学院	30	43	44	49	41	207

（续表）

序号	获奖单位	2012—2013 年度	2014—2015 年度	2016—2017 年度	2018—2019 年度	2020—2021 年度	成果总量
2	中国水产科学研究院	7	5	8	7	10	37
3	中国热带农业科学院	8	12	4	4	2	30
4	安徽省农业科学院	4	6	10	5	6	31
5	北京市农林科学院	4	8	8	8	16	44
6	重庆市农业科学院	1	2	1	3	4	11
7	福建省农业科学院	5	2	3	2	1	13
8	甘肃省农业科学院	3	3	2	3	5	16
9	广东省农业科学院	8	7	8	6	8	37
10	广西壮族自治区农业科学院		1	2	8	2	13
11	贵州省农业科学院		2	1	1	3	7
12	海南省农业科学院		2	1	1		4
13	河北省农林科学院	8	4	4	4	7	27
14	河南省农业科学院	3	1	4	7	4	19
15	黑龙江省农业科学院	4	2	4	9	6	25
16	湖北省农业科学院	4	4	2	2	6	18
17	湖南省农业科学院	3	3	3	3	3	15
18	吉林省农业科学院	6	2	5	3	3	19
19	江苏省农业科学院	6	10	12	15	19	62
20	江西省农业科学院	2	3	2	4	3	14
21	辽宁省农业科学院	1	2	3	4	4	14
22	内蒙古自治区农牧业科学院		3	1		4	8
23	宁夏农林科学院		1	1	2		4
24	山东省农业科学院	5	4	8	14	15	46
25	上海市农业科学院		2	2	5	4	13
26	四川省农业科学院	3	4	5	10	7	29
27	天津市农业科学院	1	2	2	2	2	9

（续表）

序号	获奖单位	2012—2013 年度	2014—2015 年度	2016—2017 年度	2018—2019 年度	2020—2021 年度	成果总量
28	西藏自治区农牧科学院					1	1
29	新疆农垦科学院	1	1	1	2		5
30	新疆农业科学院	1	3	4	5	5	18
31	新疆畜牧科学院		1	2	1	2	6
32	云南省农业科学院	3	8		5	6	22
33	浙江省农业科学院	3	7	5	9	8	32
	年度获奖成果总量	124	160	162	203	207	856
	年均获奖成果数量	3.76	4.85	4.91	6.15	6.27	25.94

4 国内专利统计

统计对象 2013—2022 年已授权的国内专利数量情况见表 4-1，包括发明专利（表 4-2）、实用新型专利（表 4-3）和外观设计专利（表 4-4）三类。农业农村部所属“三院”在前，省（自治区、直辖市）级农（垦、牧）业科学院按名称拼音字母排序。

表 4-1　2013—2022 年全国农科院系统国内专利（全部已授权）历年数量统计　单位：项

序号	授予单位	2013 年	2014 年	2015 年	2016 年	2017 年	2018 年	2019 年	2020 年	2021 年	2022 年	专利总量
1	中国农业科学院	1 108	1 344	2 035	2 189	2 338	2 653	2 559	2 090	2 169	2 037	20 522
2	中国水产科学研究院	716	638	647	615	643	774	637	724	912	883	7 189
3	中国热带农业科学院	345	303	352	296	328	416	362	432	489	400	3 723
4	安徽省农业科学院	51	91	199	200	190	298	368	462	315	271	2 445
5	北京市农林科学院	292	334	385	380	376	296	370	402	442	393	3 670
6	重庆市农业科学院	26	21	47	62	102	98	91	103	156	150	856
7	福建省农业科学院	148	176	278	285	285	382	375	314	301	189	2 733
8	甘肃省农业科学院	21	16	49	70	65	85	71	114	136	124	751

（续表）

序号	授予单位	2013 年	2014 年	2015 年	2016 年	2017 年	2018 年	2019 年	2020 年	2021 年	2022 年	专利总量
9	广东省农业科学院	103	97	128	152	182	213	265	298	466	511	2 415
10	广西壮族自治区农业科学院	36	76	251	358	498	437	576	748	857	648	4 485
11	贵州省农业科学院	51	69	100	106	129	150	127	148	190	177	1 247
12	海南省农业科学院	6	6	6	13	26	36	30	45	85	96	349
13	河北省农林科学院	53	61	78	88	134	172	234	228	230	241	1 519
14	河南省农业科学院	45	51	101	124	160	142	129	172	284	225	1 433
15	黑龙江省农业科学院	45	66	101	126	302	217	248	322	428	231	2 086
16	湖北省农业科学院	57	84	90	123	139	141	155	155	171	174	1 289
17	湖南省农业科学院	37	47	95	107	116	137	166	184	182	151	1 222
18	吉林省农业科学院	30	36	40	99	119	120	99	108	133	128	912
19	江苏省农业科学院	385	326	460	437	555	537	531	480	558	494	4 763
20	江西省农业科学院	14	30	39	74	63	100	101	101	149	125	796
21	辽宁省农业科学院	36	42	62	65	72	89	89	144	259	280	1 138
22	内蒙古自治区农牧业科学院	13	15	25	37	40	72	76	146	205	248	877
23	宁夏农林科学院	33	26	19	51	82	99	180	255	349	349	1 443
24	山东省农业科学院	395	428	643	681	610	721	747	692	614	604	6 135
25	上海市农业科学院	108	95	101	100	129	114	164	164	257	205	1 437
26	四川省农业科学院	64	65	104	144	145	177	200	218	240	307	1 664

（续表）

序号	授予单位	2013 年	2014 年	2015 年	2016 年	2017 年	2018 年	2019 年	2020 年	2021 年	2022 年	专利总量
27	天津市农业科学院	46	50	74	66	81	79	116	86	96	106	800
28	西藏自治区农牧科学院	0	11	6	29	35	69	95	161	187	108	701
29	新疆农垦科学院	69	94	100	147	97	111	59	65	122	147	1 011
30	新疆农业科学院	76	88	121	117	119	108	95	126	198	222	1 270
31	新疆畜牧科学院	24	24	34	40	48	56	44	50	102	111	533
32	云南省农业科学院	106	96	125	149	135	215	225	210	275	306	1 842
33	浙江省农业科学院	126	98	142	161	163	194	224	259	273	356	1 996
	年度专利（全部）总量	4 665	5 004	7 037	7 691	8 506	9 508	9 808	10 206	11 830	10 997	85 252
	年均专利（全部）数量	141. 36	151. 64	213. 24	233. 06	257. 76	288. 12	297. 21	309. 27	358. 48	333. 24	2 583. 39

表 4-2　2013—2022 年全国农科院系统国内专利（发明）历年数量统计　　单位：项

序号	授予单位	2013 年	2014 年	2015 年	2016 年	2017 年	2018 年	2019 年	2020 年	2021 年	2022 年	专利总量
1	中国农业科学院	782	821	1 183	1 271	1 396	1 368	1 638	1 565	1 703	1 675	13 402
2	中国水产科学研究院	390	340	372	347	375	366	396	374	516	510	3 986
3	中国热带农业科学院	152	135	146	162	206	206	195	195	251	238	1 886
4	安徽省农业科学院	45	67	137	143	161	166	204	130	139	146	1 338
5	北京市农林科学院	159	196	219	232	237	188	259	273	290	285	2 338
6	重庆市农业科学院	15	14	27	42	65	50	30	36	54	67	400
7	福建省农业科学院	97	92	164	166	210	257	250	202	179	148	1 765

（续表）

序号	授予单位	2013 年	2014 年	2015 年	2016 年	2017 年	2018 年	2019 年	2020 年	2021 年	2022 年	专利总量
8	甘肃省农业科学院	21	9	39	39	30	45	41	37	37	33	331
9	广东省农业科学院	86	82	113	135	157	172	227	187	278	300	1 737
10	广西壮族自治区农业科学院	30	43	140	187	387	266	324	283	358	301	2 319
11	贵州省农业科学院	37	47	81	86	104	98	102	99	112	110	876
12	海南省农业科学院	2	3	2	9	15	12	14	14	16	11	98
13	河北省农林科学院	34	40	43	49	54	72	117	95	115	119	738
14	河南省农业科学院	31	29	67	79	110	90	82	89	106	94	777
15	黑龙江省农业科学院	14	16	25	46	83	49	61	64	94	112	564
16	湖北省农业科学院	46	69	73	98	112	117	130	131	123	130	1 029
17	湖南省农业科学院	25	35	74	95	100	111	139	126	130	106	941
18	吉林省农业科学院	19	27	20	49	54	64	59	74	101	87	554
19	江苏省农业科学院	305	250	349	343	445	359	361	288	334	296	3 330
20	江西省农业科学院	11	16	25	49	49	64	63	72	94	89	532
21	辽宁省农业科学院	24	23	40	28	36	45	37	33	50	40	356
22	内蒙古自治区农牧业科学院	9	8	16	20	20	15	31	43	38	40	240
23	宁夏农林科学院	14	16	12	23	37	27	46	54	65	66	360
24	山东省农业科学院	258	208	381	415	415	455	430	388	387	392	3 729

（续表）

序号	授予单位	2013 年	2014 年	2015 年	2016 年	2017 年	2018 年	2019 年	2020 年	2021 年	2022 年	专利总量
25	上海市农业科学院	97	90	95	88	120	103	140	120	171	130	1 154
26	四川省农业科学院	40	47	63	96	121	112	117	120	90	96	902
27	天津市农业科学院	31	36	52	51	63	53	76	35	45	53	495
28	西藏自治区农牧科学院	0	7	5	14	22	25	24	39	53	26	215
29	新疆农垦科学院	22	31	43	56	48	50	19	17	21	29	336
30	新疆农业科学院	42	37	50	50	65	41	42	42	46	41	456
31	新疆畜牧科学院	16	13	15	9	13	15	12	8	12	13	126
32	云南省农业科学院	82	64	96	95	102	109	134	106	117	101	1 006
33	浙江省农业科学院	112	87	123	133	145	145	176	191	193	225	1 530
	年度专利（发明）总量	3 048	2 998	4 290	4 705	5 557	5 315	5 976	5 530	6 318	6 109	49 846
	年均专利（发明）数量	92. 36	90. 85	130. 00	142. 58	168. 39	161. 06	181. 09	167. 58	191. 45	185. 12	1510. 48

表 4-3　2013—2022 年全国农科院系统国内专利（实用新型）历年数量统计　　单位：项

序号	授予单位	2013 年	2014 年	2015 年	2016 年	2017 年	2018 年	2019 年	2020 年	2021 年	2022 年	专利总量
1	中国农业科学院	322	513	842	891	929	1 255	912	503	454	352	6 973
2	中国水产科学研究院	319	298	275	268	266	407	241	350	391	369	3 184
3	中国热带农业科学院	184	158	197	132	110	193	161	223	227	159	1 744
4	安徽省农业科学院	6	24	60	54	29	132	164	332	175	124	1 100

（续表）

序号	授予单位	2013 年	2014 年	2015 年	2016 年	2017 年	2018 年	2019 年	2020 年	2021 年	2022 年	专利总量
5	北京市农林科学院	129	129	164	142	135	104	108	116	136	90	1 253
6	重庆市农业科学院	11	5	15	20	37	47	60	66	101	83	445
7	福建省农业科学院	50	83	114	119	73	122	122	104	120	37	944
8	甘肃省农业科学院	0	7	10	31	35	39	30	71	98	91	412
9	广东省农业科学院	17	13	13	15	23	40	31	103	185	208	648
10	广西壮族自治区农业科学院	6	33	109	168	111	171	250	460	488	341	2 137
11	贵州省农业科学院	10	17	18	17	18	45	22	43	75	58	323
12	海南省农业科学院	4	3	4	4	11	24	16	31	68	83	248
13	河北省农林科学院	19	21	35	39	79	95	115	126	113	120	762
14	河南省农业科学院	14	21	34	45	50	52	47	83	178	131	655
15	黑龙江省农业科学院	30	50	76	79	219	168	187	232	326	117	1 484
16	湖北省农业科学院	11	14	16	19	25	19	25	22	43	42	236
17	湖南省农业科学院	7	12	21	12	16	25	27	58	52	44	274
18	吉林省农业科学院	11	9	20	50	65	55	39	30	31	41	351
19	江苏省农业科学院	78	63	108	86	108	166	170	178	216	193	1 366
20	江西省农业科学院	3	8	13	25	14	36	38	29	55	36	257

（续表）

序号	授予单位	2013年	2014年	2015年	2016年	2017年	2018年	2019年	2020年	2021年	2022年	专利总量
21	辽宁省农业科学院	12	19	22	35	34	43	52	111	206	240	774
22	内蒙古自治区农牧业科学院	4	7	9	17	20	57	45	101	163	205	628
23	宁夏农林科学院	19	6	7	26	39	70	127	189	278	275	1 036
24	山东省农业科学院	133	217	260	266	191	262	315	301	212	208	2 365
25	上海市农业科学院	11	5	5	12	9	10	19	33	82	75	261
26	四川省农业科学院	24	17	36	48	23	65	80	98	146	209	746
27	天津市农业科学院	14	14	22	15	17	25	40	46	51	53	297
28	西藏自治区农牧科学院	0	4	1	15	13	42	71	119	134	82	481
29	新疆农垦科学院	47	61	56	86	49	61	40	44	100	118	662
30	新疆农业科学院	34	51	71	67	54	66	51	84	152	178	808
31	新疆畜牧科学院	8	11	19	31	35	41	32	42	90	98	407
32	云南省农业科学院	23	32	29	49	30	100	88	99	145	199	794
33	浙江省农业科学院	14	11	19	28	18	46	48	64	73	128	449
	年度专利（实用新型）总量	1 574	1 936	2 700	2 911	2 885	4 083	3 773	4 491	5 364	4 787	34 504
	年均专利（实用新型）数量	47.70	58.67	81.82	88.21	87.42	123.73	114.33	136.09	162.55	145.06	1 045.58

表 4-4　2013—2022 年全国农科院系统国内专利（外观设计）历年数量统计　　单位：项

序号	授予单位	2013 年	2014 年	2015 年	2016 年	2017 年	2018 年	2019 年	2020 年	2021 年	2022 年	专利总量
1	中国农业科学院	4	10	10	27	13	30	9	22	12	10	147
2	中国水产科学研究院	7	0	0	0	2	1	0	0	5	4	19
3	中国热带农业科学院	9	10	9	2	12	17	6	14	11	3	93
4	安徽省农业科学院	0	0	2	3	0	0	0	0	1	1	7
5	北京市农林科学院	4	9	2	6	4	4	3	13	16	18	79
6	重庆市农业科学院	0	2	5	0	0	1	1	1	1	0	11
7	福建省农业科学院	1	1	0	0	2	3	3	8	2	4	24
8	甘肃省农业科学院	0	0	0	0	0	1	0	6	1	0	8
9	广东省农业科学院	0	2	2	2	2	1	7	8	3	3	30
10	广西壮族自治区农业科学院	0	0	2	3	0	0	2	5	11	6	29
11	贵州省农业科学院	4	5	1	3	7	7	3	6	3	9	48
12	海南省农业科学院	0	0	0	0	0	0	0	0	1	2	3
13	河北省农林科学院	0	0	0	0	1	5	2	7	2	2	19
14	河南省农业科学院	0	1	0	0	0	0	0	0	0	0	1
15	黑龙江省农业科学院	1	0	0	1	0	0	0	26	8	2	38

（续表）

序号	授予单位	2013年	2014年	2015年	2016年	2017年	2018年	2019年	2020年	2021年	2022年	专利总量
16	湖北省农业科学院	0	1	1	6	2	5	0	2	5	2	24
17	湖南省农业科学院	5	0	0	0	0	1	0	0	0	1	7
18	吉林省农业科学院	0	0	0	0	0	1	1	4	1	0	7
19	江苏省农业科学院	2	13	3	8	2	12	0	14	8	5	67
20	江西省农业科学院	0	6	1	0	0	0	0	0	0	0	7
21	辽宁省农业科学院	0	0	0	2	2	1	0	0	3	0	8
22	内蒙古自治区农牧业科学院	0	0	0	0	0	0	0	2	4	3	9
23	宁夏农林科学院	0	4	0	2	6	2	7	12	6	8	47
24	山东省农业科学院	4	3	2	0	4	4	2	3	15	4	41
25	上海市农业科学院	0	0	1	0	0	1	5	11	4	0	22
26	四川省农业科学院	0	1	5	0	1	0	3	0	4	2	16
27	天津市农业科学院	1	0	0	0	1	1	0	5	0	0	8
28	西藏自治区农牧科学院	0	0	0	0	0	2	0	3	0	0	5
29	新疆农垦科学院	0	2	1	5	0	0	0	4	1	0	13
30	新疆农业科学院	0	0	0	0	0	1	2	0	0	3	6

（续表）

序号	授予单位	2013 年	2014 年	2015 年	2016 年	2017 年	2018 年	2019 年	2020 年	2021 年	2022 年	专利总量
31	新疆畜牧科学院	0	0	0	0	0	0	0	0	0	0	0
32	云南省农业科学院	1	0	0	5	3	6	3	5	13	6	42
33	浙江省农业科学院	0	0	0	0	0	3	0	4	7	3	17
	年度专利（外观设计）总量	43	70	47	75	64	110	59	185	148	101	902
	年均专利（外观设计）数量	1.30	2.12	1.42	2.27	1.94	3.33	1.79	5.61	4.48	3.06	27.33

中国农业科学院

1 英文期刊论文分析

分析数据来源于科学引文索引数据库（Web of Science，WOS）收录的文献类型为期刊论文（Article）、会议论文（Proceedings Paper）和述评（Review）的 Science Citation Index Expanded（SCIE）论文数据，数据时间范围为2013—2022年，共检索到中国农业科学院作者发表的论文35 694篇。

1.1 发文量

2013—2022年中国农业科学院历年SCI发文与被引情况见表1-1，中国农业科学院英文文献历年发文趋势（2013—2022年）见图1-1。

表1-1 2013—2022年中国农业科学院历年SCI发文与被引情况

出版年	发文量（篇）	WOS 所有数据库总被引频次	WOS 核心库被引频次
2013	1 675	53 208	46 216
2014	2 092	66 887	58 190
2015	2 473	66 870	58 878
2016	2 928	68 680	61 019
2017	3 009	67 331	60 482
2018	3 361	66 229	60 162
2019	4 022	63 402	58 273
2020	4 648	48 411	45 219
2021	5 192	22 679	21 771
2022	6 294	4 608	4 557

1.2 发文期刊 JCR 分区

2013—2022年中国农业科学院SCI发文期刊WOSJCR分区情况见表1-2，中国农业科学院SCI发文期刊WOSJCR分区趋势（2013—2022年）见图1-2。

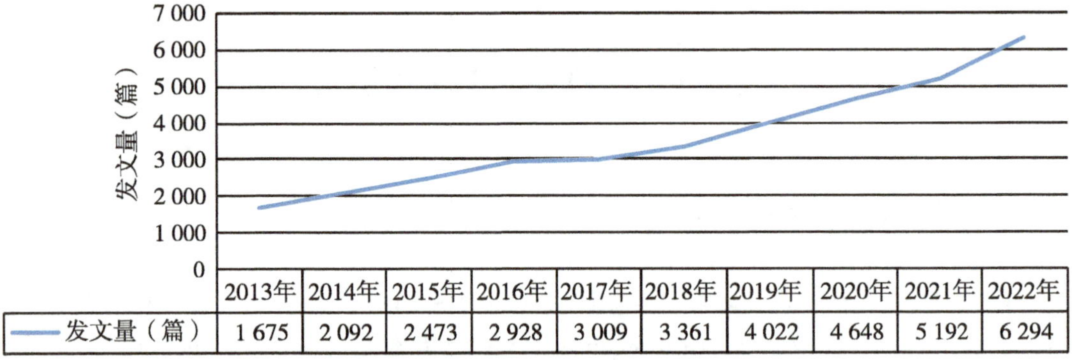

图 1-1　中国农业科学院英文文献历年发文趋势（2013—2022 年）

表 1-2　2012—2021 年中国农业科学院 SCI 发文期刊 WOSJCR 分区情况　　单位：篇

出版年	Q1 区发文量	Q2 区发文量	Q3 区发文量	Q4 区发文量	其他发文量
2013	680	384	364	174	73
2014	831	564	378	216	103
2015	1 030	639	465	240	99
2016	1 351	790	414	225	148
2017	1 559	737	445	201	67
2018	1 540	1 075	481	242	23
2019	1 912	1 171	444	229	266
2020	2 484	1 140	429	169	391
2021	3 077	999	252	165	637
2022	4 311	1 507	250	87	138

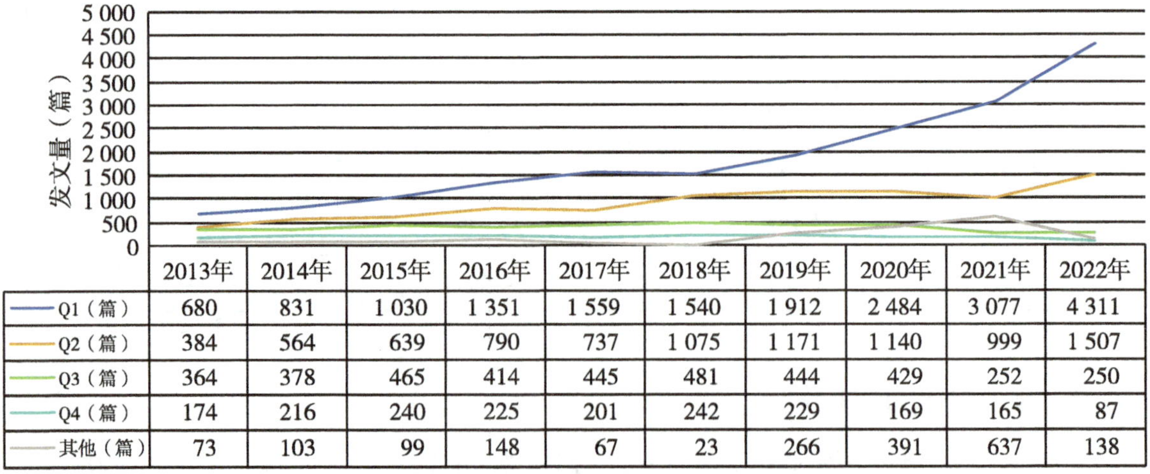

图 1-2　中国农业科学院 SCI 发文期刊 WOSJCR 分区趋势（2013—2022 年）

1.3 高发文研究所 TOP10

2013—2022 年中国农业科学院 SCI 高发文研究所 TOP10 见表 1-3。

表 1-3 2013—2022 年中国农业科学院 SCI 高发文研究所 TOP10 单位：篇

排序	研究所	发文量
1	中国农业科学院植物保护研究所	3 527
2	中国农业科学院北京畜牧兽医研究所	2 689
3	中国农业科学院作物科学研究所	2 561
4	中国农业科学院农业资源与农业区划研究所	2 355
5	中国农业科学院生物技术研究所	2 080
6	中国农业科学院兰州兽医研究所	1 688
7	中国农业科学院农业环境与可持续发展研究所	1 390
8	中国农业科学院哈尔滨兽医研究所	1 302
9	中国水稻研究所	1 216
10	中国农业科学院棉花研究所	1 202

1.4 高发文期刊 TOP10

2013—2022 年中国农业科学院 SCI 高发文期刊 TOP10 见表 1-4。

表 1-4 2013—2022 年中国农业科学院 SCI 发文期刊 TOP10

排序	期刊名称	发文量（篇）	WOS 所有数据库总被引频次	WOS 核心库被引频次	期刊影响因子（最近年度）
1	PLOS ONE	1 030	24 783	21 892	3.7（2022）
2	FRONTIERS IN PLANT SCIENCE	993	11 289	10 396	5.6（2022）
3	SCIENTIFIC REPORTS	892	18 706	16 959	4.6（2022）
4	JOURNAL OF INTEGRATIVE AGRICULTURE	855	9 514	7 985	4.8（2022）
5	INTERNATIONAL JOURNAL OF MOLECULAR SCIENCES	694	6 878	6 316	5.6（2022）
6	FRONTIERS IN MICROBIOLOGY	522	4 688	4 329	5.2（2022）
7	FOOD CHEMISTRY	498	11 392	10 303	8.8（2022）
8	JOURNAL OF AGRICULTURAL AND FOOD CHEMISTRY	427	7 610	6 987	6.1（2022）

（续表）

排序	期刊名称	发文量（篇）	WOS 所有数据库总被引频次	WOS 核心库被引频次	期刊影响因子（最近年度）
9	SCIENCE OF THE TOTAL ENVIRONMENT	348	6 529	5 938	9.8（2022）
10	BMC GENOMICS	333	7 265	6 551	4.4（2022）

1.5 合作发文国家与地区 TOP10

2013—2022 年中国农业科学院 SCI 合作发文国家与地区（合作发文 1 篇以上）TOP10 见表 1-5。

表 1-5 2013—2022 年中国农业科学院 SCI 合作发文国家与地区 TOP10

排序	国家与地区	合作发文量（篇）	WOS 所有数据库总被引频次	WOS 核心库被引频次
1	美国	3 651	95 230	86 861
2	巴基斯坦	999	11 649	11 080
3	澳大利亚	860	25 423	23 260
4	英格兰	713	21 727	19 887
5	加拿大	583	16 219	14 911
6	德国	570	20 689	19 185
7	比利时	567	10 131	9 438
8	法国	447	16 369	15 096
9	荷兰	435	11 002	10 162
10	日本	346	11 084	10 154

1.6 合作发文机构 TOP10

2013—2022 年中国农业科学院 SCI 合作发文机构 TOP10 见表 1-6。

表 1-6 2013—2022 年中国农业科学院 SCI 合作发文机构 TOP10

排序	合作发文机构	发文量（篇）	WOS 所有数据库总被引频次	WOS 核心库被引频次
1	中国科学院	2 840	14 119	12 502

（续表）

排序	合作发文机构	发文量（篇）	WOS 所有数据库总被引频次	WOS 核心库被引频次
2	中国农业大学	2 450	8 127	7 253
3	南京农业大学	1 125	5 746	4 917
4	华中农业大学	1 026	5 257	4 617
5	中国科学院大学	862	3 424	3 094
6	浙江大学	848	3 767	3 372
7	西北农林科技大学	818	3 078	2 495
8	东北农业大学	761	2 509	2 230
9	扬州大学	759	1 714	1 535
10	中华人民共和国农业农村部	705	550	541

1.7 高频词 TOP20

2013—2022 年中国农业科学院 SCI 发文高频词（作者关键词）TOP20 见表 1-7。

表 1-7 2013—2022 年中国农业科学院 SCI 发文高频词（作者关键词）TOP20

排序	关键词（作者关键词）	频次	排序	关键词（作者关键词）	频次
1	Rice	597	11	Toxoplasma gondii	201
2	China	376	12	Soybean	198
3	Transcriptome	362	13	Climate change	184
4	Maize	308	14	Yield	171
5	Gene expression	304	15	Pathogenicity	161
6	Wheat	272	16	Growth performance	157
7	RNA-seq	255	17	Salt stress	151
8	Cotton	245	18	Proteomics	147
9	Phylogenetic analysis	210	19	Metabolomics	147
10	Genetic diversity	204	20	Apoptosis	146

2 中文期刊论文分析

2013—2022 年，中国农业科学院作者共发表北大中文核心期刊论文37 194篇，中国科学引文数据库（CSCD）期刊论文23 470篇。

2.1 发文量

中国农业科学院中文文献历年发文趋势（2013—2022 年）见图 2-1。

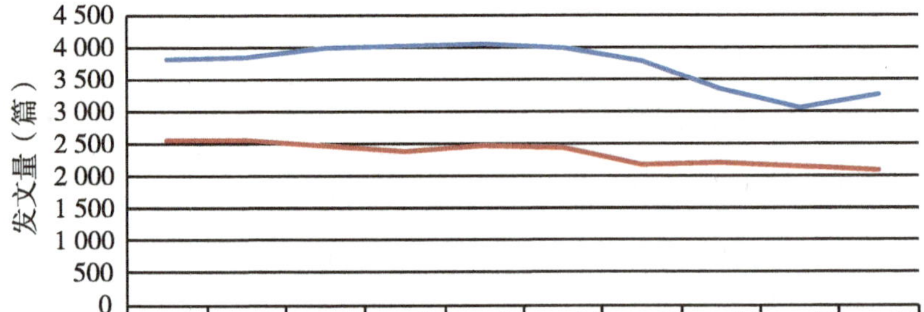

	2013年	2014年	2015年	2016年	2017年	2018年	2019年	2020年	2021年	2022年
北大中文核心期刊—发文量（篇）	3 820	3 861	3 981	4 030	4 048	3 991	3 800	3 350	3 047	3 266
CSCD期刊—发文量（篇）	2 554	2 548	2 463	2 383	2 459	2 443	2 185	2 214	2 139	2 082

图 2-1　中国农业科学院中文文献历年发文趋势（2013—2022 年）

2.2 高发文研究所 TOP10

2013—2022 年中国农业科学院北大中文核心期刊高发文研究所 TOP10 见表 2-1，2013—2022 年中国农业科学院中国科学引文数据库（CSCD）期刊高发文研究所 TOP10 见表 2-2。

表 2-1　2013—2022 年中国农业科学院北大中文核心期刊高发文研究所 TOP10　单位：篇

排序	研究所	发文量
1	中国农业科学院农业资源与农业区划研究所	2 846
2	中国农业科学院作物科学研究所	2 771
3	中国农业科学院北京畜牧兽医研究所	2 669
4	中国农业科学院植物保护研究所	2 255
5	中国农业科学院草原生态研究所	1 641
6	中国农业科学院农业经济与发展研究所	1 503
7	中国农业科学院蔬菜花卉研究所	1 475

（续表）

排序	研究所	发文量
8	中国农业科学院农产品加工研究所	1 316
9	中国农业科学院农业环境与可持续发展研究所	1 243
10	中国农业科学院哈尔滨兽医研究所	1 190

表 2-2　2013—2022 年中国农业科学院 CSCD 期刊高发文研究所 TOP10　单位：篇

排序	研究所	发文量
1	中国农业科学院农业资源与农业区划研究所	2 274
2	中国农业科学院植物保护研究所	2 042
3	中国农业科学院作物科学研究所	1 565
4	中国农业科学院北京畜牧兽医研究所	1 410
5	中国农业科学院草原生态研究所	1 314
6	中国农业科学院农业环境与可持续发展研究所	1 151
7	中国农业科学院农产品加工研究所	951
8	中国农业科学院哈尔滨兽医研究所	860
9	中国农业科学院烟草研究所	801
10	中国农业科学院兰州兽医研究所	779

2.3　高发文期刊 TOP10

2013—2022 年中国农业科学院高发文北大中文核心期刊 TOP10 见表 2-3，2013—2022 年中国农业科学院高发文 CSCD 期刊 TOP10 见表 2-4。

表 2-3　2013—2022 年中国农业科学院高发文期刊（北大中文核心）TOP10　单位：篇

排序	期刊名称	发文量	排序	期刊名称	发文量
1	中国农业科学	1 214	6	中国蔬菜	675
2	动物营养学报	1 112	7	农业工程学报	672
3	草业科学	841	8	植物保护	662
4	中国预防兽医学报	804	9	畜牧兽医学报	644
5	中国畜牧兽医	790	10	中国兽医科学	628

表 2-4　2013—2022 年中国农业科学院高发文期刊（CSCD）TOP10　　单位：篇

排序	期刊名称	发文量	排序	期刊名称	发文量
1	中国农业科学	1 126	6	畜牧兽医学报	609
2	动物营养学报	1 015	7	草业科学	572
3	中国预防兽医学报	694	8	农业工程学报	542
4	植物保护	633	9	中国农业科技导报	523
5	中国兽医科学	616	10	植物遗传资源学报	523

2.4　合作发文机构 TOP10

2013—2022 年中国农业科学院北大中文核心期刊合作发文机构 TOP10 见表 2-5，2013—2022 年中国农业科学院 CSCD 期刊合作发文机构 TOP10 见表 2-6。

表 2-5　2013—2022 年中国农业科学院北大中文核心期刊合作发文机构 TOP10　　单位：篇

排序	合作发文机构	发文量	排序	合作发文机构	发文量
1	兰州大学	1 316	6	西南大学	681
2	中国农业大学	1 149	7	南京农业大学	672
3	甘肃农业大学	754	8	西北农林科技大学	522
4	中国科学院	746	9	东北农业大学	493
5	重庆医科大学	733	10	吉林农业大学	456

表 2-6　2013—2022 年中国农业科学院 CSCD 期刊合作发文机构 TOP10　　单位：篇

排序	合作发文机构	发文量	排序	合作发文机构	发文量
1	兰州大学	1 212	6	西南大学	368
2	甘肃农业大学	592	7	西北农林科技大学	362
3	中国科学院	575	8	南京农业大学	302
4	中国农业大学	489	9	沈阳农业大学	284
5	东北农业大学	372	10	吉林农业大学	274

中国水产科学研究院

1 英文期刊论文分析

分析数据来源于科学引文索引数据库（Web of Science，WOS）收录的文献类型为期刊论文（Article）、会议论文（Proceedings Paper）和述评（Review）的 Science Citation Index Expanded（SCIE）论文数据，数据时间范围为2013—2022 年，共检索到中国水产科学研究院作者发表的论文7 634篇。

1.1 发文量

2013—2022 年中国水产科学研究院历年 SCI 发文与被引情况见表 1-1，中国水产科学研究院英文文献历年发文趋势（2013—2022 年）见图 1-1。

表 1-1 2013—2022 年中国水产科学研究院历年 SCI 发文与被引情况

出版年	发文量（篇）	WOS 所有数据库总被引频次	WOS 核心库被引频次
2013	430	8 706	7 612
2014	455	9 970	8 804
2015	559	10 483	9 322
2016	749	9 615	8 663
2017	648	9 694	8 723
2018	703	10 182	9 376
2019	842	8 569	7 927
2020	851	5 851	5 476
2021	1 010	2 821	2 707
2022	1 387	515	510

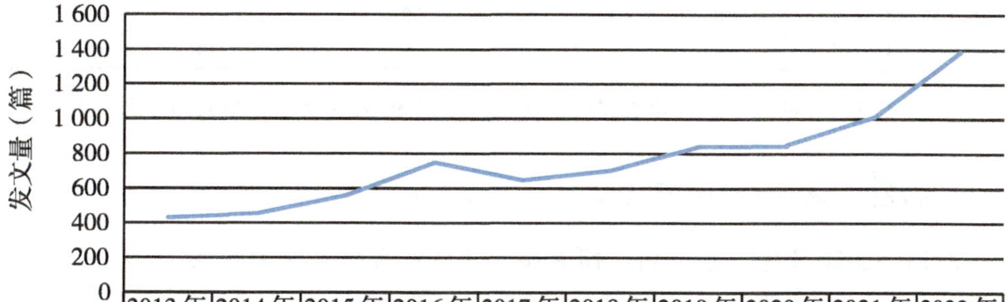

	2013 年	2014 年	2015 年	2016 年	2017 年	2018 年	2019 年	2020 年	2021 年	2022 年
发文量（篇）	430	455	559	749	648	703	842	851	1 010	1 387

图 1-1 中国水产科学研究院英文文献历年发文趋势（2013—2022 年）

1.2 发文期刊 JCR 分区

2013—2022 年中国水产科学研究院 SCI 发文期刊 WOSJCR 分区情况见表 1-2，中国水产科学研究院 SCI 发文期刊 WOSJCR 分区趋势（2013—2022 年）见图 1-2。

表 1-2　2013—2022 年中国水产科学研究院 SCI 发文期刊 WOSJCR 分区情况　　单位：篇

出版年	Q1 区发文量	Q2 区发文量	Q3 区发文量	Q4 区发文量	其他发文量
2013	83	84	124	98	41
2014	96	93	108	140	18
2015	130	132	141	143	13
2016	128	179	108	264	70
2017	173	104	204	162	5
2018	188	224	142	148	1
2019	221	219	130	164	108
2020	385	159	123	115	66
2021	530	177	104	92	99
2022	831	398	91	54	13

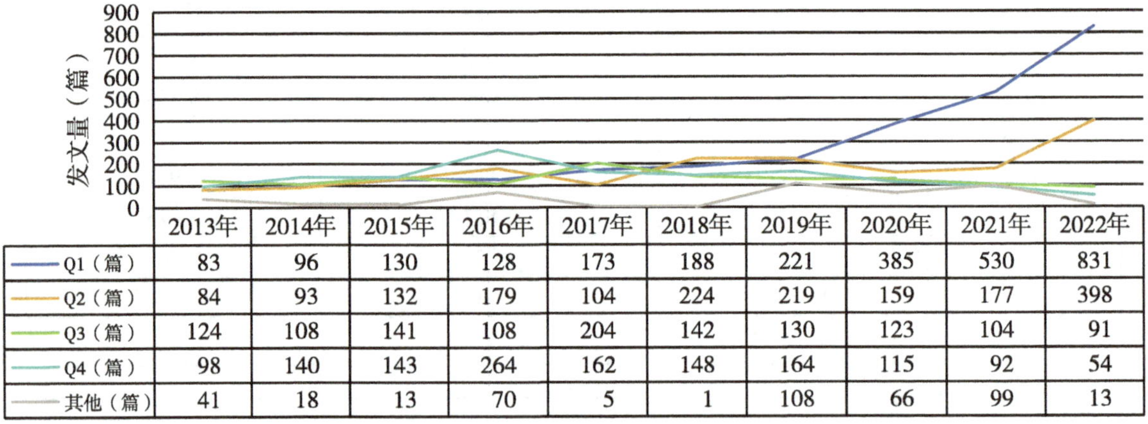

图 1-2　中国水产科学研究院 SCI 发文期刊 WOSJCR 分区趋势（2013—2022 年）

1.3 高发文研究所 TOP10

2013—2022 年中国水产科学研究院 SCI 高发文研究所 TOP10 见表 1-3。

表 1-3　2013—2022 年中国水产科学研究院 SCI 高发文研究所 TOP10　　单位：篇

排序	研究所	发文量
1	中国水产科学研究院黄海水产研究所	2 029
2	中国水产科学研究院南海水产研究所	1 450
3	中国水产科学研究院淡水渔业研究中心	1 092
4	中国水产科学研究院长江水产研究所	832
5	中国水产科学研究院东海水产研究所	805
6	中国水产科学研究院珠江水产研究所	786
7	中国水产科学研究院黑龙江水产研究所	596
8	中国水产科学研究院院部	378
9	中国水产科学研究院渔业机械仪器研究所	87
10	中国水产科学研究院北戴河中心实验站	41

1.4　高发文期刊 TOP10

2013—2022 年中国水产科学研究院 SCI 高发文期刊 TOP10 见表 1-4。

表 1-4　2013—2022 年中国水产科学研究院 SCI 发文期刊 TOP10

排序	期刊名称	发文量（篇）	WOS 所有数据库总被引频次	WOS 核心库被引频次	期刊影响因子（最近年度）
1	FISH & SHELLFISH IMMUNOLOGY	462	8 517	7 821	4.7（2022）
2	AQUACULTURE	426	4 552	4 069	4.5（2022）
3	AQUACULTURE RESEARCH	251	1 780	1 582	2.0（2022）
4	FRONTIERS IN MARINE SCIENCE	164	134	131	3.7（2022）
5	JOURNAL OF APPLIED ICHTHYOLOGY	160	967	743	0.9（2022）
6	MITOCHONDRIAL DNA PART B-RESOURCES	159	163	159	0.5（2022）
7	MITOCHONDRIAL DNA PART A	146	332	309	1.7（2021）
8	AQUACULTURE REPORTS	119	239	230	3.7（2022）
9	JOURNAL OF OCEANOLOGY AND LIMNOLOGY	119	173	193	1.6（2022）
10	ISRAELI JOURNAL OF AQUACULTURE-BAMIDGEH	115	227	207	0.6（2022）

1.5 合作发文国家与地区 TOP10

2013—2022 年中国水产科学研究院 SCI 合作发文国家与地区（合作发文 1 篇以上）TOP10 见表 1-5。

表 1-5 2013—2022 年中国水产科学研究院 SCI 合作发文国家与地区 TOP10

排序	国家与地区	合作发文量（篇）	WOS 所有数据库总被引频次	WOS 核心库被引频次
1	美国	385	7147	6 599
2	澳大利亚	130	1 820	1 675
3	德国	91	1 666	1 495
4	加拿大	77	1 269	1 201
5	日本	73	764	686
6	英格兰	54	1 086	1 002
7	挪威	54	749	712
8	捷克	50	643	587
9	法国	47	1 225	1 107
10	沙特阿拉伯	44	1 406	1 252

1.6 合作发文机构 TOP10

2013—2022 年中国水产科学研究院 SCI 合作发文机构 TOP10 见表 1-6。

表 1-6 2013—2022 年中国水产科学研究院 SCI 合作发文机构 TOP10

排序	合作发文机构	发文量（篇）	WOS 所有数据库总被引频次	WOS 核心库被引频次
1	上海海洋大学	1 281	2 570	2 304
2	南京农业大学	702	1 702	1 543
3	中国科学院	637	2 399	2 136
4	中国海洋大学	446	1 345	1 220
5	中华人民共和国农业农村部	297	151	144
6	华中农业大学	263	568	492
7	中国科学院大学	182	572	514
8	大连海洋大学	170	655	570
9	青岛农业大学	128	505	469

（续表）

排序	合作发文机构	发文量（篇）	WOS 所有数据库总被引频次	WOS 核心库被引频次
10	中山大学	121	550	470

1.7 高频词 TOP20

2013—2022 年中国水产科学研究院 SCI 发文高频词（作者关键词）TOP20 见表 1-7。

表 1-7 2013—2022 年中国水产科学研究院 SCI 发文高频词（作者关键词）TOP20

排序	关键词（作者关键词）	频次	排序	关键词（作者关键词）	频次
1	Mitochondrial genome	223	11	Litopenaeus vannamei	75
2	Growth	204	12	Macrobrachium nipponense	74
3	Gene expression	159	13	Apoptosis	71
4	Transcriptome	154	14	Penaeus monodon	71
5	Growth performance	128	15	Megalobrama amblycephala	66
6	Immune response	127	16	Trachinotus ovatus	65
7	Oxidative stress	102	17	Tilapia	61
8	Cynoglossus semilaevis	90	18	Temperature	61
9	Genetic diversity	86	19	Mitogenome	57
10	Aquaculture	79	20	RNA-seq	55

2 中文期刊论文分析

2013—2022 年，中国水产科学研究院作者共发表北大中文核心期刊论文9 583篇，中国科学引文数据库（CSCD）期刊论文7 718篇。

2.1 发文量

中国水产科学研究院中文文献历年发文趋势（2013—2022 年）见图 2-1。

2.2 高发文研究所 TOP10

2013—2022 年中国水产科学研究院北大中文核心期刊高发文研究所 TOP10 见表 2-1，2013—2022 年中国水产科学研究院中国科学引文数据库（CSCD）期刊高发文研究所 TOP10 见表 2-2。

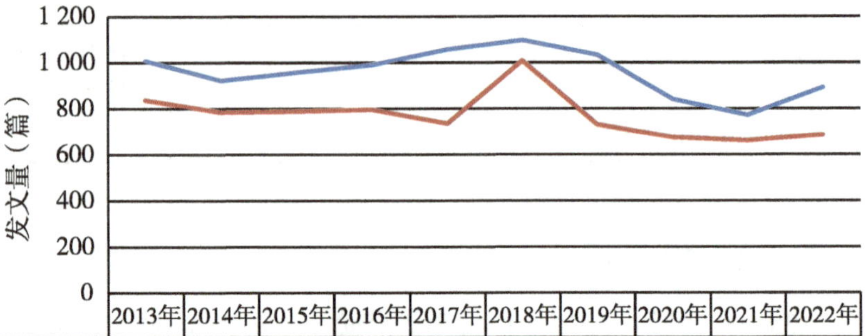

	2013年	2014年	2015年	2016年	2017年	2018年	2019年	2020年	2021年	2022年
北大中文核心期刊—发文量（篇）	1 009	924	958	991	1 058	1 098	1 035	842	774	894
CSCD期刊—发文量（篇）	839	786	790	798	736	1 010	732	677	663	687

图 2-1　中国水产科学研究院中文文献历年发文趋势（2013—2022 年）

表 2-1　2013—2022 年中国水产科学研究院北大中文核心期刊高发文研究所 TOP10 单位：篇

排序	研究所	发文量
1	中国水产科学研究院黄海水产研究所	2 874
2	中国水产科学研究院南海水产研究所	1 652
3	中国水产科学研究院东海水产研究所	1 198
4	中国水产科学研究院淡水渔业研究中心	1 021
5	中国水产科学研究院珠江水产研究所	753
6	中国水产科学研究院长江水产研究所	750
7	中国水产科学研究院黑龙江水产研究所	537
8	中国水产科学研究院渔业机械仪器研究所	493
9	中国水产科学研究院	422
10	中国水产科学研究院北戴河中心实验站	40
11	中国水产科学研究院渔业工程研究所	31

注：“中国水产科学研究院”发文包括作者单位只标注为“中国水产科学研究院”、院属实验室等。

表 2-2　2013—2022 年中国水产科学研究院 CSCD 期刊高发文研究所 TOP10 单位：篇

排序	研究所	发文量
1	中国水产科学研究院黄海水产研究所	2 170
2	中国水产科学研究院南海水产研究所	1 599
3	中国水产科学研究院东海水产研究所	1 108
4	中国水产科学研究院淡水渔业研究中心	754
5	中国水产科学研究院珠江水产研究所	699
6	中国水产科学研究院长江水产研究所	668

（续表）

排序	研究所	发文量
7	中国水产科学研究院黑龙江水产研究所	464
8	中国水产科学研究院渔业机械仪器研究所	279
9	中国水产科学研究院	140
10	中国水产科学研究院北戴河中心实验站	44
11	中国水产科学研究院黄河水产研究所	18

注：“中国水产科学研究院”发文包括作者单位只标注为“中国水产科学研究院”、院属实验室等。

2.3 高发文期刊 TOP10

2013—2022 年中国水产科学研究院高发文北大中文核心期刊 TOP10 见表 2-3，2013—2022 年中国水产科学研究院高发文 CSCD 期刊 TOP10 见表 2-4。

表 2-3 2013—2022 年中国水产科学研究院高发文期刊（北大中文核心）TOP10 单位：篇

排序	期刊名称	发文量	排序	期刊名称	发文量
1	渔业科学进展	813	6	淡水渔业	391
2	中国水产科学	708	7	科学养鱼	287
3	南方水产科学	545	8	渔业现代化	274
4	水产学报	534	9	水生生物学报	237
5	海洋渔业	411	10	海洋与湖沼	208

表 2-4 2013—2022 年中国水产科学研究院高发文期刊（CSCD）TOP10 单位：篇

排序	期刊名称	发文量	排序	期刊名称	发文量
1	渔业科学进展	796	6	淡水渔业	344
2	中国水产科学	689	7	水生生物学报	225
3	南方水产科学	597	8	大连海洋大学学报	190
4	水产学报	517	9	上海海洋大学学报	179
5	海洋渔业	405	10	海洋与湖沼	173

2.4 合作发文机构 TOP10

2013—2022 年中国水产科学研究院北大中文核心期刊合作发文机构 TOP10 见表 2-5，2013—2022 年中国水产科学研究院 CSCD 期刊合作发文机构 TOP10 见表 2-6。

表 2-5　2013—2022 年中国水产科学研究院北大中文核心期刊合作发文机构 TOP10　单位：篇

排序	合作发文机构	发文量	排序	合作发文机构	发文量
1	上海海洋大学	1 734	6	华中农业大学	122
2	中国海洋大学	596	7	国家海洋局第一海洋研究所	108
3	南京农业大学	553	8	浙江海洋大学	77
4	中国科学院	446	9	中国石油大学	74
5	大连海洋大学	244	10	天津农学院	69

表 2-6　2013—2022 年中国水产科学研究院 CSCD 期刊合作发文机构 TOP10　单位：篇

排序	合作发文机构	发文量	排序	合作发文机构	发文量
1	上海海洋大学	1 516	6	华中农业大学	113
2	南京农业大学	406	7	浙江海洋大学	71
3	中国海洋大学	466	8	西南大学	65
4	中国科学院	256	9	天津农学院	64
5	大连海洋大学	219	10	莱州明波水产有限公司	55

中国热带农业科学院

1　英文期刊论文分析

分析数据来源于科学引文索引数据库（Web of Science，WOS）收录的文献类型为期刊论文（Article）、会议论文（Proceedings Paper）和述评（Review）的 Science Citation Index Expanded（SCIE）论文数据，数据时间范围为2013—2022 年，共检索到中国热带农业科学院作者发表的论文3 712篇。

1.1　发文量

2013—2022 年中国热带农业科学院历年 SCI 发文与被引情况见表 1-1，中国热带农业科学院英文文献历年发文趋势（2013—2022 年）见图 1-1。

表 1-1　2013—2022 年中国热带农业科学院历年 SCI 发文与被引情况

出版年	发文量（篇）	WOS 所有数据库总被引频次	WOS 核心库被引频次
2013	263	4 864	4 178
2014	284	5 896	5 083
2015	299	5 860	5 064
2016	302	5 711	5 010
2017	317	6 255	5 641
2018	302	4 508	4 025
2019	408	4 340	4 005
2020	407	3 030	2 845
2021	530	1 905	1 842
2022	600	340	336

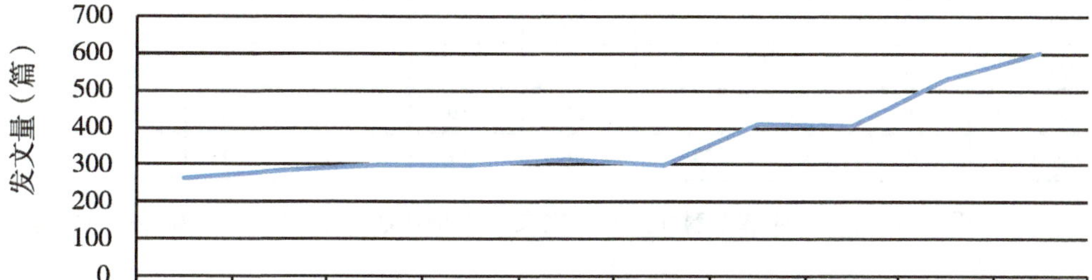

	2013年	2014年	2015年	2016年	2017年	2018年	2019年	2020年	2021年	2022年
发文量（篇）	263	284	299	302	317	302	408	407	530	600

图 1-1　中国热带农业科学院英文文献历年发文趋势（2013—2022 年）

1.2 发文期刊 JCR 分区

2013—2022 年中国热带农业科学院 SCI 发文期刊 WOSJCR 分区情况见表 1-2，中国热带农业科学院 SCI 发文期刊 WOSJCR 分区趋势（2013—2022 年）见图 1-2。

表 1-2 2013—2022 年中国热带农业科学院 SCI 发文期刊 WOSJCR 分区情况 单位：篇

出版年	Q1 区发文量	Q2 区发文量	Q3 区发文量	Q4 区发文量	其他发文量
2013	55	53	51	39	65
2014	73	63	60	40	48
2015	92	67	67	39	34
2016	130	79	33	25	35
2017	137	80	44	29	27
2018	119	103	42	37	1
2019	158	108	66	36	40
2020	168	90	60	42	45
2021	274	85	48	39	81
2022	364	161	40	24	11

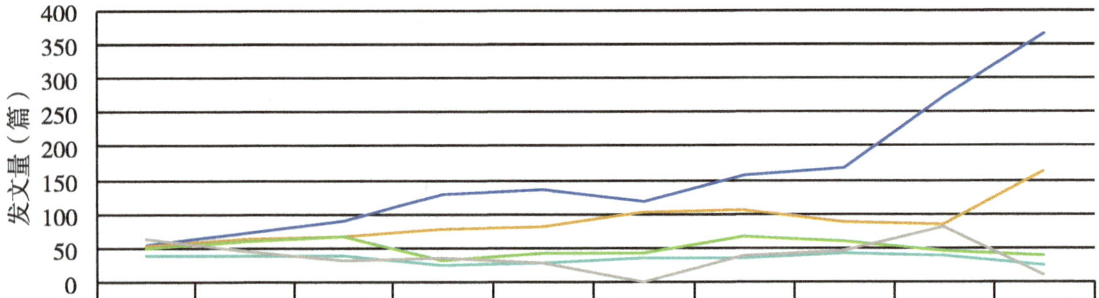

	2013年	2014年	2015年	2016年	2017年	2018年	2019年	2020年	2021年	2022年
Q1（篇）	55	73	92	130	137	119	158	168	274	364
Q2（篇）	53	63	67	79	80	103	108	90	85	161
Q3（篇）	51	60	67	33	44	42	66	60	48	40
Q4（篇）	39	40	39	25	29	37	36	42	39	24
其他（篇）	65	48	34	35	27	1	40	45	81	11

图 1-2 中国热带农业科学院 SCI 发文期刊 WOSJCR 分区趋势（2013—2022 年）

1.3 高发文研究所 TOP10

2013—2022 年中国热带农业科学院 SCI 高发文研究所 TOP10 见表 1-3。

表 1-3　2013—2022 年中国热带农业科学院 SCI 高发文研究所 TOP10　　单位：篇

排序	研究所	发文量
1	中国热带农业科学院热带生物技术研究所	945
2	中国热带农业科学院环境与植物保护研究所	594
3	中国热带农业科学院热带作物品种资源研究所	436
4	中国热带农业科学院橡胶研究所	374
5	中国热带农业科学院农产品加工研究所	368
6	中国热带农业科学院海口实验站	281
7	中国热带农业科学院南亚热带作物研究所	259
8	中国热带农业科学院椰子研究所	167
9	中国热带农业科学院香料饮料研究所	149
10	中国热带农业科学院分析测试中心	123

1.4　高发文期刊 TOP10

2013—2022 年中国热带农业科学院 SCI 高发文期刊 TOP10 见表 1-4。

表 1-4　2013—2022 年中国热带农业科学院 SCI 发文期刊 TOP10

排序	期刊名称	发文量（篇）	WOS 所有数据库总被引频次	WOS 核心库被引频次	期刊影响因子（最近年度）
1	FRONTIERS IN PLANT SCIENCE	119	1 519	1 356	5.6（2022）
2	PLOS ONE	106	2 011	1 746	3.7（2022）
3	SCIENTIFIC REPORTS	100	2 405	2 159	4.6（2022）
4	INTERNATIONAL JOURNAL OF MOLECULAR SCIENCES	73	857	754	5.6（2022）
5	MOLECULES	64	783	670	4.6（2022）
6	INDUSTRIAL CROPS AND PRODUCTS	51	471	427	5.9（2022）
7	FRONTIERS IN MICROBIOLOGY	48	369	335	5.2（2022）
8	PLANT DISEASE	47	312	278	4.5（2022）
9	FOOD CHEMISTRY	43	1 669	1 501	8.8（2022）
10	JOURNAL OF ASIAN NATURAL PRODUCTS RESEARCH	38	320	275	1.7（2022）

1.5　合作发文国家与地区 TOP10

2013—2022 年中国热带农业科学院 SCI 合作发文国家与地区（合作发文 1 篇以上）TOP10 见表 1-5。

表 1-5　2013—2022 年中国热带农业科学院 SCI 合作发文国家与地区 TOP10

排序	国家与地区	合作发文量（篇）	WOS 所有数据库总被引频次	WOS 核心库被引频次
1	美国	260	6 459	5 818
2	澳大利亚	122	2 804	2 607
3	德国	70	1 304	1 214
4	巴基斯坦	69	418	388
5	埃及	52	383	370
6	加拿大	35	612	554
7	沙特阿拉伯	32	324	312
8	日本	30	468	425
9	英格兰	30	801	697
10	法国	29	818	711

1.6　合作发文机构 TOP10

2013—2022 年中国热带农业科学院 SCI 合作发文机构 TOP10 见表 1-6。

表 1-6　2013—2022 年中国热带农业科学院 SCI 合作发文机构 TOP10

排序	合作发文机构	发文量（篇）	WOS 所有数据库总被引频次	WOS 核心库被引频次
1	海南大学	798	1 760	1 534
2	中国科学院	284	1 390	1 218
3	中国农业科学院	171	386	349
4	华中农业大学	167	498	437
5	华南农业大学	125	406	356
6	南京农业大学	101	429	382
7	中国农业大学	93	398	344
8	广东海洋大学	82	163	148

（续表）

排序	合作发文机构	发文量（篇）	WOS 所有数据库总被引频次	WOS 核心库被引频次
9	中华人民共和国农业农村部	80	22	21
10	迪肯大学	64	529	493

1.7 高频词 TOP20

2013—2022 年中国热带农业科学院 SCI 发文高频词（作者关键词）TOP20 见表 1-7。

表 1-7 2013—2022 年中国热带农业科学院 SCI 发文高频词（作者关键词）TOP20

排序	关键词（作者关键词）	频次	排序	关键词（作者关键词）	频次
1	Heveabrasiliensis	98	11	Agarwood	32
2	Gene expression	81	12	Taxonomy	32
3	Cassava	73	13	Phylogenetic analysis	32
4	Banana	53	14	Antioxidant activity	28
5	Abiotic stress	49	15	RNA-seq	27
6	Transcriptome	47	16	Antibacterial activity	25
7	Natural rubber	38	17	Chitosan	24
8	Mango	34	18	Genetic diversity	21
9	Rubber tree	34	19	AChE inhibitory activity	21
10	Cytotoxicity	34	20	Ethylene	19

2 中文期刊论文分析

2013—2022 年，中国热带农业科学院作者共发表北大中文核心期刊论文 5 741篇，中国科学引文数据库（CSCD）期刊论文4 395篇。

2.1 发文量

中国热带农业科学院中文文献历年发文趋势（2013—2022 年）见图 2-1。

2.2 高发文研究所 TOP10

2013—2022 年中国热带农业科学院北大中文核心期刊高发文研究所 TOP10 见表 2-1，2013—2022 年中国热带农业科学院中国科学引文数据库（CSCD）期刊高发文研究所 TOP10 见表 2-2。

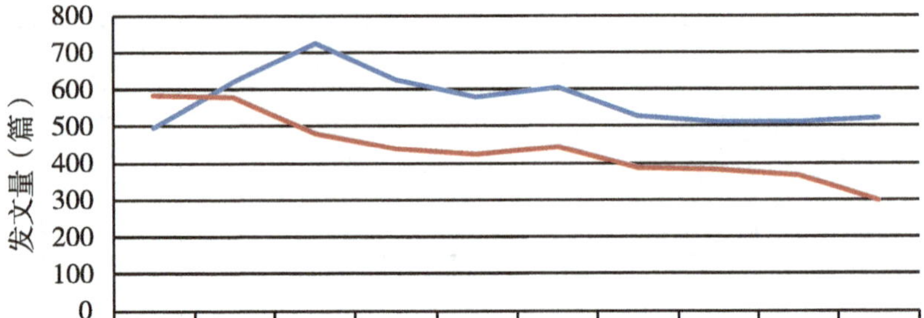

	2013年	2014年	2015年	2016年	2017年	2018年	2019年	2020年	2021年	2022年
北大中文核心期刊—发文量（篇）	498	622	727	627	580	608	527	515	515	522
CSCD期刊—发文量（篇）	583	581	483	442	426	444	390	382	366	298

图 2-1　中国热带农业科学院中文文献历年发文趋势（2013—2022 年）

表 2-1　2013—2022 年中国热带农业科学院北大中文核心期刊高发文研究所 TOP10 单位：篇

排序	研究所	发文量
1	中国热带农业科学院热带作物品种资源研究所	1 172
2	中国热带农业科学院环境与植物保护研究所	983
3	中国热带农业科学院热带生物技术研究所	917
4	中国热带农业科学院橡胶研究所	710
5	中国热带农业科学院南亚热带作物研究所	557
6	中国热带农业科学院农产品加工研究所	324
7	中国热带农业科学院椰子研究所	317
8	中国热带农业科学院香料饮料研究所	301
9	中国热带农业科学院海口实验站	252
10	中国热带农业科学院分析测试中心	200

表 2-2　2013—2022 年中国热带农业科学院 CSCD 期刊高发文研究所 TOP10 单位：篇

排序	研究所	发文量
1	中国热带农业科学院热带作物品种资源研究所	844
2	中国热带农业科学院环境与植物保护研究所	843
3	中国热带农业科学院热带生物技术研究所	829
4	中国热带农业科学院橡胶研究所	614
5	中国热带农业科学院南亚热带作物研究所	414

（续表）

排序	研究所	发文量
6	中国热带农业科学院香料饮料研究所	263
7	中国热带农业科学院农产品加工研究所	220
8	中国热带农业科学院椰子研究所	203
9	中国热带农业科学院海口实验站	190
10	中国热带农业科学院分析测试中心	153

2.3 高发文期刊 TOP10

2013—2022 年中国热带农业科学院高发文北大中文核心期刊 TOP10 见表 2-3，2013—2022 年中国热带农业科学院高发文 CSCD 期刊 TOP10 见表 2-4。

表 2-3 2013—2022 年中国热带农业科学院高发文期刊（北大中文核心）TOP10 单位：篇

排序	期刊名称	发文量	排序	期刊名称	发文量
1	热带作物学报	1 339	6	基因组学与应用生物学	132
2	分子植物育种	364	7	江苏农业科学	131
3	广东农业科学	230	8	食品工业科技	108
4	中国南方果树	194	9	西南农业学报	103
5	南方农业学报	159	10	果树学报	81

表 2-4 2013—2022 年中国热带农业科学院高发文期刊（CSCD）TOP10 单位：篇

排序	期刊名称	发文量	排序	期刊名称	发文量
1	热带作物学报	1 567	6	西南农业学报	99
2	分子植物育种	282	7	果树学报	77
3	南方农业学报	163	8	中国农学通报	75
4	广东农业科学	143	9	生物技术通报	73
5	基因组学与应用生物学	131	10	环境昆虫学报	64

2.4 合作发文机构 TOP10

2013—2022 年中国热带农业科学院北大中文核心期刊合作发文机构 TOP10 见表 2-5，2013—2022 年中国热带农业科学院 CSCD 期刊合作发文机构 TOP10 见表 2-6。

表 2-5　2013—2022 年中国热带农业科学院北大中文核心期刊合作发文机构 TOP10 单位：篇

排序	合作发文机构	发文量	排序	合作发文机构	发文量
1	海南大学	1 566	6	广东海洋大学	84
2	华中农业大学	191	7	黑龙江八一农垦大学	71
3	海南省农业科学院	94	8	中国农业科学院	62
4	华南农业大学	87	9	中国科学院	51
5	云南农业大学	86	10	中国农业大学	45

表 2-6　2013—2022 年中国热带农业科学院 CSCD 期刊合作发文机构 TOP10 单位：篇

排序	合作发文机构	发文量	排序	合作发文机构	发文量
1	海南大学	1 268	6	中国农业科学院	53
2	华中农业大学	124	7	海南省农业科学院	52
3	广东海洋大学	66	8	黑龙江八一农垦大学	43
4	华南农业大学	62	9	中国科学院	40
5	云南农业大学	59	10	南京农业大学	36

安徽省农业科学院

1　英文期刊论文分析

分析数据来源于科学引文索引数据库（Web of Science，WOS）收录的文献类型为期刊论文（Article）、会议论文（Proceedings Paper）和述评（Review）的 Science Citation Index Expanded（SCIE）论文数据，数据时间范围为2013—2022 年，共检索到安徽省农业科学院作者发表的论文 1 191篇。

1.1　发文量

2013—2022 年安徽省农业科学院历年 SCI 发文与被引情况见表 1-1，安徽省农业科学院英文文献历年发文趋势（2013—2022 年）见图 1-1。

表 1-1　2013—2022 年安徽省农业科学院历年 SCI 发文与被引情况

出版年	发文量（篇）	WOS 所有数据库总被引频次	WOS 核心库被引频次
2013	45	1 105	938
2014	51	2 272	1 891
2015	79	2 863	2 518
2016	87	2 037	1 830
2017	90	2 170	1 967
2018	113	2 412	2 179
2019	146	2 107	1 952
2020	165	1 547	1 455
2021	192	590	560
2022	223	71	70

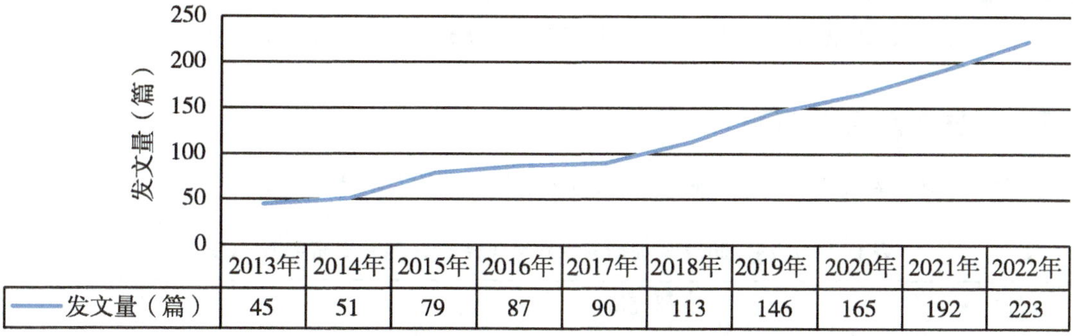

图 1-1　安徽省农业科学院英文文献历年发文趋势（2013—2022 年）

1.2　发文期刊 JCR 分区

2013—2022 年安徽省农业科学院 SCI 发文期刊 WOSJCR 分区情况见表 1-2，安徽省农业科学院 SCI 发文期刊 WOSJCR 分区趋势（2013—2022 年）见图 1-2。

表 1-2　2013—2022 年安徽省农业科学院 SCI 发文期刊 WOSJCR 分区情况　　单位：篇

出版年	Q1 区发文量	Q2 区发文量	Q3 区发文量	Q4 区发文量	其他发文量
2013	16	14	8	4	3
2014	23	16	6	6	0
2015	34	18	13	13	1
2016	39	15	19	4	10
2017	36	28	15	8	3
2018	47	26	19	20	1
2019	65	39	14	21	7
2020	81	48	10	16	10
2021	101	39	19	7	25
2022	142	52	17	9	3

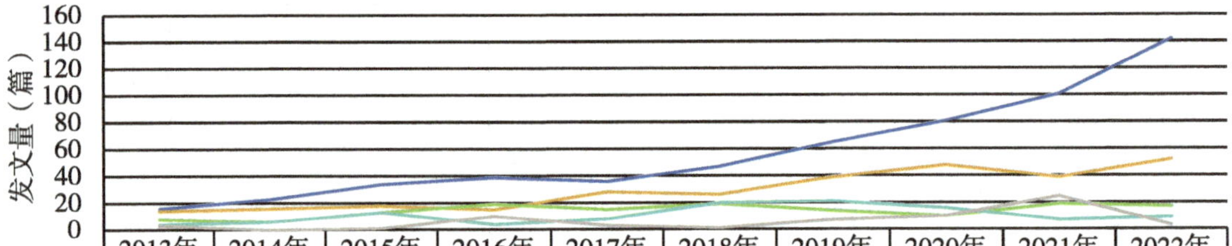

	2013年	2014年	2015年	2016年	2017年	2018年	2019年	2020年	2021年	2022年
Q1（篇）	16	23	34	39	36	47	65	81	101	142
Q2（篇）	14	16	18	15	28	26	39	48	39	52
Q3（篇）	8	6	13	19	15	19	14	10	19	17
Q4（篇）	4	6	13	4	8	20	21	16	7	9
其他（篇）	3	0	1	10	3	1	7	10	25	3

图 1-2　安徽省农业科学院 SCI 发文期刊 WOSJCR 分区趋势（2013—2022 年）

1.3　高发文研究所 TOP10

2013—2022 年安徽省农业科学院 SCI 高发文研究所 TOP10 见表 1-3。

表 1-3　2013—2022 年安徽省农业科学院 SCI 高发文研究所 TOP10　　单位：篇

排序	研究所	发文量
1	安徽省农业科学院水稻研究所	189

（续表）

排序	研究所	发文量
2	安徽省农业科学院畜牧兽医研究所	176
3	安徽省农业科学院植物保护与农产品质量安全研究所	164
4	安徽省农业科学院作物研究所	111
5	安徽省农业科学院土壤肥料研究所	106
6	安徽省农业科学院园艺研究所	101
7	安徽省农业科学院水产研究所	74
8	安徽省农业科学院蚕桑研究所	46
9	安徽省农业科学院烟草研究所	44
10	安徽省农业科学院农业工程研究所	41

1.4 高发文期刊 TOP10

2013—2022 年安徽省农业科学院 SCI 高发文期刊 TOP10 见表 1-4。

表 1-4 2013—2022 年安徽省农业科学院 SCI 发文期刊 TOP10

排序	期刊名称	发文量（篇）	WOS 所有数据库总被引频次	WOS 核心库被引频次	期刊影响因子（最近年度）
1	SCIENTIFIC REPORTS	43	1 009	919	4.6（2022）
2	PLOS ONE	38	726	661	3.7（2022）
3	FRONTIERS IN PLANT SCIENCE	35	273	253	5.6（2022）
4	ANIMALS	22	130	124	3.0（2022）
5	AGRONOMY-BASEL	22	25	23	3.7（2022）
6	FOOD CHEMISTRY	17	577	522	8.8（2022）
7	INTERNATIONAL JOURNAL OF MOLECULAR SCIENCES	16	129	124	5.6（2022）
8	GENETICS AND MOLECULAR RESEARCH	15	84	73	0.4（2022）
9	JOURNAL OF INTEGRATIVE AGRICULTURE	15	76	61	4.8（2022）
10	FRONTIERS IN GENETICS	14	84	79	3.7（2022）

1.5 合作发文国家与地区 TOP10

2013—2022 年安徽省农业科学院 SCI 合作发文国家与地区（合作发文 1 篇以上）TOP10 见表 1-5。

表 1-5 2013—2022 年安徽省农业科学院 SCI 合作发文国家与地区 TOP10

排序	国家与地区	合作发文量（篇）	WOS 所有数据库总被引频次	WOS 核心库被引频次
1	美国	79	3 405	2 949
2	巴基斯坦	24	112	101
3	英格兰	17	734	648
4	澳大利亚	17	465	420
5	德国	10	149	139
6	埃及	9	107	100
7	中国台湾	9	85	78
8	菲律宾	7	56	43
9	加拿大	7	33	30
10	西班牙	6	187	174

1.6 合作发文机构 TOP10

2013—2022 年安徽省农业科学院 SCI 合作发文机构 TOP10 见表 1-6。

表 1-6 2013—2022 年安徽省农业科学院 SCI 合作发文机构 TOP10

排序	合作发文机构	发文量（篇）	WOS 所有数据库总被引频次	WOS 核心库被引频次
1	安徽农业大学	272	469	419
2	中国科学院	138	803	698
3	中国农业科学院	136	634	537
4	南京农业大学	89	601	520
5	中国农业大学	61	511	433
6	华中农业大学	53	430	357
7	广西壮族自治区农业科学院	45	26	24
8	合肥工业大学	42	229	213
9	中国科学院大学	42	137	123

（续表）

排序	合作发文机构	发文量（篇）	WOS 所有数据库总被引频次	WOS 核心库被引频次
10	中华人民共和国农业农村部	40	90	79

1.7 高频词 TOP20

2013—2022 年安徽省农业科学院 SCI 发文高频词（作者关键词）TOP20 见表 1-7。

表 1-7 2013—2022 年安徽省农业科学院 SCI 发文高频词（作者关键词）TOP20

排序	关键词（作者关键词）	频次	排序	关键词（作者关键词）	频次
1	Rice	46	11	Pear	9
2	Gene expression	16	12	CRISPR	9
3	Transcriptome	15	13	Genome editing	8
4	Pig	13	14	Oryza sativa	8
5	RNA-seq	12	15	Proteomics	8
6	Long-term fertilization	12	16	Proteome	8
7	Grain yield	10	17	Multispectral imaging	8
8	Phylogenetic analysis	10	18	Transcriptome analysis	7
9	Mitochondrial genome	9	19	Cattle	7
10	Sheep	9	20	Genetic diversity	7

2 中文期刊论文分析

2013—2022 年，安徽省农业科学院作者共发表北大中文核心期刊论文 1 433篇，中国科学引文数据库（CSCD）期刊论文 970 篇。

2.1 发文量

安徽省农业科学院中文文献历年发文趋势（2013—2022 年）见图 2-1。

2.2 高发文研究所 TOP10

2013—2022 年安徽省农业科学院北大中文核心期刊高发文研究所 TOP10 见表 2-1，2013—2022 年安徽省农业科学院中国科学引文数据库（CSCD）期刊高发文研究所 TOP10 见表 2-2。

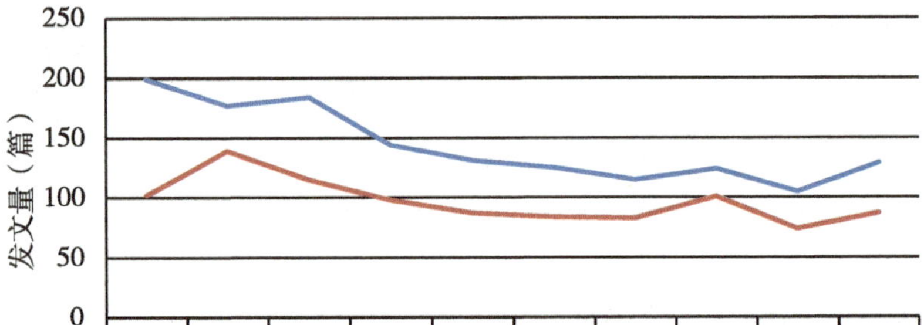

	2013年	2014年	2015年	2016年	2017年	2018年	2019年	2020年	2021年	2022年
北大中文核心期刊—发文量（篇）	199	177	184	144	131	125	115	124	105	129
CSCD期刊—发文量（篇）	102	139	115	98	87	84	83	101	74	87

图 2-1　安徽省农业科学院中文文献历年发文趋势（2013—2022 年）

表 2-1　2013—2022 年安徽省农业科学院北大中文核心期刊高发文研究所 TOP10　单位：篇

排序	研究所	发文量
1	安徽省农业科学院畜牧兽医研究所	208
2	安徽省农业科学院土壤肥料研究所	179
3	安徽省农业科学院作物研究所	178
4	安徽省农业科学院水稻研究所	140
5	安徽省农业科学院水产研究所	123
6	安徽省农业科学院园艺研究所	122
7	安徽省农业科学院植物保护与农产品质量安全研究所	112
8	安徽省农业科学院烟草研究所	77
9	安徽省农业科学院茶叶研究所	67
9	安徽省农业科学院农产品加工研究所	67
10	安徽省农业科学院农业工程研究所	61

表 2-2　2013—2022 年安徽省农业科学院 CSCD 期刊高发文研究所 TOP10　单位：篇

排序	研究所	发文量
1	安徽省农业科学院作物研究所	162
2	安徽省农业科学院土壤肥料研究所	161
3	安徽省农业科学院水稻研究所	108
4	安徽省农业科学院植物保护与农产品质量安全研究所	100
5	安徽省农业科学院水产研究所	94
6	安徽省农业科学院烟草研究所	74

（续表）

排序	研究所	发文量
7	安徽省农业科学院园艺研究所	68
8	安徽省农业科学院畜牧兽医研究所	58
9	安徽省农业科学院茶叶研究所	52
10	安徽省农业科学院农业工程研究所	31

2.3 高发文期刊 TOP10

2013—2022 年安徽省农业科学院高发文北大中文核心期刊 TOP10 见表 2-3，2013—2022 年安徽省农业科学院高发文 CSCD 期刊 TOP10 见表 2-4。

表 2-3 2013—2022 年安徽省农业科学院高发文期刊（北大中文核心）TOP10 单位：篇

排序	期刊名称	发文量	排序	期刊名称	发文量
1	安徽农业科学	74	6	中国畜牧兽医	33
2	园艺学报	59	7	植物保护	29
3	安徽农业大学学报	56	8	中国土壤与肥料	28
4	中国家禽	42	9	江苏农业科学	27
5	麦类作物学报	34	10	中国农学通报	25

表 2-4 2013—2022 年安徽省农业科学院高发文期刊（CSCD）TOP10 单位：篇

排序	期刊名称	发文量	排序	期刊名称	发文量
1	安徽农业大学学报	67	6	园艺学报	28
2	中国农学通报	42	7	土壤	26
3	麦类作物学报	32	8	杂交水稻	25
4	植物保护	29	9	中国油料作物学报	23
5	中国土壤与肥料	29	10	农药	23

2.4 合作发文机构 TOP10

2013—2022 年安徽省农业科学院北大中文核心期刊合作发文机构 TOP10 见表 2-5，2013—2022 年安徽省农业科学院 CSCD 期刊合作发文机构 TOP10 见表 2-6。

表 2-5　2013—2022 年安徽省农业科学院北大中文核心期刊合作发文机构 TOP10　单位：篇

排序	合作发文机构	发文量	排序	合作发文机构	发文量
1	安徽农业大学	210	6	安徽省烟草公司	25
2	中国农业科学院	76	7	华中农业大学	22
3	中国科学院	39	8	中国农业大学	16
4	安徽科技学院	37	9	国家水稻改良中心	13
5	南京农业大学	33	10	江苏省农业科学院	12

表 2-6　2013—2022 年安徽省农业科学院 CSCD 期刊合作发文机构 TOP10　单位：篇

排序	合作发文机构	发文量	排序	合作发文机构	发文量
1	安徽农业大学	149	6	安徽科技学院	21
2	中国农业科学院	62	7	华中农业大学	15
3	中国科学院	38	8	玉米研究中心	12
4	南京农业大学	27	9	国家水稻改良中心	11
5	安徽省烟草公司	26	10	安徽皖南烟叶有限责任公司	10

北京市农林科学院

1 英文期刊论文分析

分析数据来源于科学引文索引数据库（Web of Science，WOS）收录的文献类型为期刊论文（Article）、会议论文（Proceedings Paper）和述评（Review）的 Science Citation Index Expanded（SCIE）论文数据，数据时间范围为2013—2022 年，共检索到北京市农林科学院作者发表的论文4 149篇。

1.1 发文量

2013—2022 年北京市农林科学院历年 SCI 发文与被引情况见表1-1，北京市农林科学院英文文献历年发文趋势（2013—2022 年）见图 1-1。

表 1-1 2013—2022 年北京市农林科学院历年 SCI 发文与被引情况

出版年	发文量（篇）	WOS 所有数据库总被引频次	WOS 核心库被引频次
2013	238	4 956	4 319
2014	250	5 033	4 295
2015	278	6 618	5 740
2016	364	7 526	6 766
2017	322	7 904	7 123
2018	330	6 836	6 212
2019	486	7 692	7 117
2020	468	5 141	4 782
2021	571	2 861	2 742
2022	842	604	594

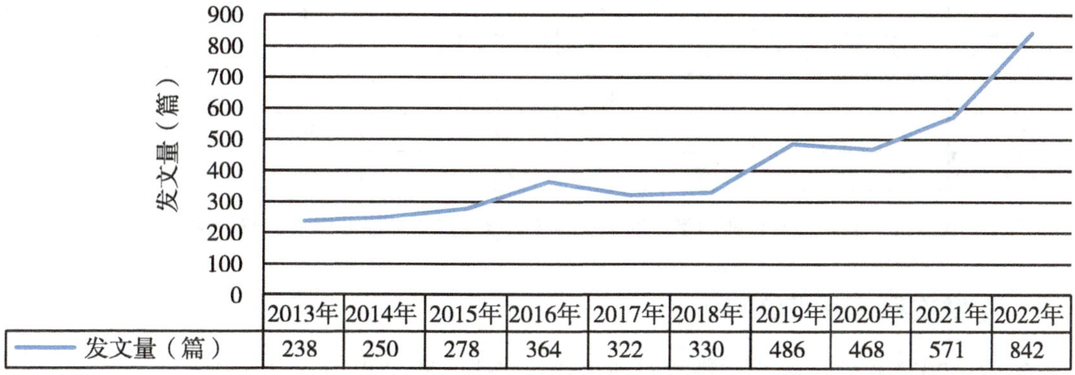

图 1-1 北京市农林科学院英文文献历年发文趋势（2013—2022 年）

1.2 发文期刊 JCR 分区

2013—2022 年北京市农林科学院 SCI 发文期刊 WOSJCR 分区情况见表 1-2，北京市农林科学院 SCI 发文期刊 WOSJCR 分区趋势（2013—2022 年）见图 1-2。

表 1-2 2013—2022 年北京市农林科学院 SCI 发文期刊 WOSJCR 分区情况 单位：篇

出版年	Q1 区发文量	Q2 区发文量	Q3 区发文量	Q4 区发文量	其他发文量
2013	52	41	27	52	66
2014	53	46	28	48	75
2015	70	62	40	17	89
2016	98	66	47	55	98
2017	132	77	54	37	22
2018	142	104	37	42	5
2019	189	132	45	36	84
2020	231	115	46	32	43
2021	330	108	20	45	62
2022	608	137	34	30	33

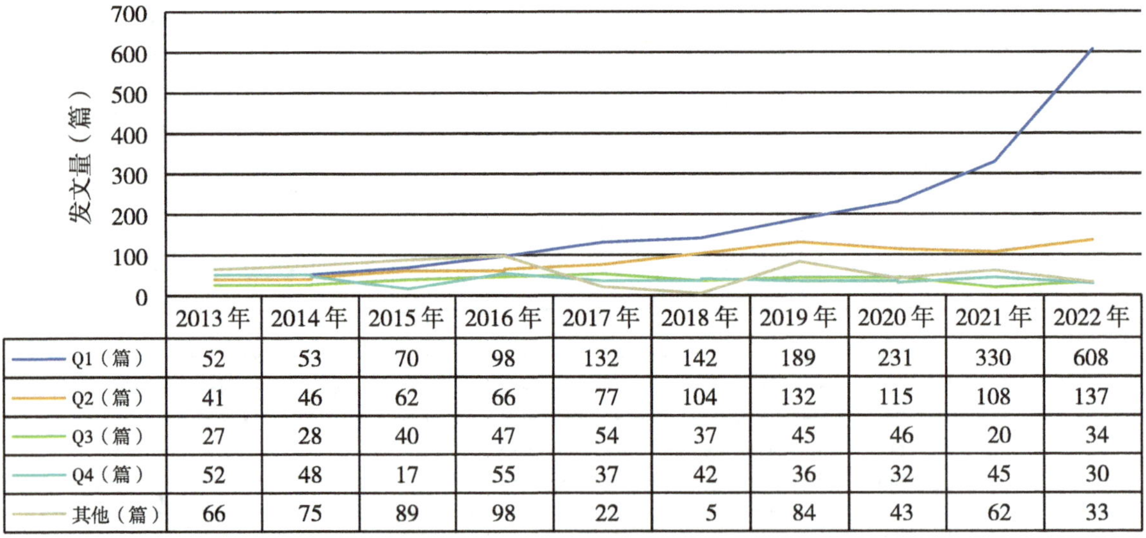

	2013 年	2014 年	2015 年	2016 年	2017 年	2018 年	2019 年	2020 年	2021 年	2022 年
Q1（篇）	52	53	70	98	132	142	189	231	330	608
Q2（篇）	41	46	62	66	77	104	132	115	108	137
Q3（篇）	27	28	40	47	54	37	45	46	20	34
Q4（篇）	52	48	17	55	37	42	36	32	45	30
其他（篇）	66	75	89	98	22	5	84	43	62	33

图 1-2 北京市农林科学院 SCI 发文期刊 WOSJCR 分区趋势（2013—2022 年）

1.3 高发文研究所 TOP10

2013—2022 年北京市农林科学院 SCI 高发文研究所 TOP10 见表 1-3。

表 1-3　2013—2022 年北京市农林科学院 SCI 高发文研究所 TOP10　　单位：篇

排序	研究所	发文量
1	北京市农林科学院北京农业信息技术研究中心	981
2	北京市农林科学院植物保护环境保护研究所	521
3	北京市农林科学院蔬菜研究中心	471
4	北京市农林科学院智能装备中心	393
5	北京市林业果树科学研究院	241
5	北京市农林科学院农业质量标准与检测技术研究中心	241
6	北京市农林科学院农业生物技术研究中心	205
7	北京市农林科学院畜牧兽医研究所	189
8	北京市农林科学院植物营养与资源研究所	150
9	北京市农林科学院杂交小麦工程技术研究中心	137
10	北京市农林科学院北京草业与环境研究发展中心	107

1.4　高发文期刊 TOP10

2013—2022 年北京市农林科学院 SCI 高发文期刊 TOP10 见表 1-4。

表 1-4　2013—2022 年北京市农林科学院 SCI 发文期刊 TOP10

排序	期刊名称	发文量（篇）	WOS 所有数据库总被引频次	WOS 核心库被引频次	期刊影响因子（最近年度）
1	FRONTIERS IN PLANT SCIENCE	127	1 138	1 057	5.6（2022）
2	SPECTROSCOPY AND SPECTRAL ANALYSIS	125	717	357	0.7（2022）
3	COMPUTERS AND ELECTRONICS IN AGRICULTURE	92	1 138	1 037	8.3（2022）
4	SCIENTIFIC REPORTS	89	1 616	1 485	4.6（2022）
5	REMOTE SENSING	80	1 690	1 539	5.0（2022）
6	PLOS ONE	64	1 379	1 244	3.7（2022）
7	INTERNATIONAL JOURNAL OF AGRICULTURAL AND BIOLOGICAL ENGINEERING	58	603	520	2.4（2022）
8	AGRONOMY-BASEL	55	29	26	3.7（2022）
9	JOURNAL OF INTEGRATIVE AGRICULTURE	45	547	486	4.8（2022）
10	INTERNATIONAL JOURNAL OF MOLECULAR SCIENCES	45	209	190	5.6（2022）

1.5 合作发文国家与地区 TOP10

2013—2022 年北京市农林科学院 SCI 合作发文国家与地区（合作发文 1 篇以上）TOP10 见表 1-5。

表 1-5 2013—2022 年北京市农林科学院 SCI 合作发文国家与地区 TOP10

排序	国家与地区	合作发文量（篇）	WOS 所有数据库总被引频次	WOS 核心库被引频次
1	美国	374	12 691	11 614
2	泰国	125	8 642	7 884
3	澳大利亚	96	3 370	3 055
4	英格兰	88	5 415	4 992
5	意大利	77	5 383	4 938
6	法国	73	4 322	3 952
7	加拿大	68	2 388	2 145
8	德国	65	6 241	5 738
9	西班牙	49	3 458	3 166
10	日本	46	3 137	2 904

1.6 合作发文机构 TOP10

2013—2022 年北京市农林科学院 SCI 合作发文机构 TOP10 见表 1-6。

表 1-6 2013—2022 年北京市农林科学院 SCI 合作发文机构 TOP10

排序	合作发文机构	发文量（篇）	WOS 所有数据库总被引频次	WOS 核心库被引频次
1	中国农业大学	532	1 522	1 345
2	中国科学院	375	3 152	2 946
3	中国农业科学院	352	1 218	1 074
4	北京林业大学	139	1 429	1 386
5	中华人民共和国农业农村部	124	66	62
6	清莱皇太后大学	118	2 098	2 043
7	西北农林科技大学	113	392	351
8	沈阳农业大学	92	136	125

（续表）

排序	合作发文机构	发文量（篇）	WOS 所有数据库总被引频次	WOS 核心库被引频次
9	中国科学院大学	88	299	276
10	浙江大学	86	559	479

1.7 高频词 TOP20

2013—2022 年北京市农林科学院 SCI 发文高频词（作者关键词）TOP20 见表 1-7。

表 1-7 2013—2022 年北京市农林科学院 SCI 发文高频词（作者关键词）TOP20

排序	关键词（作者关键词）	频次	排序	关键词（作者关键词）	频次
1	Maize	76	11	Gene expression	30
2	Winter wheat	76	12	Tomato	25
3	Taxonomy	44	13	Deep learning	25
4	Phylogeny	44	14	Mitochondrial genome	25
5	Remote sensing	44	15	Bemisia tabaci	24
6	Hyperspectral imaging	44	16	Phylogenetic analysis	24
7	Transcriptome	40	17	Soluble solids content	24
8	Wheat	38	18	Soil	23
9	Apple	36	19	Genetic diversity	23
10	Hyperspectral	30	20	Vegetation index	21

2 中文期刊论文分析

2013—2022 年，北京市农林科学院作者共发表北大中文核心期刊论文 5 098篇，中国科学引文数据库（CSCD）期刊论文3 473篇。

2.1 发文量

北京市农林科学院中文文献历年发文趋势（2013—2022 年）见图 2-1。

2.2 高发文研究所 TOP10

2013—2022 年北京市农林科学院北大中文核心期刊高发文研究所 TOP10 见表 2-1，2013—2022 年北京市农林科学院中国科学引文数据库（CSCD）期刊高发文研究所 TOP10 见表 2-2。

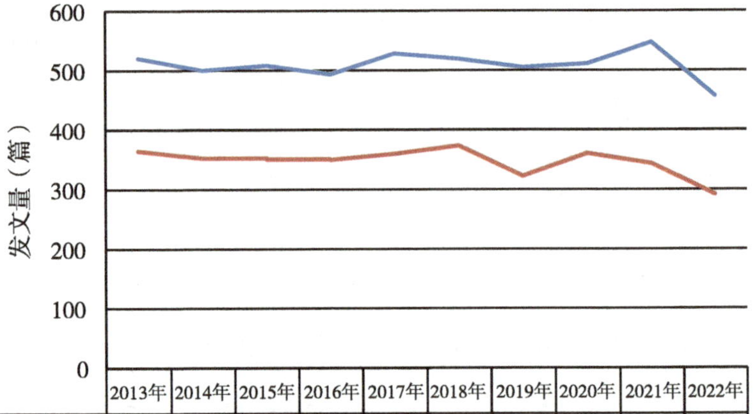

	2013年	2014年	2015年	2016年	2017年	2018年	2019年	2020年	2021年	2022年
北大中文核心期刊—发文量（篇）	521	501	509	494	529	520	506	512	548	458
CSCD期刊—发文量（篇）	365	353	351	350	360	374	323	361	344	292

图 2-1　北京市农林科学院中文文献历年发文趋势（2013—2022 年）

表 2-1　2013—2022 年北京市农林科学院北大中文核心期刊高发文研究所 TOP10　单位：篇

排序	研究所	发文量
1	北京市农林科学院北京农业信息技术研究中心	974
2	北京市农林科学院蔬菜研究中心	640
3	北京市农林科学院智能装备中心	455
4	北京市农林科学院植物保护环境保护研究所	423
5	北京市林业果树科学研究院	392
6	北京市农林科学院	347
7	北京市农林科学院畜牧兽医研究所	325
8	北京市农林科学院植物营养与资源研究所	226
9	北京市农林科学院农业生物技术研究中心	192
10	北京市水产科学研究所	168
11	北京市农林科学院玉米研究中心	167

注：“北京市农林科学院”发文包括作者单位只标注为“北京市农林科学院”、院属实验室等。

表 2-2　2013—2022 年北京市农林科学院 CSCD 期刊高发文研究所 TOP10　单位：篇

排序	研究所	发文量
1	北京市农林科学院北京农业信息技术研究中心	663
2	北京市农林科学院植物保护环境保护研究所	286
2	北京市农林科学院蔬菜研究中心	286
3	北京市林业果树科学研究院	253
4	北京市农林科学院智能装备中心	234

（续表）

排序	研究所	发文量
5	北京市农林科学院	194
6	北京市农林科学院植物营养与资源研究所	187
7	北京市农林科学院北京草业与环境研究发展中心	135
8	北京市农林科学院玉米研究中心	129
9	北京市农林科学院农业生物技术研究中心	104
10	北京市水产科学研究所	101
11	北京市农林科学院农业质量标准与检测技术研究中心	100

注：“北京市农林科学院”发文包括作者单位只标注为“北京市农林科学院”、院属实验室等。

2.3 高发文期刊 TOP10

2013—2022 年北京市农林科学院高发文北大中文核心期刊 TOP10 见表 2-3，2013—2022 年北京市农林科学院高发文 CSCD 期刊 TOP10 见表 2-4。

表 2-3　2013—2022 年北京市农林科学院高发文期刊（北大中文核心）TOP10　　单位：篇

排序	期刊名称	发文量	排序	期刊名称	发文量
1	农业工程学报	258	6	光谱学与光谱分析	126
2	北方园艺	222	7	农机化研究	110
3	农业机械学报	208	8	中国农业科学	102
4	中国蔬菜	197	9	食品工业科技	90
5	江苏农业科学	132	10	园艺学报	90

表 2-4　2013—2022 年北京市农林科学院高发文期刊（CSCD）TOP10　　单位：篇

排序	期刊名称	发文量	排序	期刊名称	发文量
1	农业工程学报	226	6	食品科学	67
2	农业机械学报	159	7	中国农业科技导报	66
3	光谱学与光谱分析	112	8	园艺学报	64
4	中国农业科学	111	9	农业环境科学学报	55
5	食品工业科技	67	10	果树学报	50

2.4 合作发文机构 TOP10

2013—2022 年北京市农林科学院北大中文核心期刊合作发文机构 TOP10 见表 2-5，2013—2022 年北京市农林科学院 CSCD 期刊合作发文机构 TOP10 见表 2-6。

表 2-5 2013—2022 年北京市农林科学院北大中文核心期刊合作发文机构 TOP10 单位：篇

排序	合作发文机构	发文量	排序	合作发文机构	发文量
1	中国农业大学	293	6	沈阳农业大学	99
2	中国农业科学院	169	7	北京林业大学	91
3	河北农业大学	141	8	北京市农业物联网工程技术研究中心	79
4	中国科学院	121	9	首都师范大学	66
5	北京农学院	101	10	西北农林科技大学	64

表 2-6 2013—2022 年北京市农林科学院 CSCD 期刊合作发文机构 TOP10 单位：篇

排序	合作发文机构	发文量	排序	合作发文机构	发文量
1	中国农业大学	193	6	沈阳农业大学	59
2	中国农业科学院	117	7	北京农学院	46
3	中国科学院	79	8	西北农林科技大学	45
4	河北农业大学	78	9	北京市农业物联网工程技术研究中心	40
5	北京林业大学	73	10	山东农业大学	38

重庆市农业科学院

1　英文期刊论文分析

分析数据来源于科学引文索引数据库（Web of Science，WOS）收录的文献类型为期刊论文（Article）、会议论文（Proceedings Paper）和述评（Review）的 Science Citation Index Expanded（SCIE）论文数据，数据时间范围为2013—2022 年，共检索到重庆市农业科学院作者发表的论文 344 篇。

1.1　发文量

2013—2022 年重庆市农业科学院历年 SCI 发文与被引情况见表 1-1，重庆市农业科学院英文文献历年发文趋势（2013—2022 年）见图 1-1。

表 1-1　2013—2022 年重庆市农业科学院历年 SCI 发文与被引情况

出版年	发文量（篇）	WOS 所有数据库总被引频次	WOS 核心库被引频次
2013	10	256	210
2014	19	479	407
2015	25	447	407
2016	24	537	474
2017	36	927	828
2018	39	735	666
2019	34	401	361
2020	41	370	351
2021	56	154	145
2022	60	33	33

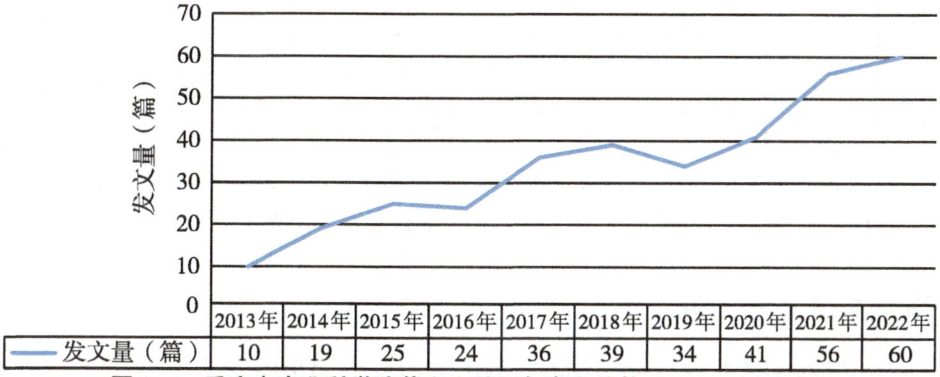

图 1-1　重庆市农业科学院英文文献历年发文趋势（2013—2022 年）

1.2 发文期刊 JCR 分区

2013—2022 年重庆市农业科学院 SCI 发文期刊 WOSJCR 分区情况见表 1-2，重庆市农业科学院 SCI 发文期刊 WOSJCR 分区趋势（2013—2022 年）见图 1-2。

表 1-2 2013—2022 年重庆市农业科学院 SCI 发文期刊 WOSJCR 分区情况 单位：篇

出版年	Q1 区发文量	Q2 区发文量	Q3 区发文量	Q4 区发文量	其他发文量
2013	7	1	0	1	1
2014	9	4	4	2	0
2015	7	8	3	3	4
2016	12	8	1	3	0
2017	17	11	2	6	0
2018	15	11	10	3	0
2019	16	9	3	4	2
2020	16	13	2	4	5
2021	26	15	4	3	8
2022	44	11	2	1	2

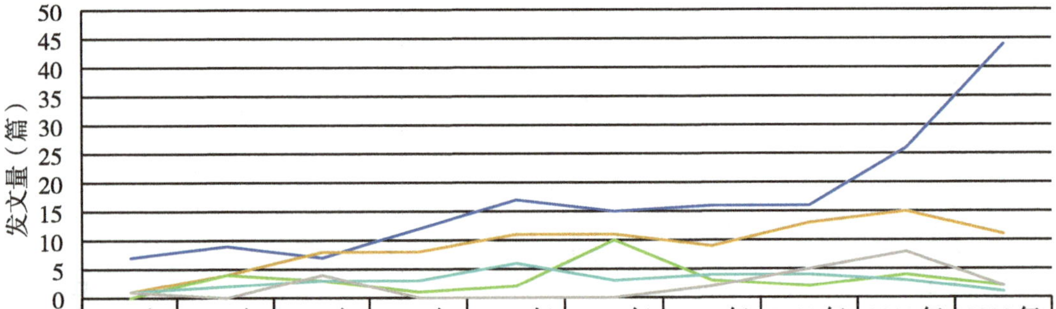

	2013 年	2014 年	2015 年	2016 年	2017 年	2018 年	2019 年	2020 年	2021 年	2022 年
Q1（篇）	7	9	7	12	17	15	16	16	26	44
Q2（篇）	1	4	8	8	11	11	9	13	15	11
Q3（篇）	0	4	3	1	2	10	3	2	4	2
Q4（篇）	1	2	3	3	6	3	4	4	3	1
其他（篇）	1	0	4	0	0	0	2	5	8	2

图 1-2 重庆市农业科学院 SCI 发文期刊 WOSJCR 分区趋势（2013—2022 年）

1.3 高发文研究所 TOP10

2013—2022 年重庆市农业科学院 SCI 高发文研究所 TOP10 见表 1-3。

表 1-3　2013—2022 年重庆市农业科学院 SCI 高发文研究所 TOP10　单位：篇

排序	研究所	发文量
1	重庆市农业科学院农业资源与环境研究所	103
2	重庆市农业科学院茶叶研究所	25
3	重庆市农业科学院蔬菜花卉研究所	21
4	重庆市农业科学院生物技术研究中心	15
5	重庆市农业科学院水稻研究所	14
6	重庆市农业科学院果树研究所	11
7	重庆市农业科学院玉米研究所	10
7	重庆市农业科学院农业工程研究所	10
8	重庆市农业科学院农业科技信息中心	4
9	重庆市农业科学院特色作物研究所	3

1.4　高发文期刊 TOP10

2013—2022 年重庆市农业科学院 SCI 高发文期刊 TOP10 见表 1-4。

表 1-4　2013—2022 年重庆市农业科学院 SCI 发文期刊 TOP10

排序	期刊名称	发文量（篇）	WOS 所有数据库总被引频次	WOS 核心库被引频次	期刊影响因子（最近年度）
1	ENVIRONMENTAL SCIENCE AND POLLUTION RESEARCH	13	194	180	5.8（2022）
2	MITOCHONDRIAL DNA PART B-RESOURCES	12	16	16	0.5（2022）
3	CHEMOSPHERE	10	226	199	8.8（2022）
4	ENVIRONMENTAL POLLUTION	9	286	259	8.9（2022）
5	FRONTIERS IN PLANT SCIENCE	9	85	76	5.6（2022）
6	SCIENTIFIC REPORTS	8	206	191	4.6（2022）
7	ECOTOXICOLOGY AND ENVIRONMENTAL SAFETY	8	67	62	6.8（2022）
8	SCIENCE OF THE TOTAL ENVIRONMENT	7	158	145	9.8（2022）
9	JOURNAL OF ENVIRONMENTAL SCIENCES	6	150	138	6.9（2022）
10	BMC PLANT BIOLOGY	6	91	76	5.3（2022）

1.5 合作发文国家与地区 TOP10

2013—2022 年重庆市农业科学院 SCI 合作发文国家与地区（合作发文 1 篇以上）TOP10 见表 1-5。

表 1-5 2013—2022 年重庆市农业科学院 SCI 合作发文国家与地区 TOP10

排序	国家与地区	合作发文量（篇）	WOS 所有数据库总被引频次	WOS 核心库被引频次
1	美国	20	528	466
2	瑞典	8	351	321
3	法国	6	77	73
4	巴基斯坦	3	8	8
5	澳大利亚	3	0	0
6	英格兰	2	92	76
7	中国台湾	1	61	51
8	西班牙	1	52	49
9	荷兰	1	36	33
10	加拿大	1	14	13

1.6 合作发文机构 TOP10

2013—2022 年重庆市农业科学院 SCI 合作发文机构 TOP10 见表 1-6。

表 1-6 2013—2022 年重庆市农业科学院 SCI 合作发文机构 TOP10

排序	合作发文机构	发文量（篇）	WOS 所有数据库总被引频次	WOS 核心库被引频次
1	西南大学	163	458	407
2	中国农业科学院	30	104	86
3	重庆大学	28	78	66
4	中国科学院	25	93	84
5	四川农业大学	17	32	31
6	南京农业大学	14	43	41
7	中华人民共和国教育部	11	11	10
8	中国农业大学	11	9	9

（续表）

排序	合作发文机构	发文量（篇）	WOS 所有数据库总被引频次	WOS 核心库被引频次
9	重庆三峡大学	9	10	9
10	瑞典农业科学大学	8	72	65

1.7 高频词 TOP20

2013—2022 年重庆市农业科学院 SCI 发文高频词（作者关键词）TOP20 见表 1-7。

表 1-7 2013—2022 年重庆市农业科学院 SCI 发文高频词（作者关键词）TOP20

排序	关键词（作者关键词）	频次	排序	关键词（作者关键词）	频次
1	Mercury	12	11	HPLC-ESI-MS/MS	5
2	Mitochondrial genome	10	12	Maize	5
3	Methylmercury	10	13	Soil	5
4	Cadmium	9	14	Tomato	4
5	Three gorges reservoir	8	15	Phosphorus	4
6	Rice	7	16	Chloroplast development	4
7	Adsorption	7	17	Three gorges reservoir area	4
8	Tea pest	6	18	Oryza sativa	4
9	Eggplant	6	19	Heavy metals	4
10	Dissolved organic matter	5	20	Constructed wetland	4

2 中文期刊论文分析

2013—2022 年，重庆市农业科学院作者共发表北大中文核心期刊论文 743 篇，中国科学引文数据库（CSCD）期刊论文 525 篇。

2.1 发文量

重庆市农业科学院中文文献历年发文趋势（2013—2022 年）见图 2-1。

2.2 高发文研究所 TOP10

2013—2022 年重庆市农业科学院北大中文核心期刊高发文研究所 TOP10 见表 2-1，2013—2022 年重庆市农业科学院中国科学引文数据库（CSCD）期刊高发文研究所 TOP10 见表 2-2。

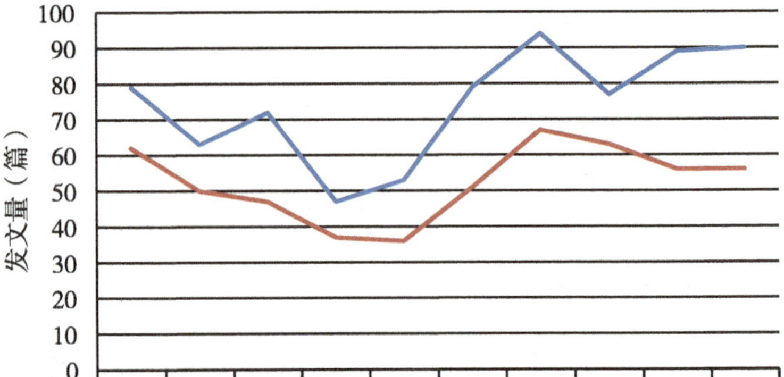

	2013年	2014年	2015年	2016年	2017年	2018年	2019年	2020年	2021年	2022年
北大中文核心期刊—发文量（篇）	79	63	72	47	53	79	94	77	89	90
CSCD期刊—发文量（篇）	62	50	47	37	36	51	67	63	56	56

图 2-1　重庆市农业科学院中文文献历年发文趋势（2013—2022 年）

表 2-1　2013—2022 年重庆市农业科学院北大中文核心期刊高发文研究所 TOP10　单位：篇

排序	研究所	发文量
1	重庆市农业科学院	252
2	重庆市农业科学院果树研究所	77
3	重庆市农业科学院水稻研究所	75
4	重庆市农业科学院茶叶研究所	61
5	重庆市农业科学院蔬菜花卉研究所	59
6	重庆市农业科学院玉米研究所	43
6	重庆市农业科学院生物技术研究中心	43
7	重庆市农业科学院特色作物研究所	38
8	重庆市农业科学院农产品贮藏加工研究所	35
9	重庆中一种业有限公司	31
10	重庆科光种苗有限公司	22
11	重庆市农业科学院农业质量标准检测技术研究所	15

注：“重庆市农业科学院”发文包括作者单位只标注为“重庆市农业科学院”、院属实验室等。

表 2-2　2013—2022 年重庆市农业科学院 CSCD 期刊高发文研究所 TOP10　单位：篇

排序	研究所	发文量
1	重庆市农业科学院	149
2	重庆市农业科学院水稻研究所	62
3	重庆市农业科学院茶叶研究所	53
4	重庆市农业科学院果树研究所	52
5	重庆市农业科学院蔬菜花卉研究所	45

（续表）

排序	研究所	发文量
6	重庆市农业科学院生物技术研究中心	38
7	重庆市农业科学院特色作物研究所	37
8	重庆中一种业有限公司	33
9	重庆市农业科学院农产品贮藏加工研究所	32
10	重庆市农业科学院玉米研究所	26
11	重庆市农业科学院农业质量标准检测技术研究所	13

注："重庆市农业科学院"发文包括作者单位只标注为"重庆市农业科学院"、院属实验室等。

2.3 高发文期刊 TOP10

2013—2022 年重庆市农业科学院高发文北大中文核心期刊 TOP10 见表 2-3，2013—2022 年重庆市农业科学院高发文 CSCD 期刊 TOP10 见表 2-4。

表 2-3 2013—2022 年重庆市农业科学院高发文期刊（北大中文核心）TOP10 单位：篇

排序	期刊名称	发文量	排序	期刊名称	发文量
1	西南农业学报	81	6	园艺学报	23
2	杂交水稻	66	7	西南大学学报（自然科学版）	21
3	分子植物育种	39	8	南方农业学报	19
4	种子	30	9	中国南方果树	19
5	中国蔬菜	24	10	农机化研究	18

表 2-4 2013—2022 年重庆市农业科学院高发文期刊（CSCD）TOP10 单位：篇

排序	期刊名称	发文量	排序	期刊名称	发文量
1	西南农业学报	79	6	食品科学	18
2	杂交水稻	66	7	食品与发酵工业	16
3	分子植物育种	28	8	植物遗传资源学报	16
4	南方农业学报	20	9	中国农学通报	14
5	西南大学学报（自然科学版）	20	10	园艺学报	13

2.4 合作发文机构 TOP10

2013—2022 年重庆市农业科学院北大中文核心期刊合作发文机构 TOP10 见表 2-5，2013—2022 年重庆市农业科学院 CSCD 期刊合作发文机构 TOP10 见表 2-6。

表 2-5　2013—2022 年重庆市农业科学院北大中文核心期刊合作发文机构 TOP10　单位：篇

排序	合作发文机构	发文量	排序	合作发文机构	发文量
1	西南大学	85	6	重庆市农业技术推广总站	8
2	中国农业科学院	28	7	宜宾学院	8
3	四川农业大学	16	8	重庆文理学院	7
4	重庆再生稻研究中心	11	9	东北农业大学	7
5	长江师范学院	10	10	重庆大学	6

表 2-6　2013—2022 年重庆市农业科学院 CSCD 期刊合作发文机构 TOP10　单位：篇

排序	合作发文机构	发文量	排序	合作发文机构	发文量
1	西南大学	68	6	重庆师范大学	6
2	中国农业科学院	23	7	中国科学院	6
3	四川农业大学	11	8	重庆文理学院	6
4	重庆再生稻研究中心	9	9	东北农业大学	6
5	长江师范学院	7	10	东北林业大学	5

福建省农业科学院

1 英文期刊论文分析

分析数据来源于科学引文索引数据库（Web of Science，WOS）收录的文献类型为期刊论文（Article）、会议论文（Proceedings Paper）和述评（Review）的 Science Citation Index Expanded（SCIE）论文数据，数据时间范围为2013—2022 年，共检索到福建省农业科学院作者发表的论文1 110篇。

1.1 发文量

2013—2022 年福建省农业科学院历年 SCI 发文与被引情况见表 1-1，福建省农业科学院英文文献历年发文趋势（2013—2022 年）见图 1-1。

表 1-1 2013—2022 年福建省农业科学院历年 SCI 发文与被引情况

出版年	发文量（篇）	WOS 所有数据库总被引频次	WOS 核心库被引频次
2013	33	785	687
2014	46	848	723
2015	53	1 147	1 018
2016	92	2 280	2 028
2017	99	1 615	1 370
2018	101	1 299	1 141
2019	133	1 249	1 114
2020	151	1 135	1 038
2021	192	508	477
2022	210	77	74

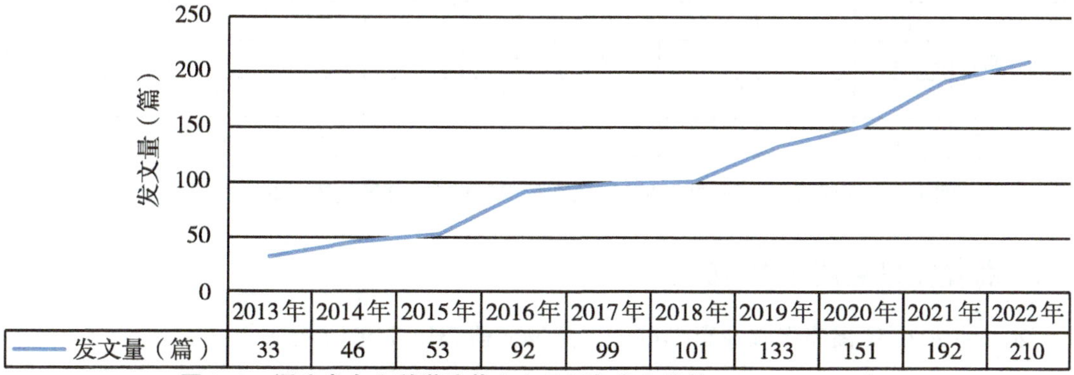

图 1-1 福建省农业科学院英文文献历年发文趋势（2013—2022 年）

1.2 发文期刊 JCR 分区

2013—2022 年福建省农业科学院 SCI 发文期刊 WOSJCR 分区情况见表 1-2，福建省农业科学院 SCI 发文期刊 WOSJCR 分区趋势（2013—2022 年）见图 1-2。

表 1-2 2013—2022 年福建省农业科学院 SCI 发文期刊 WOSJCR 分区情况 单位：篇

出版年	Q1 区发文量	Q2 区发文量	Q3 区发文量	Q4 区发文量	其他发文量
2013	9	13	5	5	1
2014	11	16	13	3	3
2015	18	14	15	6	0
2016	31	30	17	8	6
2017	34	23	23	17	2
2018	38	21	23	18	1
2019	43	35	25	17	13
2020	59	34	28	18	12
2021	100	42	16	12	19
2022	124	53	17	5	11

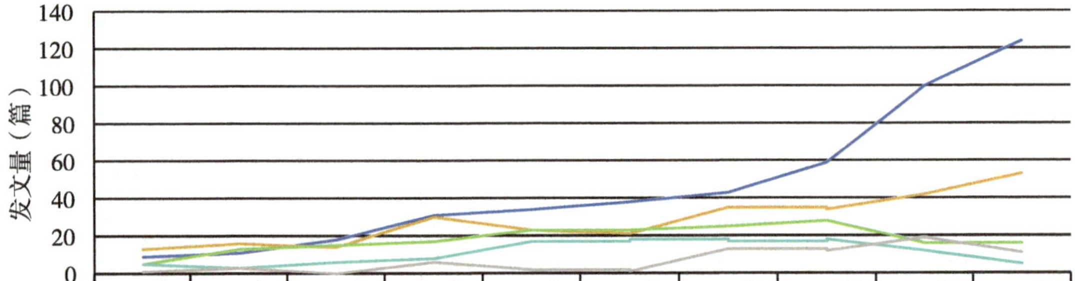

	2013 年	2014 年	2015 年	2016 年	2017 年	2018 年	2019 年	2020 年	2021 年	2022 年
Q1（篇）	9	11	18	31	34	38	43	59	100	124
Q2（篇）	13	16	14	30	23	21	35	34	42	53
Q3（篇）	5	13	15	17	23	23	25	28	16	17
Q4（篇）	5	3	6	8	17	18	17	18	12	5
其他（篇）	1	3	0	6	2	1	13	12	19	11

图 1-2 福建省农业科学院 SCI 发文期刊 WOSJCR 分区趋势（2013—2022 年）

1.3 高发文研究所 TOP10

2013—2022 年福建省农业科学院 SCI 高发文研究所 TOP10 见表 1-3。

表 1-3 2013—2022 年福建省农业科学院 SCI 高发文研究所 TOP10 单位：篇

排序	研究所	发文量
1	福建省农业科学院植物保护研究所	166
2	福建省农业科学院畜牧兽医研究所	122
3	福建省农业科学院农业生物资源研究所	100
4	福建省农业科学院生物技术研究所	94
5	福建省农业科学院果树研究所	92
6	福建省农业科学院土壤肥料研究所	87
7	福建省农业科学院水稻研究所	81
8	福建省农业科学院农业工程技术研究所	76
9	福建省农业科学院茶叶研究所	45
10	福建省农业科学院食用菌研究所	39

1.4 高发文期刊 TOP10

2013—2022 年福建省农业科学院 SCI 高发文期刊 TOP10 见表 1-4。

表 1-4 2013—2022 年福建省农业科学院 SCI 发文期刊 TOP10

排序	期刊名称	发文量（篇）	WOS 所有数据库总被引频次	WOS 核心库被引频次	期刊影响因子（最近年度）
1	FRONTIERS IN PLANT SCIENCE	39	139	128	5.6（2022）
2	SCIENTIFIC REPORTS	30	258	231	4.6（2022）
3	PLOS ONE	21	257	217	3.7（2022）
4	INTERNATIONAL JOURNAL OF SYSTEMATIC AND EVOLUTIONARY MICROBIOLOGY	20	126	107	2.8（2022）
5	FRONTIERS IN MICROBIOLOGY	19	158	147	5.2（2022）
6	INTERNATIONAL JOURNAL OF MOLECULAR SCIENCES	19	156	138	5.6（2022）
7	SCIENTIA HORTICULTURAE	17	154	132	4.3（2022）
8	INTERNATIONAL JOURNAL OF BIOLOGICAL MACROMOLECULES	16	321	272	8.2（2022）
9	FOOD SCIENCE AND TECHNOLOGY	15	66	62	2.602（2021）
10	SYSTEMATIC AND APPLIED ACAROLOGY	13	89	83	1.2（2022）

1.5 合作发文国家与地区 TOP10

2013—2022 年福建省农业科学院 SCI 合作发文国家与地区（合作发文 1 篇以上）TOP10 见表 1-5。

表 1-5 2013—2022 年福建省农业科学院 SCI 合作发文国家与地区 TOP10

排序	国家与地区	合作发文量（篇）	WOS 所有数据库总被引频次	WOS 核心库被引频次
1	美国	89	1 483	1 354
2	德国	32	358	332
3	澳大利亚	31	365	336
4	印度	25	709	687
5	日本	25	570	536
6	加拿大	25	385	348
7	意大利	23	817	790
8	沙特阿拉伯	18	644	628
9	中国台湾	17	373	350
10	英格兰	15	105	92

1.6 合作发文机构 TOP10

2013—2022 年福建省农业科学院 SCI 合作发文机构 TOP10 见表 1-6。

表 1-6 2013—2022 年福建省农业科学院 SCI 合作发文机构 TOP10

排序	合作发文机构	发文量（篇）	WOS 所有数据库总被引频次	WOS 核心库被引频次
1	福建农林大学	331	546	470
2	中国科学院	79	426	366
3	厦门大学	46	95	90
4	中国农业科学院	45	219	198
5	福建师范大学	33	80	65
6	南京农业大学	32	49	44
7	华中农业大学	29	88	78
8	华南农业大学	25	68	65

（续表）

排序	合作发文机构	发文量（篇）	WOS 所有数据库总被引频次	WOS 核心库被引频次
9	福州大学	23	21	21
10	福建中医药大学	22	98	78

1.7 高频词 TOP20

2013—2022 年福建省农业科学院 SCI 发文高频词（作者关键词）TOP20 见表 1-7。

表 1-7 2013—2022 年福建省农业科学院 SCI 发文高频词（作者关键词）TOP20

排序	关键词（作者关键词）	频次	排序	关键词（作者关键词）	频次
1	Rice	35	11	Real-time PCR	8
2	Transcriptome	24	12	RNA-seq	8
3	Pathogenicity	17	13	Yield	8
4	Taxonomy	16	14	Genome	8
5	Camellia sinensis	15	15	Tea	8
6	Phylogenetic analysis	13	16	Genetic diversity	8
7	Gene expression	13	17	Ralstonia solanacearum	8
8	Goose parvovirus	12	18	Arbovirus	7
9	Oryza sativa	8	19	Muscovy duck parvovirus	7
10	Phylogeny	8	20	Transcription factor	7

2 中文期刊论文分析

2013—2022 年，福建省农业科学院作者共发表北大中文核心期刊论文 2 624篇，中国科学引文数据库（CSCD）期刊论文1 862篇。

2.1 发文量

福建省农业科学院中文文献历年发文趋势（2013—2022 年）见图 2-1。

2.2 高发文研究所 TOP10

2013—2022 年福建省农业科学院北大中文核心期刊高发文研究所 TOP10 见表 2-1，2013—2022 年福建省农业科学院中国科学引文数据库（CSCD）期刊高发文研究所 TOP10 见表 2-2。

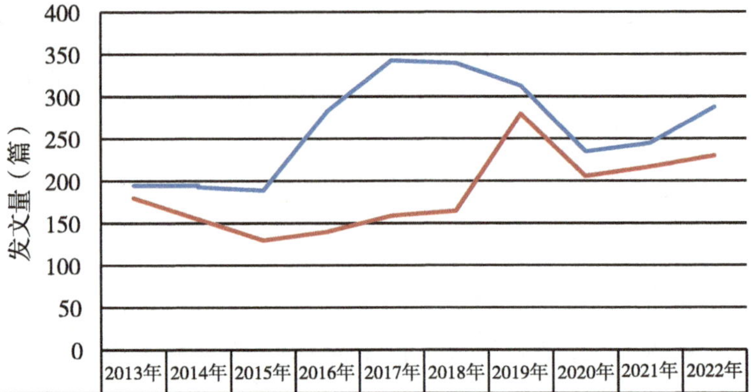

	2013年	2014年	2015年	2016年	2017年	2018年	2019年	2020年	2021年	2022年
北大中文核心期刊—发文量（篇）	195	193	189	283	343	340	313	235	245	288
CSCD期刊—发文量（篇）	180	155	130	140	159	165	280	206	217	230

图 2-1　福建省农业科学院中文文献历年发文趋势（2013—2022 年）

表 2-1　2013—2022 年福建省农业科学院北大中文核心期刊高发文研究所 TOP10　单位：篇

排序	研究所	发文量
1	福建省农业科学院畜牧兽医研究所	409
2	福建省农业科学院果树研究所	338
3	福建省农业科学院作物研究所	260
4	福建省农业科学院植物保护研究所	200
5	福建省农业科学院土壤肥料研究所	197
6	福建省农业科学院农业生态研究所	186
7	福建省农业科学院农业生物资源研究所	177
8	福建省农业科学院茶叶研究所	160
9	福建省农业科学院农业工程技术研究所	152
10	福建省农业科学院农业质量标准与检测技术研究所	140

表 2-2　2013—2022 年福建省农业科学院 CSCD 期刊高发文研究所 TOP10　单位：篇

排序	研究所	发文量
1	福建省农业科学院畜牧兽医研究所	257
2	福建省农业科学院作物研究所	206
3	福建省农业科学院植物保护研究所	195
4	福建省农业科学院果树研究所	181
5	福建省农业科学院土壤肥料研究所	170

（续表）

排序	研究所	发文量
6	福建省农业科学院农业生态研究所	155
7	福建省农业科学院农业生物资源研究所	135
8	福建省农业科学院水稻研究所	124
9	福建省农业科学院茶叶研究所	123
10	福建省农业科学院农业工程技术研究所	110

2.3 高发文期刊 TOP10

2013—2022 年福建省农业科学院高发文北大中文核心期刊 TOP10 见表 2-3，2013—2022 年福建省农业科学院高发文 CSCD 期刊 TOP10 见表 2-4。

表 2-3 2013—2022 年福建省农业科学院高发文期刊（北大中文核心）TOP10 单位：篇

排序	期刊名称	发文量	排序	期刊名称	发文量
1	福建农业学报	443	6	茶叶科学	56
2	中国南方果树	120	7	园艺学报	56
3	热带作物学报	90	8	分子植物育种	54
4	核农学报	58	9	果树学报	54
5	农业生物技术学报	57	10	热带亚热带植物学报	47

表 2-4 2013—2022 年福建省农业科学院高发文期刊（CSCD）TOP10 单位：篇

排序	期刊名称	发文量	排序	期刊名称	发文量
1	福建农业学报	284	6	分子植物育种	51
2	热带作物学报	113	7	果树学报	46
3	茶叶科学	56	8	中国兽医学报	43
4	农业生物技术学报	53	9	热带亚热带植物学报	43
5	核农学报	52	10	中国农学通报	41

2.4 合作发文机构 TOP10

2013—2022 年福建省农业科学院北大中文核心期刊合作发文机构 TOP10 见表 2-5，2013—2022 年福建省农业科学院 CSCD 期刊合作发文机构 TOP10 见表 2-6。

表 2-5　2013—2022 年福建省农业科学院北大中文核心期刊合作发文机构 TOP10　单位：篇

排序	合作发文机构	发文量	排序	合作发文机构	发文量
1	福建农林大学	408	6	浙江省农业科学院	17
2	福建师范大学	38	7	福建省建宁县农业局	15
3	福州大学	34	8	福建农业职业技术学院	14
4	中国农业科学院	27	9	福建省特色旱作物品种选育工程技术研究中心	14
5	福州（国家）水稻改良分中心	19	10	福州市蔬菜科学研究所	14

表 2-6　2013—2022 年福建省农业科学院 CSCD 期刊合作发文机构 TOP10　单位：篇

排序	合作发文机构	发文量	排序	合作发文机构	发文量
1	福建农林大学	300	6	福建农业职业技术学院	13
2	福建师范大学	33	7	福州市蔬菜科学研究所	10
3	中国农业科学院	29	8	福建省落叶果树工程技术研究中心	9
4	福州大学	27	9	福建省特色旱作物品种选育工程技术研究中心	9
5	福州（国家）水稻改良分中心	22	10	中国科学院	8

甘肃省农业科学院

1　英文期刊论文分析

分析数据来源于科学引文索引数据库（Web of Science，WOS）收录的文献类型为期刊论文（Article）、会议论文（Proceedings Paper）和述评（Review）的 Science Citation Index Expanded（SCIE）论文数据，数据时间范围为2013—2022 年，共检索到甘肃省农业科学院作者发表的论文 398 篇。

1.1　发文量

2013—2022 年甘肃省农业科学院历年 SCI 发文与被引情况见表 1-1，甘肃省农业科学院英文文献历年发文趋势（2013—2022 年）见图 1-1。

表 1-1　2013—2022 年甘肃省农业科学院历年 SCI 发文与被引情况

出版年	发文量（篇）	WOS 所有数据库总被引频次	WOS 核心库被引频次
2013	14	717	626
2014	21	336	302
2015	20	667	580
2016	29	523	441
2017	18	374	335
2018	28	536	479
2019	49	665	599
2020	79	693	638
2021	58	211	205
2022	82	44	44

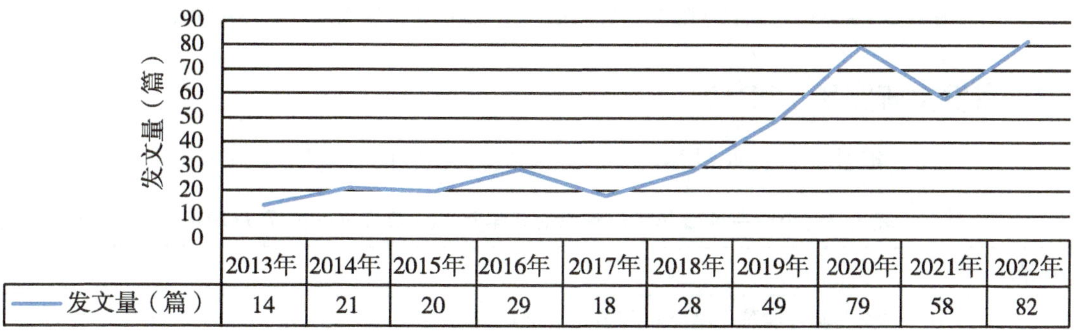

图 1-1　甘肃省农业科学院英文文献历年发文趋势（2013—2022 年）

1.2 发文期刊 JCR 分区

2013—2022 年甘肃省农业科学院 SCI 发文期刊 WOSJCR 分区情况见表 1-2，甘肃省农业科学院 SCI 发文期刊 WOSJCR 分区趋势（2013—2022 年）见图 1-2。

表 1-2 2013—2022 年甘肃省农业科学院 SCI 发文期刊 WOSJCR 分区情况 单位：篇

出版年	Q1 区发文量	Q2 区发文量	Q3 区发文量	Q4 区发文量	其他发文量
2013	6	4	3	0	1
2014	10	7	2	0	2
2015	15	2	0	3	0
2016	8	12	5	3	1
2017	11	2	3	2	0
2018	13	10	1	3	1
2019	26	9	3	8	3
2020	35	15	10	8	10
2021	33	13	1	1	9
2022	52	23	2	2	3

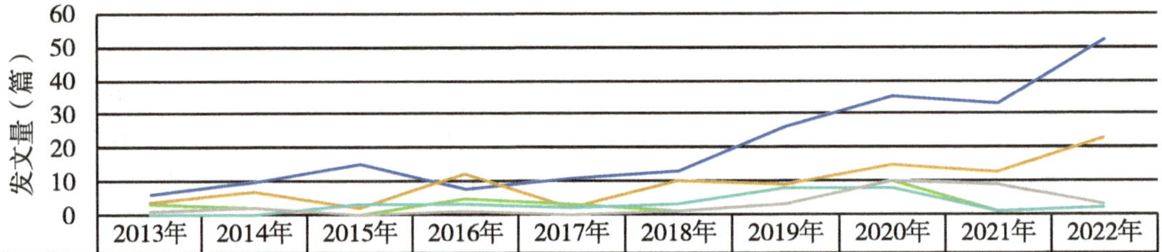

	2013年	2014年	2015年	2016年	2017年	2018年	2019年	2020年	2021年	2022年
Q1（篇）	6	10	15	8	11	13	26	35	33	52
Q2（篇）	4	7	2	12	2	10	9	15	13	23
Q3（篇）	3	2	0	5	3	1	3	10	1	2
Q4（篇）	0	0	3	3	2	3	8	8	1	2
其他（篇）	1	2	0	1	0	1	3	10	9	3

图 1-2 甘肃省农业科学院 SCI 发文期刊 WOSJCR 分区趋势（2013—2022 年）

1.3 高发文研究所 TOP10

2013—2022 年甘肃省农业科学院 SCI 高发文研究所 TOP10 见表 1-3。

表 1-3 2013—2022 年甘肃省农业科学院 SCI 高发文研究所 TOP10 单位：篇

排序	研究所	发文量
1	甘肃省农业科学院土壤肥料与节水农业研究所	59

（续表）

排序	研究所	发文量
2	甘肃省农业科学院植物保护研究所	54
3	甘肃省农业科学院作物研究所	44
4	甘肃省农业科学院旱地农业研究所	38
5	甘肃省农业科学院林果花卉研究所	21
6	甘肃省农业科学院小麦研究所	19
7	甘肃省农业科学院蔬菜研究所	16
8	甘肃省农业科学院马铃薯研究所	10
9	甘肃省农业科学院农产品贮藏加工研究所	2
10	甘肃省农业科学院生物技术研究所	1

1.4 高发文期刊 TOP10

2013—2022 年甘肃省农业科学院 SCI 高发文期刊 TOP10 见表 1-4。

表 1-4 2013—2022 年甘肃省农业科学院 SCI 发文期刊 TOP10

排序	期刊名称	发文量（篇）	WOS 所有数据库总被引频次	WOS 核心库被引频次	期刊影响因子（最近年度）
1	AGRICULTURAL WATER MANAGEMENT	13	192	176	6.7（2022）
2	JOURNAL OF INTEGRATIVE AGRICULTURE	13	97	86	4.8（2022）
3	FRONTIERS IN PLANT SCIENCE	13	27	27	5.6（2022）
4	PLOS ONE	10	415	384	3.7（2022）
5	FIELD CROPS RESEARCH	10	265	214	5.8（2022）
6	PLANT DISEASE	10	138	132	4.5（2022）
7	AGRONOMY-BASEL	10	16	14	3.7（2022）
8	SCIENTIFIC REPORTS	9	144	125	4.6（2022）
9	PLANT AND SOIL	8	240	199	4.9（2022）
10	JOURNAL OF AGRICULTURAL AND FOOD CHEMISTRY	8	228	220	6.1（2022）

1.5 合作发文国家与地区 TOP10

2013—2022 年甘肃省农业科学院 SCI 合作发文国家与地区（合作发文 1 篇以上）TOP10 见表 1-5。

表 1-5 2013—2022 年甘肃省农业科学院 SCI 合作发文国家与地区 TOP10

排序	国家与地区	合作发文量（篇）	WOS 所有数据库总被引频次	WOS 核心库被引频次
1	美国	51	699	636
2	澳大利亚	26	514	476
3	加拿大	14	247	233
4	荷兰	8	303	267
5	英格兰	7	61	51
6	苏丹	5	6	5
7	西班牙	5	129	123
8	肯尼亚	4	109	107
9	北爱尔兰	4	187	145
10	巴基斯坦	4	97	95

1.6 合作发文机构 TOP10

2013—2022 年甘肃省农业科学院 SCI 合作发文机构 TOP10 见表 1-6。

表 1-6 2013—2022 年甘肃省农业科学院 SCI 合作发文机构 TOP10

排序	合作发文机构	发文量（篇）	WOS 所有数据库总被引频次	WOS 核心库被引频次
1	甘肃农业大学	112	78	66
2	中国农业科学院	78	294	267
3	兰州大学	56	104	95
4	中国农业大学	40	298	249
5	西北农林科技大学	30	108	97
6	中国科学院	15	40	35
7	兰州理工大学	14	9	8
8	西澳大利亚大学	11	12	9
9	西南大学	10	20	18
10	西北师范大学	10	11	10

1.7 高频词 TOP20

2013—2022 年甘肃省农业科学院 SCI 发文高频词（作者关键词）TOP20 见表 1-7。

表 1-7 2013—2022 年甘肃省农业科学院 SCI 发文高频词（作者关键词）TOP20

排序	关键词（作者关键词）	频次	排序	关键词（作者关键词）	频次
1	Maize	11	11	Loess Plateau	5
2	Intercropping	10	12	Metabolome	4
3	Transcriptome	8	13	Alpine meadow	4
4	Drought tolerance	7	14	Stripe rust	4
5	Potato	7	15	Soybean	4
6	QTL	6	16	Genetic diversity	4
7	Wheat	6	17	Synthesis	3
8	Root length density	5	18	Horizontal bending	3
9	Yield	5	19	Organic manure	3
10	Phosphorus	5	20	SNP	3

2 中文期刊论文分析

2013—2022 年，甘肃省农业科学院作者共发表北大中文核心期刊论文 1 732篇，中国科学引文数据库（CSCD）期刊论文1 380篇。

2.1 发文量

甘肃省农业科学院中文文献历年发文趋势（2013—2022 年）见图 2-1。

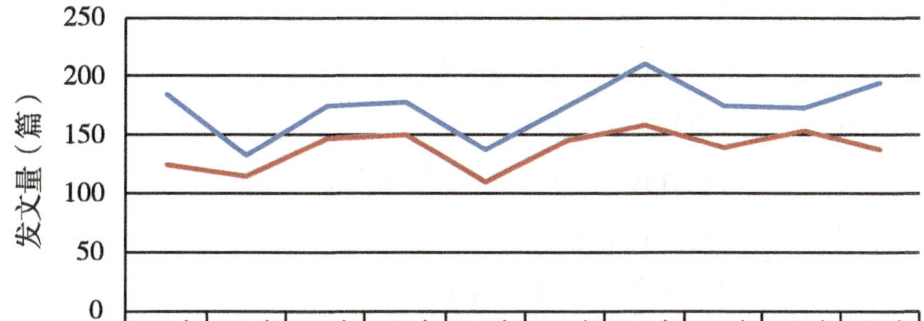

	2013年	2014年	2015年	2016年	2017年	2018年	2019年	2020年	2021年	2022年
北大中文核心期刊—发文量（篇）	184	132	174	178	138	175	210	174	173	194
CSCD期刊—发文量（篇）	125	114	147	151	109	145	159	139	153	138

图 2-1 甘肃省农业科学院中文文献历年发文趋势（2013—2022 年）

2.2 高发文研究所 TOP10

2013—2022 年甘肃省农业科学院北大中文核心期刊高发文研究所 TOP10 见表 2-1，2013—2022 年甘肃省农业科学院中国科学引文数据库（CSCD）期刊高发文研究所 TOP10 见表 2-2。

表 2-1　2013—2022 年甘肃省农业科学院北大中文核心期刊高发文研究所 TOP10　单位：篇

排序	研究所	发文量
1	甘肃省农业科学院植物保护研究所	267
2	甘肃省农业科学院旱地农业研究所	217
3	甘肃省农业科学院土壤肥料与节水农业研究所	197
4	甘肃省农业科学院林果花卉研究所	167
5	甘肃省农业科学院作物研究所	161
6	甘肃省农业科学院畜草与绿化农业研究所	148
7	甘肃省农业科学院	136
8	甘肃省农业科学院蔬菜研究所	135
9	甘肃省农业科学院农产品贮藏加工研究所	119
10	甘肃省农业科学院生物技术研究所	98
11	甘肃省农业科学院小麦研究所	69

注："甘肃省农业科学院" 发文包括作者单位只标注为 "甘肃省农业科学院"、院属实验室等。

表 2-2　2013—2022 年甘肃省农业科学院 CSCD 期刊高发文研究所 TOP10　单位：篇

排序	研究所	发文量
1	甘肃省农业科学院植物保护研究所	241
2	甘肃省农业科学院旱地农业研究所	198
3	甘肃省农业科学院土壤肥料与节水农业研究所	189
4	甘肃省农业科学院作物研究所	152
5	甘肃省农业科学院林果花卉研究所	124
6	甘肃省农业科学院	107
7	甘肃省农业科学院畜草与绿化农业研究所	105
8	甘肃省农业科学院生物技术研究所	94
9	甘肃省农业科学院蔬菜研究所	80
10	甘肃省农业科学院小麦研究所	64
11	甘肃省农业科学院农产品贮藏加工研究所	53

注："甘肃省农业科学院" 发文包括作者单位只标注为 "甘肃省农业科学院"、院属实验室等。

2.3 高发文期刊 TOP10

2013—2022 年甘肃省农业科学院高发文北大中文核心期刊 TOP10 见表 2-3，2013—2022 年甘肃省农业科学院高发文 CSCD 期刊 TOP10 见表 2-4。

表 2-3 2013—2022 年甘肃省农业科学院高发文期刊（北大中文核心）TOP10 单位：篇

排序	期刊名称	发文量	排序	期刊名称	发文量
1	干旱地区农业研究	113	6	甘肃农业大学学报	64
2	西北农业学报	90	7	中国蔬菜	57
3	草业学报	78	8	核农学报	50
4	植物保护	74	9	北方园艺	48
5	麦类作物学报	73	10	应用生态学报	45

表 2-4 2013—2022 年甘肃省农业科学院高发文期刊（CSCD）TOP10 单位：篇

排序	期刊名称	发文量	排序	期刊名称	发文量
1	干旱地区农业研究	112	6	甘肃农业大学学报	63
2	西北农业学报	89	7	核农学报	49
3	草业学报	79	8	应用生态学报	44
4	植物保护	71	9	草业科学	41
5	麦类作物学报	71	10	作物学报	39

2.4 合作发文机构 TOP10

2013—2022 年甘肃省农业科学院北大中文核心期刊合作发文机构 TOP10 见表 2-5，2013—2022 年甘肃省农业科学院 CSCD 期刊合作发文机构 TOP10 见表 2-6。

表 2-5 2013—2022 年甘肃省农业科学院北大中文核心期刊合作发文机构 TOP10 单位：篇

排序	合作发文机构	发文量	排序	合作发文机构	发文量
1	甘肃农业大学	457	6	西北师范大学	18
2	中国农业科学院	110	7	平凉市农业科学院	18
3	天水市农业科学研究所	39	8	兰州大学	17
4	西北农林科技大学	33	9	中国科学院	13
5	中国农业大学	25	10	西南科技大学	12

表 2-6　2013—2022 年甘肃省农业科学院 CSCD 期刊合作发文机构 TOP10　　单位：篇

排序	合作发文机构	发文量	排序	合作发文机构	发文量
1	甘肃农业大学	382	6	兰州大学	20
2	中国农业科学院	93	7	西北师范大学	15
3	西北农林科技大学	30	8	平凉市农业科学院	15
4	中国农业大学	30	9	中国科学院	14
5	天水市农业科学研究所	35	10	西南科技大学	10

广东省农业科学院

1 英文期刊论文分析

分析数据来源于科学引文索引数据库（Web of Science，WOS）收录的文献类型为期刊论文（Article）、会议论文（Proceedings Paper）和述评（Review）的 Science Citation Index Expanded（SCIE）论文数据，数据时间范围为2013—2022 年，共检索到广东省农业科学院作者发表的论文3 796篇。

1.1 发文量

2013—2022 年广东省农业科学院历年 SCI 发文与被引情况见表 1-1，广东省农业科学院英文文献历年发文趋势（2013—2022 年）见图 1-1。

表 1-1 2013—2022 年广东省农业科学院历年 SCI 发文与被引情况

出版年	发文量（篇）	WOS 所有数据库总被引频次	WOS 核心库被引频次
2013	171	4 726	4 108
2014	199	4 828	4 244
2015	224	6 558	5 846
2016	245	6 367	5 667
2017	266	6 314	5 625
2018	293	5 491	4 984
2019	441	5 778	5 330
2020	544	5 351	5 035
2021	621	2 791	2 673
2022	792	509	504

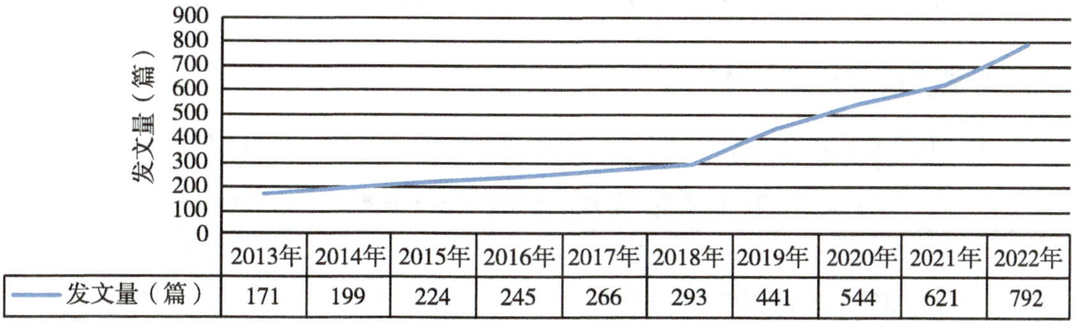

图 1-1 广东省农业科学院英文文献历年发文趋势（2013—2022 年）

1.2 发文期刊 JCR 分区

2013—2022 年广东省农业科学院 SCI 发文期刊 WOSJCR 分区情况见表 1-2，广东省农业科学院 SCI 发文期刊 WOSJCR 分区趋势（2013—2022 年）见图 1-2。

表 1-2 2013—2022 年广东省农业科学院 SCI 发文期刊 WOSJCR 分区情况 单位：篇

出版年	Q1 区发文量	Q2 区发文量	Q3 区发文量	Q4 区发文量	其他发文量
2013	58	47	28	27	11
2014	68	55	40	23	13
2015	82	61	42	32	7
2016	107	64	46	20	8
2017	137	67	38	19	5
2018	130	93	42	23	5
2019	187	129	55	46	24
2020	280	149	44	26	42
2021	359	120	30	20	91
2022	542	182	37	15	16

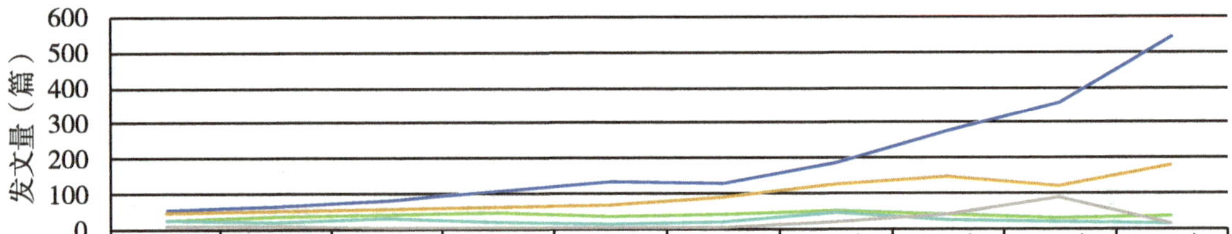

	2013年	2014年	2015年	2016年	2017年	2018年	2019年	2020年	2021年	2022年
Q1（篇）	58	68	82	107	137	130	187	280	359	542
Q2（篇）	47	55	61	64	67	93	129	149	120	182
Q3（篇）	28	40	42	46	38	42	55	44	30	37
Q4（篇）	27	23	32	20	19	23	46	26	20	15
其他（篇）	11	13	7	8	5	5	24	42	91	16

图 1-2 广东省农业科学院 SCI 发文期刊 WOSJCR 分区趋势（2013—2022 年）

1.3 高发文研究所 TOP10

2013—2022 年广东省农业科学院 SCI 高发文研究所 TOP10 见表 1-3。

表 1-3 2013—2022 年广东省农业科学院 SCI 高发文研究所 TOP10 单位：篇

排序	研究所	发文量
1	广东省农业科学院动物科学研究所	748

（续表）

排序	研究所	发文量
2	广东省农业科学院作物研究所	731
3	广东省农业科学院蚕业与农产品加工研究所	500
4	广东省农业科学院植物保护研究所	335
5	广东省农业科学院农业资源与环境研究所	268
6	广东省农业科学院果树研究所	265
7	广东省农业科学院水稻研究所	207
8	广东省农业科学院动物卫生研究所	182
9	广东省农业科学院蔬菜研究所	177
10	广东省农业科学院农业生物基因研究中心	158

1.4 高发文期刊 TOP10

2013—2022 年广东省农业科学院 SCI 高发文期刊 TOP10 见表 1-4。

表 1-4 2013—2022 年广东省农业科学院 SCI 发文期刊 TOP10

排序	期刊名称	发文量（篇）	WOS 所有数据库总被引频次	WOS 核心库被引频次	期刊影响因子（最近年度）
1	INTERNATIONAL JOURNAL OF MOLECULAR SCIENCES	105	1 021	940	5.6（2022）
2	FRONTIERS IN PLANT SCIENCE	101	1 047	954	5.6（2022）
3	POULTRY SCIENCE	85	897	800	4.4（2022）
4	PLOS ONE	72	1 839	1 626	3.7（2022）
5	FOOD CHEMISTRY	71	2 199	1 939	8.8（2022）
6	SCIENTIFIC REPORTS	69	1 361	1 256	4.6（2022）
7	FRONTIERS IN MICROBIOLOGY	62	645	589	5.2（2022）
8	JOURNAL OF AGRICULTURAL AND FOOD CHEMISTRY	52	741	678	6.1（2022）
9	ANIMALS	52	172	152	3.0（2022）
10	LWT-FOOD SCIENCE AND TECHNOLOGY	49	641	599	6.0（2022）

1.5 合作发文国家与地区 TOP10

2013—2022 年广东省农业科学院 SCI 合作发文国家与地区（合作发文 1 篇以上）TOP10 见表 1-5。

表 1-5 2013—2022 年广东省农业科学院 SCI 合作发文国家与地区 TOP10

排序	国家与地区	合作发文量（篇）	WOS 所有数据库总被引频次	WOS 核心库被引频次
1	美国	376	7 578	6 822
2	巴基斯坦	150	1 710	1 645
3	澳大利亚	92	1 842	1 719
4	埃及	85	893	819
5	加拿大	50	908	839
6	德国	46	745	699
7	印度	44	923	865
8	沙特阿拉伯	34	345	322
9	英格兰	30	836	757
10	新西兰	30	404	385

1.6 合作发文机构 TOP10

2013—2022 年广东省农业科学院 SCI 合作发文机构 TOP10 见表 1-6。

表 1-6 2013—2022 年广东省农业科学院 SCI 合作发文机构 TOP10

排序	合作发文机构	发文量（篇）	WOS 所有数据库总被引频次	WOS 核心库被引频次
1	中国科学院	272	1 247	1 111
2	华南理工大学	218	214	206
3	华中农业大学	156	648	580
4	中国农业科学院	156	338	302
5	中华人民共和国农业农村部	123	84	82
6	中国科学院大学	114	590	529
7	中山大学	113	346	323
8	佛山科学技术学院	71	129	125

（续表）

排序	合作发文机构	发文量（篇）	WOS 所有数据库总被引频次	WOS 核心库被引频次
9	暨南大学	71	129	116
10	华南师范大学	68	96	91

1.7 高频词 TOP20

2013—2022 年广东省农业科学院 SCI 发文高频词（作者关键词）TOP20 见表 1-7。

表 1-7 2013—2022 年广东省农业科学院 SCI 发文高频词（作者关键词）TOP20

排序	关键词（作者关键词）	频次	排序	关键词（作者关键词）	频次
1	Rice	87	11	Yield	28
2	Chicken	72	12	Growth	28
3	Antioxidant activity	58	13	RNA-seq	28
4	Gene expression	51	14	Oxidative stress	26
5	Transcriptome	43	15	Phenolics	25
6	Pig	39	16	Camellia sinensis	24
7	Growth performance	32	17	Photosynthesis	23
8	Phylogenetic analysis	31	18	Gut microbiota	23
9	Apoptosis	30	19	Genetic diversity	23
10	Tea	28	20	Proliferation	22

2 中文期刊论文分析

2013—2022 年，广东省农业科学院作者共发表北大中文核心期刊论文3 836篇，中国科学引文数据库（CSCD）期刊论文2 272篇。

2.1 发文量

广东省农业科学院中文文献历年发文趋势（2013—2022 年）见图 2-1。

2.2 高发文研究所 TOP10

2013—2022 年广东省农业科学院北大中文核心期刊高发文研究所 TOP10 见表 2-1，2013—2022 年广东省农业科学院中国科学引文数据库（CSCD）期刊高发文研究所 TOP10 见表 2-2。

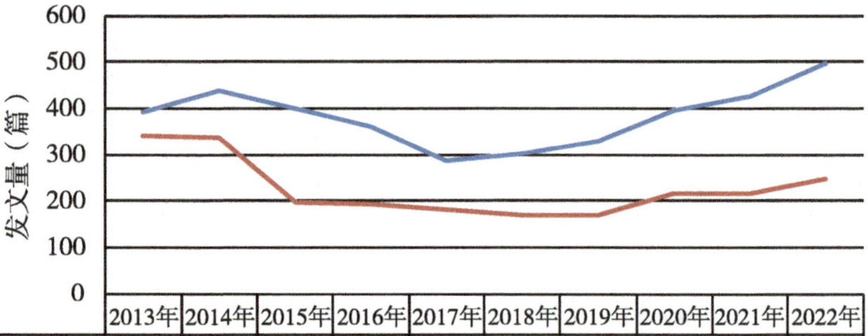

	2013年	2014年	2015年	2016年	2017年	2018年	2019年	2020年	2021年	2022年
北大中文核心期刊—发文量（篇）	393	437	401	362	288	303	330	396	428	498
CSCD期刊—发文量（篇）	340	337	198	193	183	170	171	218	215	247

图 2-1　广东省农业科学院中文文献历年发文趋势（2013—2022 年）

表 2-1　2013—2022 年广东省农业科学院北大中文核心期刊高发文研究所 TOP10　单位：篇

排序	研究所	发文量
1	广东省农业科学院蚕业与农产品加工研究所	662
2	广东省农业科学院果树研究所	522
3	广东省农业科学院动物科学研究所	480
4	广东省农业科学院植物保护研究所	468
5	广东省农业科学院农业经济与信息研究所	236
6	广东省农业科学院水稻研究所	230
7	广东省农业科学院作物研究所	216
8	广东省农业科学院动物卫生研究所	214
9	广东省农业科学院蔬菜研究所	198
10	广东省农业科学院农业资源与环境研究所	186

表 2-2　2013—2022 年广东省农业科学院 CSCD 期刊高发文研究所 TOP10　单位：篇

排序	研究所	发文量
1	广东省农业科学院植物保护研究所	397
2	广东省农业科学院蚕业与农产品加工研究所	395
3	广东省农业科学院动物科学研究所	266
4	广东省农业科学院果树研究所	199
5	广东省农业科学院作物研究所	160
6	广东省农业科学院农业资源与环境研究所	149
7	广东省农业科学院水稻研究所	142

（续表）

排序	研究所	发文量
8	广东省农业科学院蔬菜研究所	117
9	广东省农业科学院农业经济与信息研究所	100
10	广东省农业科学院环境园艺研究所	94
10	广东省农业科学院动物卫生研究所	94

2.3 高发文期刊 TOP10

2013—2022 年广东省农业科学院高发文北大中文核心期刊 TOP10 见表 2-3，2013—2022 年广东省农业科学院高发文 CSCD 期刊 TOP10 见表 2-4。

表 2-3 2013—2022 年广东省农业科学院高发文期刊（北大中文核心）TOP10 单位：篇

排序	期刊名称	发文量	排序	期刊名称	发文量
1	广东农业科学	725	6	分子植物育种	100
2	动物营养学报	193	7	蚕业科学	78
3	热带作物学报	167	8	环境昆虫学报	78
4	现代食品科技	152	9	中国畜牧兽医	78
5	园艺学报	118	10	食品科学	73

表 2-4 2013—2022 年广东省农业科学院高发文期刊（CSCD）TOP10 单位：篇

排序	期刊名称	发文量	排序	期刊名称	发文量
1	广东农业科学	231	6	环境昆虫学报	80
2	动物营养学报	194	7	食品科学	70
3	热带作物学报	138	8	南方农业学报	67
4	蚕业科学	87	9	分子植物育种	58
5	园艺学报	80	10	中国农业科学	54

2.4 合作发文机构 TOP10

2013—2022 年广东省农业科学院北大中文核心期刊合作发文机构 TOP10 见表 2-5，2013—2022 年广东省农业科学院 CSCD 期刊合作发文机构 TOP10 见表 2-6。

表 2-5　2013—2022 年广东省农业科学院北大中文核心期刊合作发文机构 TOP10　单位：篇

排序	合作发文机构	发文量	排序	合作发文机构	发文量
1	华南农业大学	432	6	江西农业大学	56
2	中国热带农业科学院	273	7	中国农业科学院	54
3	海南大学	108	8	华南理工大学	43
4	华中农业大学	102	9	华南师范大学	36
5	仲恺农业工程学院	78	10	中国科学院	36

表 2-6　2013—2022 年广东省农业科学院 CSCD 期刊合作发文机构 TOP10　单位：篇

排序	合作发文机构	发文量	排序	合作发文机构	发文量
1	华南农业大学	290	6	华南师范大学	27
2	华中农业大学	58	7	仲恺农业工程学院	26
3	中国农业科学院	42	8	江西农业大学	26
4	暨南大学	28	9	湖南农业大学	26
5	中国热带农业科学院	27	10	广东海洋大学	25

广西壮族自治区农业科学院

1　英文期刊论文分析

分析数据来源于科学引文索引数据库（Web of Science，WOS）收录的文献类型为期刊论文（Article）、会议论文（Proceedings Paper）和述评（Review）的 Science Citation Index Expanded（SCIE）论文数据，数据时间范围为2013—2022 年，共检索到广西壮族自治区农业科学院作者发表的论文1 069篇。

1.1　发文量

2013—2022 年广西壮族自治区农业科学院历年 SCI 发文与被引情况见表 1-1，广西壮族自治区农业科学院英文文献历年发文趋势（2013—2022 年）见图 1-1。

表 1-1　2013—2022 年广西壮族自治区农业科学院历年 SCI 发文与被引情况

出版年	发文量（篇）	WOS 所有数据库总被引频次	WOS 核心库被引频次
2013	30	763	645
2014	30	1 137	993
2015	64	1 878	1 648
2016	45	788	689
2017	70	1 564	1 391
2018	65	1 377	1 185
2019	124	1 473	1 354
2020	160	1 317	1 248
2021	201	858	827
2022	280	167	162

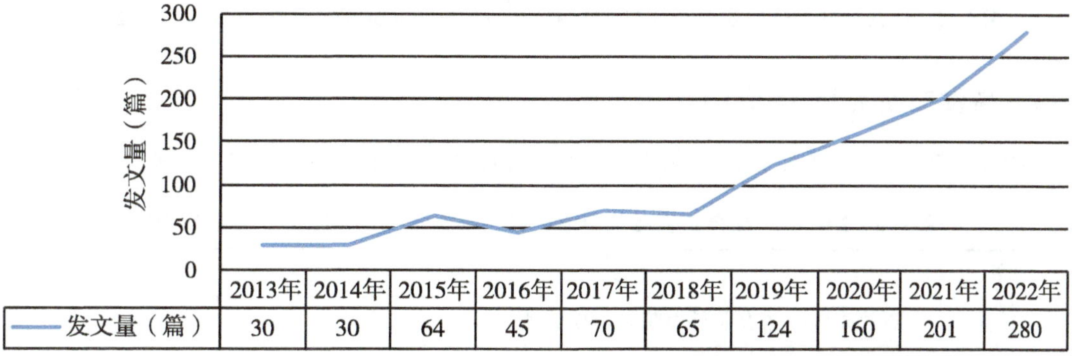

图 1-1　广西壮族自治区农业科学院英文文献历年发文趋势（2013—2022 年）

1.2 发文期刊 JCR 分区

2013—2022 年广西壮族自治区农业科学院 SCI 发文期刊 WOSJCR 分区情况见表 1-2，广西壮族自治区农业科学院 SCI 发文期刊 WOSJCR 分区趋势（2013—2022 年）见图 1-2。

表 1-2　2013—2022 年广西壮族自治区农业科学院 SCI 发文期刊 WOSJCR 分区情况　　单位：篇

出版年	Q1 区发文量	Q2 区发文量	Q3 区发文量	Q4 区发文量	其他发文量
2013	7	11	6	4	2
2014	9	7	9	4	1
2015	20	10	17	11	6
2016	15	11	15	4	0
2017	30	14	19	7	0
2018	29	15	14	4	3
2019	38	35	25	18	8
2020	77	26	15	19	23
2021	102	38	18	14	29
2022	158	81	16	20	5

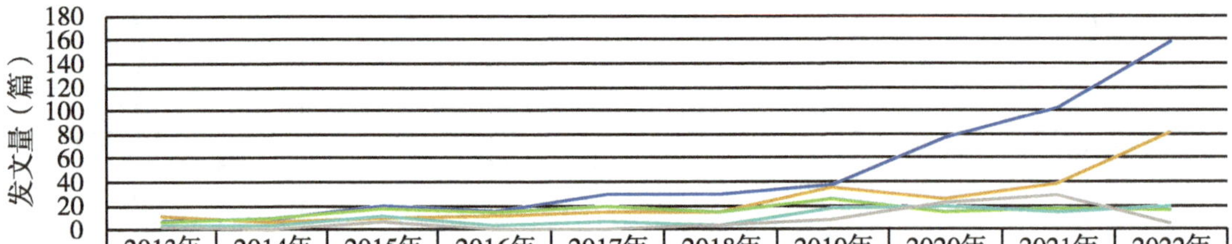

	2013年	2014年	2015年	2016年	2017年	2018年	2019年	2020年	2021年	2022年
Q1（篇）	7	9	20	15	30	29	38	77	102	158
Q2（篇）	11	7	10	11	14	15	35	26	38	81
Q3（篇）	6	9	17	15	19	14	25	15	18	16
Q4（篇）	4	4	11	4	7	4	18	19	14	20
其他（篇）	2	1	6	0	0	3	8	23	29	5

图 1-2　广西壮族自治区农业科学院 SCI 发文期刊 WOSJCR 分区趋势（2013—2022 年）

1.3 高发文研究所 TOP10

2013—2022 年广西壮族自治区农业科学院 SCI 高发文研究所 TOP10 见表 1-3。

表 1-3　2013—2022 年广西壮族自治区农业科学院 SCI 高发文研究所 TOP10　　单位：篇

排序	研究所	发文量
1	广西壮族自治区农业科学院甘蔗研究所	210

（续表）

排序	研究所	发文量
2	广西壮族自治区作物遗传改良生物技术重点开放实验室	181
3	广西壮族自治区农业科学院植物保护研究所	110
4	广西壮族自治区农业科学院经济作物研究所	90
5	广西壮族自治区农业科学院农产品加工研究所	89
6	广西壮族自治区农业科学院水稻研究所	88
7	广西壮族自治区农业科学院生物技术研究所	79
8	广西壮族自治区农业科学院农业资源与环境研究所	41
9	广西壮族自治区亚热带作物研究所	40
10	广西壮族自治区农业科学院葡萄与葡萄酒研究所	28

1.4 高发文期刊 TOP10

2013—2022 年广西壮族自治区农业科学院 SCI 高发文期刊 TOP10 见表 1-4。

表 1-4 2013—2022 年广西壮族自治区农业科学院 SCI 发文期刊 TOP10

排序	期刊名称	发文量（篇）	WOS 所有数据库总被引频次	WOS 核心库被引频次	期刊影响因子（最近年度）
1	SUGAR TECH	64	973	839	1.9（2022）
2	FRONTIERS IN PLANT SCIENCE	46	670	552	5.6（2022）
3	FRONTIERS IN MICROBIOLOGY	32	302	266	5.2（2022）
4	INTERNATIONAL JOURNAL OF MOLECULAR SCIENCES	28	140	127	5.6（2022）
5	SCIENTIFIC REPORTS	25	420	386	4.6（2022）
6	MITOCHONDRIAL DNA PART B-RESOURCES	23	13	13	0.5（2022）
7	PLOS ONE	22	809	714	3.7（2022）
8	BMC PLANT BIOLOGY	19	131	125	5.3（2022）
9	BMC GENOMICS	15	248	232	4.4（2022）
10	FOOD CHEMISTRY	15	144	137	8.8（2022）

1.5 合作发文国家与地区 TOP10

2013—2022 年广西壮族自治区农业科学院 SCI 合作发文国家与地区（合作发文 1 篇以上）TOP10 见表 1-5。

表 1-5 2013—2022 年广西壮族自治区农业科学院 SCI 合作发文国家与地区 TOP10

排序	国家与地区	合作发文量（篇）	WOS 所有数据库总被引频次	WOS 核心库被引频次
1	美国	67	1 226	1 109
2	澳大利亚	65	954	791
3	印度	47	544	505
4	巴基斯坦	22	188	175
5	俄罗斯	22	172	170
6	埃及	18	257	248
7	土耳其	13	220	212
8	马来西亚	12	181	176
9	日本	11	521	471
10	加拿大	11	141	134

1.6 合作发文机构 TOP10

2013—2022 年广西壮族自治区农业科学院 SCI 合作发文机构 TOP10 见表 1-6。

表 1-6 2013—2022 年广西壮族自治区农业科学院 SCI 合作发文机构 TOP10

排序	合作发文机构	发文量（篇）	WOS 所有数据库总被引频次	WOS 核心库被引频次
1	广西大学	303	632	536
2	中国农业科学院	198	365	315
3	中国科学院	83	165	155
4	中国农业大学	60	202	189
5	华南农业大学	60	91	85
6	西南大学	42	35	34
7	昆士兰大学	41	37	36
8	中国科学院大学	32	40	39
9	中国热带农业科学院	31	71	59
10	上海交通大学	30	63	61

1.7 高频词 TOP20

2013—2022 年广西壮族自治区农业科学院 SCI 发文高频词（作者关键词）TOP20 见表 1-7。

表 1-7 2013—2022 年广西壮族自治区农业科学院 SCI 发文高频词（作者关键词）TOP20

排序	关键词（作者关键词）	频次	排序	关键词（作者关键词）	频次
1	Sugarcane	97	11	RNA-seq	8
2	Transcriptome	31	12	Taxonomy	8
3	Gene expression	29	13	Photosynthesis	7
4	Rice	26	14	Reactive oxygen species	7
5	Peanut	12	15	Soil	7
6	Genetic diversity	11	16	Grapevine	7
7	Plasmopara viticola	10	17	Nitric oxide	7
8	Abiotic stress	9	18	Grain yield	7
9	Banana	9	19	Biological control	7
10	Drought stress	8	20	Biochar	6

2 中文期刊论文分析

2013—2022 年，广西壮族自治区农业科学院作者共发表北大中文核心期刊论文3 540篇，中国科学引文数据库（CSCD）期刊论文1 973篇。

2.1 发文量

广西壮族自治区农业科学院中文文献历年发文趋势（2013—2022 年）见图 2-1。

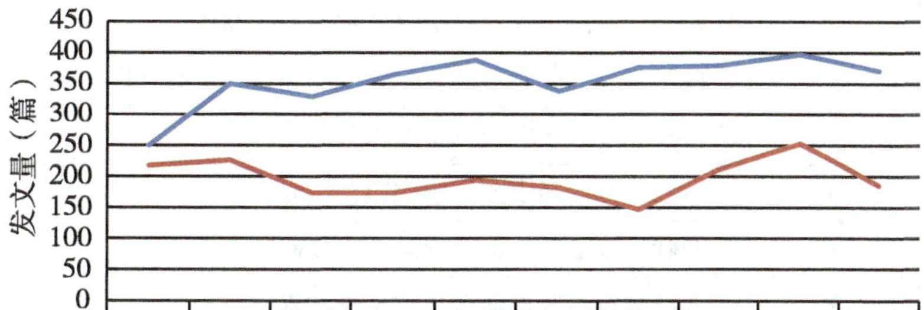

	2013年	2014年	2015年	2016年	2017年	2018年	2019年	2020年	2021年	2022年
北大中文核心期刊—发文量（篇）	249	351	329	363	388	338	375	380	397	370
CSCD期刊—发文量（篇）	219	227	173	175	196	183	148	213	253	186

图 2-1 广西壮族自治区农业科学院中文文献历年发文趋势（2013—2022 年）

2.2 高发文研究所 TOP10

2013—2022 年广西壮族自治区农业科学院北大中文核心期刊高发文研究所 TOP10 见表 2-1，2013—2022 年广西壮族自治区农业科学院中国科学引文数据库（CSCD）期刊高发文研究所 TOP10 见表 2-2。

表 2-1　2013—2022 年广西壮族自治区农业科学院北大中文核心期刊高发文研究所 TOP10

单位：篇

排序	研究所	发文量
1	广西壮族自治区农业科学院甘蔗研究所	478
2	广西壮族自治区亚热带作物研究所	321
3	广西壮族自治区农业科学院植物保护研究所	307
4	广西壮族自治区农业科学院农业资源与环境研究所	292
5	广西壮族自治区农业科学院园艺研究所	287
6	广西壮族自治区农业科学院经济作物研究所	280
7	广西作物遗传改良生物技术重点开放实验室	273
8	广西壮族自治区农业科学院水稻研究所	252
9	广西壮族自治区农业科学院农产品加工研究所	222
10	广西壮族自治区农业科学院	183
11	广西壮族自治区农业科学院生物技术研究所	179

注：“广西壮族自治区农业科学院”发文包括作者单位只标注为“广西壮族自治区农业科学院”、院属实验室等。

表 2-2　2013—2022 年广西壮族自治区农业科学院 CSCD 期刊高发文研究所 TOP10　　单位：篇

排序	研究所	发文量
1	广西壮族自治区农业科学院甘蔗研究所	239
2	广西壮族自治区农业科学院经济作物研究所	237
3	广西壮族自治区农业科学院植物保护研究所	222
4	广西壮族自治区农业科学院农业资源与环境研究所	191
5	广西壮族自治区农业科学院水稻研究所	181
6	广西壮族自治区农业科学院园艺研究所	141
7	广西壮族自治区农业科学院微生物研究所	138
8	广西壮族自治区农业科学院生物技术研究所	108
9	广西作物遗传改良生物技术重点开放实验室	106
10	广西壮族自治区农业科学院农产品加工研究所	105

2.3 高发文期刊 TOP10

2013—2022 年广西壮族自治区农业科学院高发文北大中文核心期刊 TOP10 见表 2-3，2013—2022 年广西壮族自治区农业科学院高发文 CSCD 期刊 TOP10 见表 2-4。

表 2-3 2013—2022 年广西壮族自治区农业科学院高发文期刊（北大中文核心）TOP10

单位：篇

排序	期刊名称	发文量	排序	期刊名称	发文量
1	南方农业学报	601	6	种子	88
2	西南农业学报	401	7	分子植物育种	85
3	中国南方果树	221	8	广东农业科学	80
4	热带作物学报	170	9	北方园艺	77
5	江苏农业科学	98	10	杂交水稻	63

表 2-4 2013—2022 年广西壮族自治区农业科学院高发文期刊（CSCD）TOP10 单位：篇

排序	期刊名称	发文量	排序	期刊名称	发文量
1	南方农业学报	605	6	植物遗传资源学报	38
2	西南农业学报	333	7	杂交水稻	33
3	热带作物学报	156	8	植物保护	31
4	广东农业科学	41	9	广西植物	28
5	分子植物育种	40	10	果树学报	22

2.4 合作发文机构 TOP10

2013—2022 年广西壮族自治区农业科学院北大中文核心期刊合作发文机构 TOP10 见表 2-5，2013—2022 年广西壮族自治区农业科学院 CSCD 期刊合作发文机构 TOP10 见表 2-6。

表 2-5 2013—2022 年广西壮族自治区农业科学院北大中文核心期刊合作发文机构 TOP10

单位：篇

排序	合作发文机构	发文量	排序	合作发文机构	发文量
1	广西大学	626	6	中国热带农业科学院	49
2	中国农业科学院	226	7	广西特色作物研究院	35
3	广西科学院	72	8	湖南农业大学	26
4	华南农业大学	72	9	玉林师范学院	21
5	中国科学院	57	10	贺州学院	21

表 2-6　2013—2022 年广西壮族自治区农业科学院 CSCD 期刊合作发文机构 TOP10　单位：篇

排序	合作发文机构	发文量	排序	合作发文机构	发文量
1	广西大学	335	6	中国农业大学	16
2	中国农业科学院	153	7	广西特色作物研究院	15
3	中国热带农业科学院	33	8	桂林理工大学	14
4	中国科学院	33	9	长江大学	14
5	华南农业大学	17	10	湖南农业大学	14

贵州省农业科学院

1　英文期刊论文分析

分析数据来源于科学引文索引数据库（Web of Science，WOS）收录的文献类型为期刊论文（Article）、会议论文（Proceedings Paper）和述评（Review）的 Science Citation Index Expanded（SCIE）论文数据，数据时间范围为2013—2022 年，共检索到贵州省农业科学院作者发表的论文 753 篇。

1.1　发文量

2013—2022 年贵州省农业科学院历年 SCI 发文与被引情况见表 1-1，贵州省农业科学院英文文献历年发文趋势（2013—2022 年）见图 1-1。

表 1-1　2013—2022 年贵州省农业科学院历年 SCI 发文与被引情况

出版年	发文量（篇）	WOS 所有数据库总被引频次	WOS 核心库被引频次
2013	16	1 069	947
2014	18	582	534
2015	29	2 587	2 360
2016	55	1 901	1 748
2017	52	1 726	1 565
2018	72	1 578	1 394
2019	94	1 336	1 220
2020	94	1 385	1 278
2021	122	357	345
2022	201	84	83

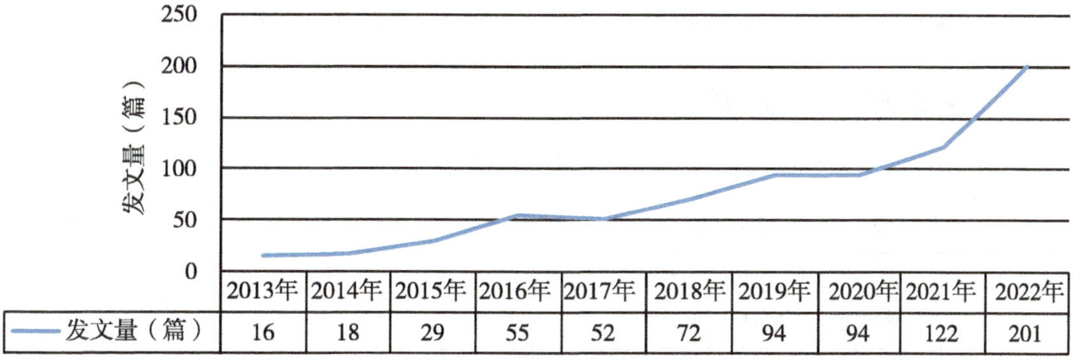

图 1-1　贵州省农业科学院英文文献历年发文趋势（2013—2022 年）

1.2 发文期刊 JCR 分区

2013—2022 年贵州省农业科学院 SCI 发文期刊 WOSJCR 分区情况见表 1-2，贵州省农业科学院 SCI 发文期刊 WOSJCR 分区趋势（2013—2022 年）见图 1-2。

表 1-2 2013—2022 年贵州省农业科学院 SCI 发文期刊 WOSJCR 分区情况 单位：篇

出版年	Q1 区发文量	Q2 区发文量	Q3 区发文量	Q4 区发文量	其他发文量
2013	7	3	4	2	0
2014	6	4	8	0	0
2015	10	4	5	7	3
2016	13	4	27	11	0
2017	19	11	15	5	2
2018	24	13	24	11	0
2019	28	18	31	13	4
2020	36	23	16	8	8
2021	53	27	13	14	14
2022	96	65	21	13	6

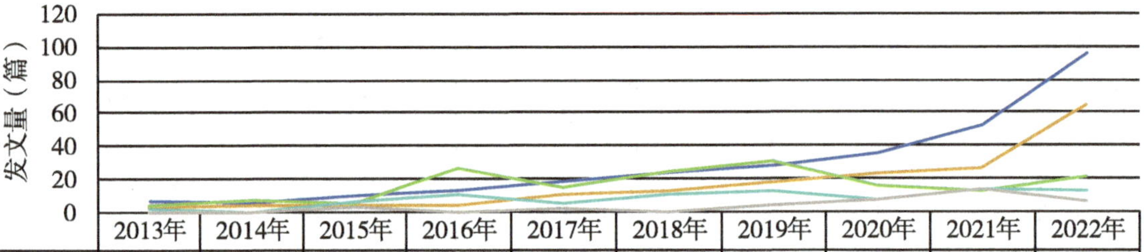

	2013年	2014年	2015年	2016年	2017年	2018年	2019年	2020年	2021年	2022年
Q1（篇）	7	6	10	13	19	24	28	36	53	96
Q2（篇）	3	4	4	4	11	13	18	23	27	65
Q3（篇）	4	8	5	27	15	24	31	16	13	21
Q4（篇）	2	0	7	11	5	11	13	8	14	13
其他（篇）	0	0	3	0	2	0	4	8	14	6

图 1-2 贵州省农业科学院 SCI 发文期刊 WOSJCR 分区趋势（2013—2022 年）

1.3 高发文研究所 TOP10

2013—2022 年贵州省农业科学院 SCI 高发文研究所 TOP10 见表 1-3。

表 1-3 2013—2022 年贵州省农业科学院 SCI 高发文研究所 TOP10 单位：篇

排序	研究所	发文量
1	贵州省农业生物技术研究所	203
2	贵州省植物保护研究所	77

（续表）

排序	研究所	发文量
3	贵州省草业研究所	39
4	贵州省茶叶研究所	33
5	贵州省园艺研究所	29
6	贵州省油菜研究所	27
7	贵州省旱粮研究所	26
8	贵州省农业科学院果树科学（柑橘/火龙果）研究所	17
9	贵州省油料（香料）研究所	9
10	贵州省水稻研究所	6

1.4 高发文期刊 TOP10

2013—2022 年贵州省农业科学院 SCI 高发文期刊 TOP10 见表 1-4。

表 1-4 2013—2022 年贵州省农业科学院 SCI 发文期刊 TOP10

排序	期刊名称	发文量（篇）	WOS 所有数据库总被引频次	WOS 核心库被引频次	期刊影响因子（最近年度）
1	PHYTOTAXA	45	416	384	1.1（2022）
2	FUNGAL DIVERSITY	38	6 367	5 808	20.3（2022）
3	FRONTIERS IN PLANT SCIENCE	35	180	160	5.6（2022）
4	MYCOSPHERE	34	995	917	14.6（2022）
5	INTERNATIONAL JOURNAL OF MOLECULAR SCIENCES	24	276	255	5.6（2022）
6	SCIENTIFIC REPORTS	15	222	199	4.6（2022）
7	PLOS ONE	13	258	228	3.7（2022）
8	MYCOLOGICAL PROGRESS	13	252	234	2.4（2022）
9	AGRONOMY-BASEL	13	12	11	3.7（2022）
10	FRONTIERS IN MICROBIOLOGY	12	18	16	5.2（2022）

1.5 合作发文国家与地区 TOP10

2013—2022 年贵州省农业科学院 SCI 合作发文国家与地区（合作发文 1 篇以上）TOP10 见表 1-5。

表 1-5　2013—2022 年贵州省农业科学院 SCI 合作发文国家与地区 TOP10

排序	国家与地区	合作发文量（篇）	WOS 所有数据库总被引频次	WOS 核心库被引频次
1	泰国	155	8 665	7 917
2	沙特阿拉伯	66	6 415	5 873
3	印度	56	6 003	5 479
4	美国	47	4 815	4 376
5	意大利	38	5 004	4 586
6	新西兰	37	4 996	4 585
7	德国	29	4 383	4 029
8	阿曼	25	2 470	2 249
9	毛里求斯	24	3 708	3 356
10	英格兰	22	3 668	3 369

1.6　合作发文机构 TOP10

2013—2022 年贵州省农业科学院 SCI 合作发文机构 TOP10 见表 1-6。

表 1-6　2013—2022 年贵州省农业科学院 SCI 合作发文机构 TOP10

排序	合作发文机构	发文量（篇）	WOS 所有数据库总被引频次	WOS 核心库被引频次
1	贵州大学	215	1 649	1 607
2	清莱皇太后大学	147	2 150	2 104
3	中国科学院	126	2 165	2 107
4	沙特国王大学	58	1 669	1 638
5	中国农业科学院	54	88	84
6	清迈大学	50	776	767
7	华中农业大学	36	76	66
8	阿扎德住房协会	35	1 210	1 195
9	印度果阿大学	33	1 274	1 258
10	南京农业大学	32	49	46

1.7 高频词 TOP20

2013—2022 年贵州省农业科学院 SCI 发文高频词（作者关键词）TOP20 见表 1-7。

表 1-7 2013—2022 年贵州省农业科学院 SCI 发文高频词（作者关键词）TOP20

排序	关键词（作者关键词）	频次	排序	关键词（作者关键词）	频次
1	Taxonomy	94	11	RNA-seq	13
2	Phylogeny	92	12	Transcriptome	12
3	Dothideomycetes	38	13	Asexual fungi	11
4	Sordariomycetes	25	14	Basidiomycota	10
5	Morphology	24	15	Rice	9
6	New species	22	16	Deltamethrin	8
7	Asexual morph	18	17	New genus	8
8	Ascomycota	16	18	Genetic diversity	7
9	Brassica napus	14	19	2 new taxa	7
10	Pleosporales	14	20	Classification	7

2 中文期刊论文分析

2013—2022 年，贵州省农业科学院作者共发表北大中文核心期刊论文3 121篇，中国科学引文数据库（CSCD）期刊论文1 316篇。

2.1 发文量

贵州省农业科学院中文文献历年发文趋势（2013—2022 年）见图 2-1。

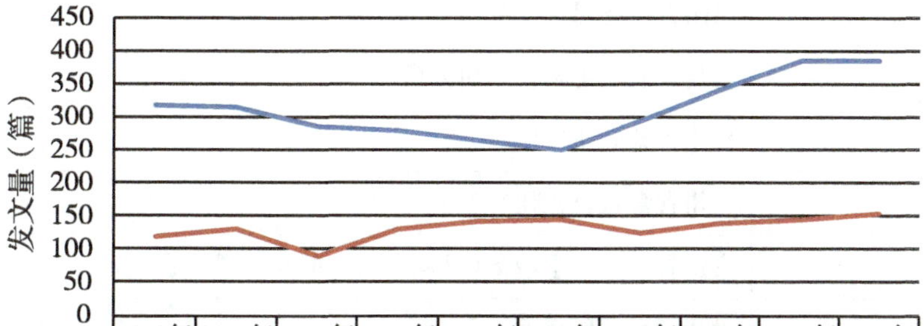

	2013年	2014年	2015年	2016年	2017年	2018年	2019年	2020年	2021年	2022年
北大中文核心期刊—发文量（篇）	318	316	285	279	266	251	294	342	385	385
CSCD期刊—发文量（篇）	120	129	90	131	142	144	123	139	144	154

图 2-1 贵州省农业科学院中文文献历年发文趋势（2013—2022 年）

2.2　高发文研究所 TOP10

2013—2022 年贵州省农业科学院北大中文核心期刊高发文研究所 TOP10 见表 2-1，2013—2022 年贵州省农业科学院中国科学引文数据库（CSCD）期刊高发文研究所 TOP10 见表 2-2。

表 2-1　2013—2022 年贵州省农业科学院北大中文核心期刊高发文研究所 TOP10　单位：篇

排序	研究所	发文量
1	贵州省畜牧兽医研究所	316
2	贵州省农业生物技术研究所	305
2	贵州省草业研究所	305
3	贵州省土壤肥料研究所	289
4	贵州省植物保护研究所	215
5	贵州省旱粮研究所	182
6	贵州省农业科学院果树科学（柑橘/火龙果）研究所	179
7	贵州省农业科学院	168
8	贵州省茶叶研究所	160
9	贵州省水稻研究所	154
10	贵州省亚热带作物（生物质能源）研究所	151
11	贵州省油料（香料）研究所	150

注：“贵州省农业科学院”发文包括作者单位只标注为“贵州省农业科学院”、院属实验室等。

表 2-2　2013—2022 年贵州省农业科学院 CSCD 期刊高发文研究所 TOP10　单位：篇

排序	研究所	发文量
1	贵州省土壤肥料研究所	185
2	贵州省草业研究所	174
3	贵州省植物保护研究所	125
4	贵州省农业生物技术研究所	108
5	贵州省茶叶研究所	100
6	贵州省畜牧兽医研究所	82
7	贵州省农业科学院果树科学（柑橘/火龙果）研究所	78
8	贵州省水稻研究所	77
9	贵州省亚热带作物（生物质能源）研究所	75
10	贵州省旱粮研究所	68

2.3 高发文期刊 TOP10

2013—2022 年贵州省农业科学院高发文北大中文核心期刊 TOP10 见表 2-3，2013—2022 年贵州省农业科学院高发文 CSCD 期刊 TOP10 见表 2-4。

表 2-3　2013—2022 年贵州省农业科学院高发文期刊（北大中文核心）TOP10　单位：篇

排序	期刊名称	发文量	排序	期刊名称	发文量
1	贵州农业科学	537	6	分子植物育种	93
2	种子	324	7	南方农业学报	70
3	西南农业学报	216	8	北方园艺	68
4	江苏农业科学	100	9	食品工业科技	50
5	黑龙江畜牧兽医	95	10	湖北农业科学	45

表 2-4　2013—2022 年贵州省农业科学院高发文期刊（CSCD）TOP10　单位：篇

排序	期刊名称	发文量	排序	期刊名称	发文量
1	西南农业学报	205	6	草业学报	36
2	南方农业学报	72	7	基因组学与应用生物学	35
3	种子	71	8	草业科学	27
4	分子植物育种	43	9	杂交水稻	26
5	热带作物学报	37	10	植物遗传资源学报	24

2.4 合作发文机构 TOP10

2013—2022 年贵州省农业科学院北大中文核心期刊合作发文机构 TOP10 见表 2-5，2013—2022 年贵州省农业科学院 CSCD 期刊合作发文机构 TOP10 见表 2-6。

表 2-5　2013—2022 年贵州省农业科学院北大中文核心期刊合作发文机构 TOP10　单位：篇

排序	合作发文机构	发文量	排序	合作发文机构	发文量
1	贵州大学	654	6	四川农业大学	53
2	西南大学	96	7	南京农业大学	32
3	贵州师范大学	95	8	中国科学院	25
4	中国农业科学院	58	9	海南大学	20
5	中国热带农业科学院	54	10	安顺学院	20

表 2-6　2013—2022 年贵州省农业科学院 CSCD 期刊合作发文机构 TOP10　单位：篇

排序	合作发文机构	发文量	排序	合作发文机构	发文量
1	贵州大学	292	6	中国热带农业科学院	30
2	西南大学	60	7	南京农业大学	18
3	贵州师范大学	52	8	中国科学院	15
4	中国农业科学院	40	9	云南省农业科学院	13
5	四川农业大学	33	10	贵州省烟草科学研究院	12

海南省农业科学院

1　英文期刊论文分析

分析数据来源于科学引文索引数据库（Web of Science，WOS）收录的文献类型为期刊论文（Article）、会议论文（Proceedings Paper）和述评（Review）的 Science Citation Index Expanded（SCIE）论文数据，数据时间范围为2013—2022 年，共检索到海南省农业科学院作者发表的论文 245 篇。

1.1　发文量

2013—2022 年海南省农业科学院历年 SCI 发文与被引情况见表 1-1，海南省农业科学院英文文献历年发文趋势（2013—2022 年）见图 1-1。

表 1-1　2013—2022 年海南省农业科学院历年 SCI 发文与被引情况

出版年	发文量（篇）	WOS 所有数据库总被引频次	WOS 核心库被引频次
2013	5	141	117
2014	6	110	101
2015	15	103	83
2016	27	343	313
2017	26	510	464
2018	20	307	291
2019	27	312	296
2020	27	228	222
2021	38	537	531
2022	54	13	13

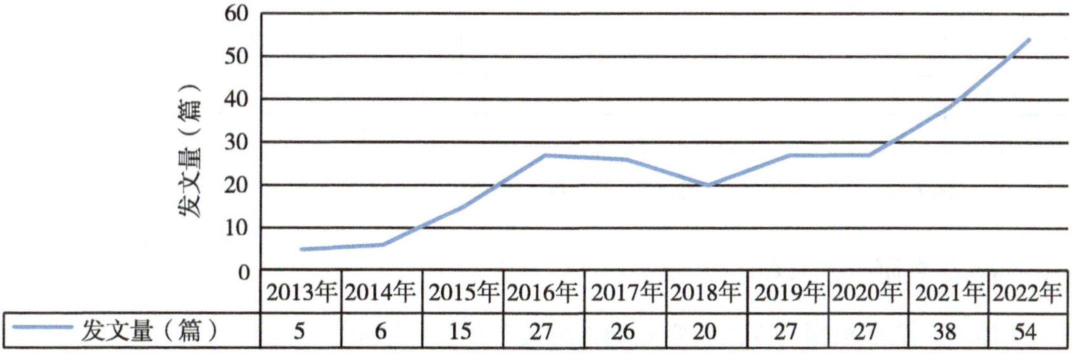

图 1-1　海南省农业科学院英文文献历年发文趋势（2013—2022 年）

1.2　发文期刊 JCR 分区

2013—2022 年海南省农业科学院 SCI 发文期刊 WOSJCR 分区情况见表 1-2，海南省农业科学院 SCI 发文期刊 WOSJCR 分区趋势（2013—2022 年）见图 1-2。

表 1-2　2013—2022 年海南省农业科学院 SCI 发文期刊 WOSJCR 分区情况　　单位：篇

出版年	Q1 区发文量	Q2 区发文量	Q3 区发文量	Q4 区发文量	其他发文量
2013	1	2	0	2	0
2014	0	3	1	0	2
2015	3	5	4	1	2
2016	13	3	3	3	5
2017	15	6	4	1	0
2018	8	6	2	3	1
2019	12	11	2	1	1
2020	16	7	0	2	1
2021	21	8	4	1	4
2022	37	16	1	0	0

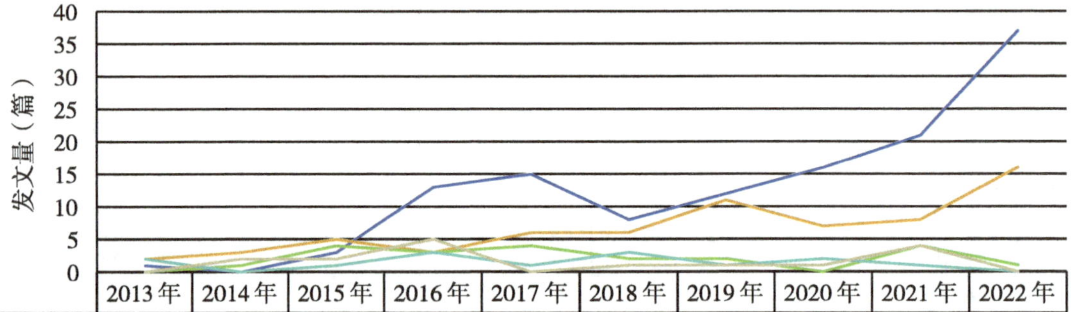

	2013 年	2014 年	2015 年	2016 年	2017 年	2018 年	2019 年	2020 年	2021 年	2022 年
Q1（篇）	1	0	3	13	15	8	12	16	21	37
Q2（篇）	2	3	5	3	6	6	11	7	8	16
Q3（篇）	0	1	4	3	4	2	2	0	4	1
Q4（篇）	2	0	1	3	1	3	1	2	1	0
其他（篇）	0	2	2	5	0	1	1	1	4	0

图 1-2　海南省农业科学院 SCI 发文期刊 WOSJCR 分区趋势（2013—2022 年）

1.3　高发文研究所 TOP10

2013—2022 年海南省农业科学院 SCI 高发文研究所 TOP10 见表 1-3。

表 1-3　2013—2022 年海南省农业科学院 SCI 高发文研究所 TOP10　　单位：篇

排序	研究所	发文量
1	海南省农业科学院畜牧兽医研究所	54
2	海南省农业科学院热带果树研究所	24
3	海南省农业科学院植物保护研究所	19
4	海南省农业科学院热带园艺研究所	12
5	海南省农业科学院粮食作物研究所	2

注：全部发文研究所数量不足 10 个。

1.4　高发文期刊 TOP10

2013—2022 年海南省农业科学院 SCI 高发文期刊 TOP10 见表 1-4。

表 1-4　2013—2022 年海南省农业科学院 SCI 发文期刊 TOP10

排序	期刊名称	发文量（篇）	WOS 所有数据库总被引频次	WOS 核心库被引频次	期刊影响因子（最近年度）
1	SCIENTIFIC REPORTS	13	149	138	4.6（2022）
2	PLOS ONE	12	113	108	3.7（2022）
3	MANAGEMENT SCIENCE	6	73	73	5.4（2022）
4	FRONTIERS IN PLANT SCIENCE	6	27	22	5.6（2022）
5	FRONTIERS IN VETERINARY SCIENCE	6	1	1	3.2（2022）
6	ENVIRONMENTAL SCIENCE AND POLLUTION RESEARCH	5	77	65	5.8（2022）
7	PROCEEDINGS OF THE NATIONAL ACADEMY OF SCIENCES OF THE UNITED STATES OF AMERICA	4	58	57	11.1（2022）
8	PRODUCTION AND OPERATIONS MANAGEMENT	4	37	35	5.0（2022）
9	ANIMALS	4	11	10	3.0（2022）
10	BMC GENOMICS	3	47	40	4.4（2022）

1.5　合作发文国家与地区 TOP10

2013—2022 年海南省农业科学院 SCI 合作发文国家与地区（合作发文 1 篇以上）TOP10 见表 1-5。

表 1-5　2013—2022 年海南省农业科学院 SCI 合作发文国家与地区 TOP10

排序	国家与地区	合作发文量（篇）	WOS 所有数据库总被引频次	WOS 核心库被引频次
1	美国	59	1 348	1 296
2	德国	7	121	119
3	巴基斯坦	5	158	152
4	英格兰	4	129	125
5	新加坡	4	56	54
6	俄罗斯	4	36	29
7	荷兰	3	24	20
8	巴西	2	93	75
9	法国	2	93	75
10	瑞士	2	47	47

1.6　合作发文机构 TOP10

2013—2022 年海南省农业科学院 SCI 合作发文机构 TOP10 见表 1-6。

表 1-6　2013—2022 年海南省农业科学院 SCI 合作发文机构 TOP10

排序	合作发文机构	发文量（篇）	WOS 所有数据库总被引频次	WOS 核心库被引频次
1	海南大学	51	36	33
2	加州大学伯克利分校	37	732	724
3	华南农业大学	31	48	43
4	中国农业科学院	30	58	50
5	香港大学	18	522	519
6	中国科学院	10	31	30
7	北京大学	8	47	46
8	西北农林科技大学	7	24	20
9	华中农业大学	6	15	13
10	南京农业大学	6	3	3

1.7　高频词 TOP20

2013—2022 年海南省农业科学院 SCI 发文高频词（作者关键词）TOP20 见表 1-7。

表 1-7　2013—2022 年海南省农业科学院 SCI 发文高频词（作者关键词）TOP20

排序	关键词（作者关键词）	频次	排序	关键词（作者关键词）	频次
1	Meat quality	5	11	miRNA	3
2	Sesuvium portulacastrum	4	12	Salt tolerance	3
3	Rice	4	13	Cuminaldehyde	3
4	Gene expression	4	14	Genotype	3
5	Heat stress	4	15	Enterocytozoon bieneusi	2
6	Transcriptome	4	16	Cultivar	2
7	Pig	4	17	Sesame	2
8	Cadmium	4	18	Graphene scaffold	2
9	Metabolomics	3	19	Meta-analysis	2
10	Promoter	3	20	Development	2

2　中文期刊论文分析

2013—2022 年，海南省农业科学院作者共发表北大中文核心期刊论文 763 篇，中国科学引文数据库（CSCD）期刊论文 353 篇。

2.1　发文量

海南省农业科学院中文文献历年发文趋势（2013—2022 年）见图 2-1。

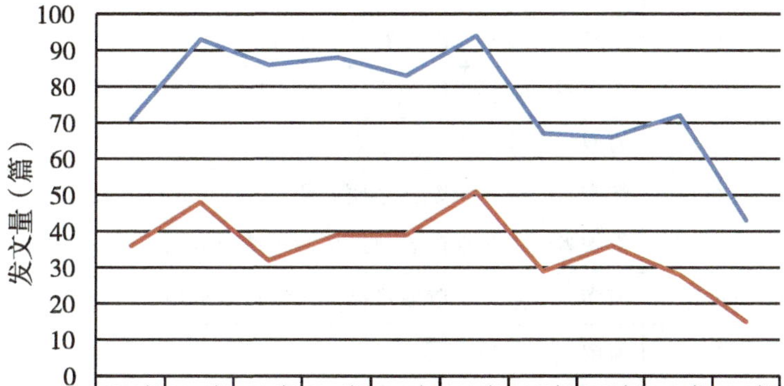

	2013年	2014年	2015年	2016年	2017年	2018年	2019年	2020年	2021年	2022年
北大中文核心期刊—发文量（篇）	71	93	86	88	83	94	67	66	72	43
CSCD期刊—发文量（篇）	36	48	32	39	39	51	29	36	28	15

图 2-1　海南省农业科学院中文文献历年发文趋势（2013—2022 年）

2.2 高发文研究所 TOP10

2013—2022 年海南省农业科学院北大中文核心期刊高发文研究所 TOP10 见表 2-1，2013—2022 年海南省农业科学院中国科学引文数据库（CSCD）期刊高发文研究所 TOP10 见表 2-2。

表 2-1 2013—2022 年海南省农业科学院北大中文核心期刊高发文研究所 TOP10 单位：篇

排序	研究所	发文量
1	海南省农业科学院畜牧兽医研究所	155
2	海南省农业科学院植物保护研究所	144
3	海南省农业科学院粮食作物研究所	89
4	海南省农业科学院蔬菜研究所	88
5	海南省农业科学院热带果树研究所	84
6	海南省农业科学院农产品加工设计研究所	82
7	海南省农业科学院农业环境与土壤研究所	75
8	海南省农业科学院热带园艺研究所	52
9	海南省农业科学院	34
10	海南省农业科学院南繁育种研究中心	1

注："海南省农业科学院"发文包括作者单位只标注为"海南省农业科学院"、院属实验室等。全部发文研究所数量不足 10 个。

表 2-2 2013—2022 年海南省农业科学院 CSCD 期刊高发文研究所 TOP10 单位：篇

排序	研究所	发文量
1	海南省农业科学院植物保护研究所	83
2	海南省农业科学院粮食作物研究所	69
3	海南省农业科学院热带果树研究所	49
4	海南省农业科学院蔬菜研究所	41
5	海南省农业科学院农业环境与土壤研究所	38
6	海南省农业科学院农产品加工设计研究所	25
7	海南省农业科学院	24
7	海南省农业科学院热带园艺研究所	24
8	海南省农业科学院畜牧兽医研究所	23

注："海南省农业科学院"发文包括作者单位只标注为"海南省农业科学院"、院属实验室等。全部发文研究所数量不足 10 个。

2.3 高发文期刊 TOP10

2013—2022 年海南省农业科学院高发文北大中文核心期刊 TOP10 见表 2-3，2013—2022 年海南省农业科学院高发文 CSCD 期刊 TOP10 见表 2-4。

表 2-3 2013—2022 年海南省农业科学院高发文期刊（北大中文核心）TOP10 单位：篇

排序	期刊名称	发文量	排序	期刊名称	发文量
1	分子植物育种	80	6	中国南方果树	28
2	广东农业科学	45	7	中国家禽	27
3	热带作物学报	45	8	江苏农业科学	27
4	黑龙江畜牧兽医	37	9	北方园艺	25
5	基因组学与应用生物学	29	10	杂交水稻	21

表 2-4 2013—2022 年海南省农业科学院高发文期刊（CSCD）TOP10 单位：篇

排序	期刊名称	发文量	排序	期刊名称	发文量
1	分子植物育种	49	6	西南农业学报	13
2	热带作物学报	44	7	植物遗传资源学报	11
3	广东农业科学	30	8	食品工业科技	10
4	基因组学与应用生物学	27	9	农药	9
5	杂交水稻	22	10	中国土壤与肥料	6

2.4 合作发文机构 TOP10

2013—2022 年海南省农业科学院北大中文核心期刊合作发文机构 TOP10 见表 2-5，2013—2022 年海南省农业科学院 CSCD 期刊合作发文机构 TOP10 见表 2-6。

表 2-5 2013—2022 年海南省农业科学院北大中文核心期刊合作发文机构 TOP10 单位：篇

排序	合作发文机构	发文量	排序	合作发文机构	发文量
1	海南大学	130	6	农业农村部海口热带果树科学观测实验站	11
2	中国热带农业科学院	95	7	海南省食品检验检测中心	10
3	华南农业大学	37	8	农业农村部海南耕地保育科学观测实验站	9
4	中国农业科学院	21	9	西南民族大学	7
5	广东省农业科学院	17	10	南京农业大学	7

表 2-6　2013—2022 年海南省农业科学院 CSCD 期刊合作发文机构 TOP10　单位：篇

排序	合作发文机构	发文量	排序	合作发文机构	发文量
1	海南大学	74	6	中国科学院	5
2	中国热带农业科学院	51	7	云南省农业科学院	5
3	华南农业大学	16	8	江西省农业科学院	4
4	中国农业科学院	14	9	琼中县农业技术推广服务中心	4
5	广东省农业科学院	11	10	中国医学科学院	4

河北省农林科学院

1 英文期刊论文分析

分析数据来源于科学引文索引数据库（Web of Science，WOS）收录的文献类型为期刊论文（Article）、会议论文（Proceedings Paper）和述评（Review）的 Science Citation Index Expanded（SCIE）论文数据，数据时间范围为2013—2022 年，共检索到河北省农林科学院作者发表的论文 885 篇。

1.1 发文量

2013—2022 年河北省农林科学院历年 SCI 发文与被引情况见表 1-1，河北省农林科学院英文文献历年发文趋势（2013—2022 年）见图 1-1。

表 1-1 2013—2022 年河北省农林科学院历年 SCI 发文与被引情况

出版年	发文量（篇）	WOS 所有数据库总被引频次	WOS 核心库被引频次
2013	47	1 719	1 474
2014	50	1 353	1 130
2015	61	1 031	878
2016	54	1 478	1 241
2017	67	1 212	1 066
2018	79	2 050	1 805
2019	99	1 431	1 270
2020	117	874	788
2021	124	390	365
2022	187	89	85

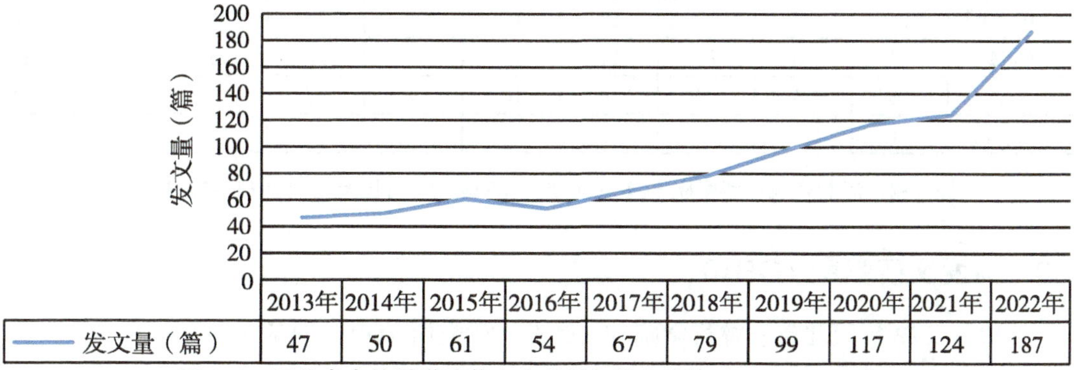

图 1-1 河北省农林科学院英文文献历年发文趋势（2013—2022 年）

1.2 发文期刊 JCR 分区

2013—2022 年河北省农林科学院 SCI 发文期刊 WOSJCR 分区情况见表 1-2，河北省农林科学院 SCI 发文期刊 WOSJCR 分区趋势（2013—2022 年）见图 1-2。

表 1-2 2013—2022 年河北省农林科学院 SCI 发文期刊 WOSJCR 分区情况 单位：篇

出版年	Q1 区发文量	Q2 区发文量	Q3 区发文量	Q4 区发文量	其他发文量
2013	24	10	8	4	1
2014	13	22	6	4	5
2015	20	18	11	9	3
2016	16	18	12	6	2
2017	32	10	15	10	0
2018	26	28	17	8	0
2019	50	19	16	7	7
2020	51	26	13	13	11
2021	69	32	7	7	9
2022	130	40	11	4	2

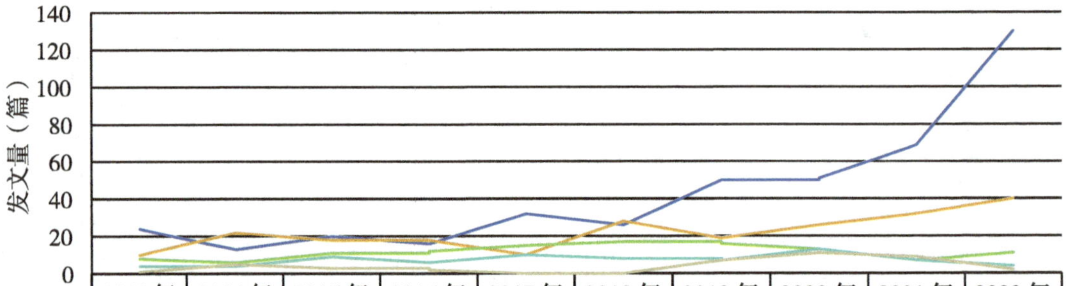

	2013 年	2014 年	2015 年	2016 年	2017 年	2018 年	2019 年	2020 年	2021 年	2022 年
Q1（篇）	24	13	20	16	32	26	50	51	69	130
Q2（篇）	10	22	18	18	10	28	19	26	32	40
Q3（篇）	8	6	11	12	15	17	16	13	7	11
Q4（篇）	4	4	9	6	10	8	7	13	7	4
其他（篇）	1	5	3	2	0	0	7	11	9	2

图 1-2 河北省农林科学院 SCI 发文期刊 WOSJCR 分区趋势（2013—2022 年）

1.3 高发文研究所 TOP10

2013—2022 年河北省农林科学院 SCI 高发文研究所 TOP10 见表 1-3。

表 1-3　2013—2022 年河北省农林科学院 SCI 高发文研究所 TOP10　　单位：篇

排序	研究所	发文量
1	河北省农林科学院粮油作物研究所	219
2	河北省农林科学院植物保护研究所	125
3	河北省农林科学院遗传生理研究所	104
4	河北省农林科学院谷子研究所	91
5	河北省农林科学院旱作农业研究所	77
6	河北省农林科学院农业资源环境研究所	49
7	河北省农林科学院昌黎果树研究所	40
8	河北省农林科学院经济作物研究所	34
9	河北省农林科学院棉花研究所	27
10	河北省农林科学院滨海农业研究所	25

1.4　高发文期刊 TOP10

2013—2022 年河北省农林科学院 SCI 高发文期刊 TOP10 见表 1-4。

表 1-4　2013—2022 年河北省农林科学院 SCI 发文期刊 TOP10

排序	期刊名称	发文量（篇）	WOS 所有数据库总被引频次	WOS 核心库被引频次	期刊影响因子（最近年度）
1	FRONTIERS IN PLANT SCIENCE	48	326	304	5.6（2022）
2	JOURNAL OF INTEGRATIVE AGRICULTURE	36	238	189	4.8（2022）
3	PLOS ONE	35	657	562	3.7（2022）
4	THEORETICAL AND APPLIED GENETICS	21	334	283	5.4（2022）
5	SCIENTIFIC REPORTS	19	274	244	4.6（2022）
6	INTERNATIONAL JOURNAL OF MOLECULAR SCIENCES	17	261	223	5.6（2022）
7	BMC GENOMICS	16	367	335	4.4（2022）
8	EUPHYTICA	16	123	112	1.9（2022）
9	BMC PLANT BIOLOGY	15	175	166	5.3（2022）
10	CROP JOURNAL	14	106	93	6.6（2022）

1.5 合作发文国家与地区 TOP10

2013—2022 年河北省农林科学院 SCI 合作发文国家与地区（合作发文 1 篇以上）TOP10 见表 1-5。

表 1-5 2013—2022 年河北省农林科学院 SCI 合作发文国家与地区 TOP10

排序	国家与地区	合作发文量（篇）	WOS 所有数据库总被引频次	WOS 核心库被引频次
1	美国	99	2 332	2 105
2	澳大利亚	26	670	612
3	巴基斯坦	17	125	109
4	新西兰	9	115	104
5	墨西哥	9	175	158
6	加拿大	8	309	251
7	荷兰	8	137	125
8	瑞士	7	176	155
9	英格兰	6	428	356
10	泰国	6	84	75

1.6 合作发文机构 TOP10

2013—2022 年河北省农林科学院 SCI 合作发文机构 TOP10 见表 1-6。

表 1-6 2013—2022 年河北省农林科学院 SCI 合作发文机构 TOP10

排序	合作发文机构	发文量（篇）	WOS 所有数据库总被引频次	WOS 核心库被引频次
1	中国农业科学院	203	762	656
2	中国农业大学	125	405	354
3	河北农业大学	104	239	192
4	中国科学院	73	488	415
5	河北师范大学	37	262	223
6	美国农业部农业研究院	25	17	17
7	阿肯色大学	25	109	99
8	北京农林科学研究院	24	21	20
9	中国科学院大学	24	41	34

（续表）

排序	合作发文机构	发文量（篇）	WOS 所有数据库总被引频次	WOS 核心库被引频次
10	南京农业大学	23	140	129

1.7 高频词 TOP20

2013—2022 年河北省农林科学院 SCI 发文高频词（作者关键词）TOP20 见表 1-7。

表 1-7 2013—2022 年河北省农林科学院 SCI 发文高频词（作者关键词）TOP20

排序	关键词（作者关键词）	频次	排序	关键词（作者关键词）	频次
1	Maize	26	11	Phylogenetic analysis	9
2	Wheat	21	12	Gene expression	9
3	Yield	19	13	QTL	8
4	Soybean	18	14	Cotton	8
5	Foxtail millet	17	15	Pear	7
6	Triticum aestivum	16	16	1-methylcyclopropene	7
7	Transcriptome	12	17	Single nucleotide polymorphism	7
8	Grain yield	12	18	Drought tolerance	7
9	Microplitis mediator	10	19	Salt tolerance	7
10	Winter wheat	9	20	Anthocyanin	7

2 中文期刊论文分析

2013—2022 年，河北省农林科学院作者共发表北大中文核心期刊论文1 941篇，中国科学引文数据库（CSCD）期刊论文1 235篇。

2.1 发文量

河北省农林科学院中文文献历年发文趋势（2013—2022 年）见图 2-1。

2.2 高发文研究所 TOP10

2013—2022 年河北省农林科学院北大中文核心期刊高发文研究所 TOP10 见表 2-1，2013—2022 年河北省农林科学院中国科学引文数据库（CSCD）期刊高发文研究所 TOP10 见表 2-2。

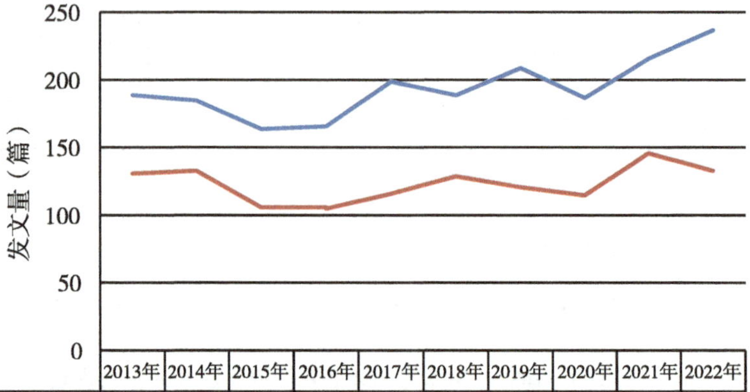

	2013年	2014年	2015年	2016年	2017年	2018年	2019年	2020年	2021年	2022年
北大中文核心期刊—发文量（篇）	189	185	164	166	199	189	209	187	216	237
CSCD期刊—发文量（篇）	131	133	106	105	116	129	121	115	146	133

图 2-1　河北省农林科学院中文文献历年发文趋势（2013—2022 年）

表 2-1　2013—2022 年河北省农林科学院北大中文核心期刊高发文研究所 TOP10　单位：篇

排序	研究所	发文量
1	河北省农林科学院植物保护研究所	334
2	河北省农林科学院粮油作物研究所	236
3	河北省农林科学院旱作农业研究所	189
4	河北省农林科学院遗传生理研究所	163
5	河北省农林科学院谷子研究所	156
5	河北省农林科学院经济作物研究所	156
6	河北省农林科学院农业资源环境研究所	142
7	河北省农林科学院昌黎果树研究所	137
8	河北省农林科学院	124
9	河北省农林科学院棉花研究所	111
10	河北省农林科学院滨海农业研究所	89
11	河北省农林科学院石家庄果树研究所	88

注：“河北省农林科学院”发文包括作者单位只标注为“河北省农林科学院”、院属实验室等。

表 2-2　2013—2022 年河北省农林科学院 CSCD 期刊高发文研究所 TOP10　单位：篇

排序	研究所	发文量
1	河北省农林科学院植物保护研究所	297
2	河北省农林科学院粮油作物研究所	166
3	河北省农林科学院旱作农业研究所	146

（续表）

排序	研究所	发文量
4	河北省农林科学院遗传生理研究所	104
5	河北省农林科学院农业资源环境研究所	102
6	河北省农林科学院谷子研究所	88
7	河北省农林科学院昌黎果树研究所	84
8	河北省农林科学院棉花研究所	80
9	河北省农林科学院经济作物研究所	78
10	河北省农林科学院石家庄果树研究所	42

2.3 高发文期刊 TOP10

2013—2022 年河北省农林科学院高发文北大中文核心期刊 TOP10 见表 2-3，2013—2022 年河北省农林科学院高发文 CSCD 期刊 TOP10 见表 2-4。

表 2-3 2013—2022 年河北省农林科学院高发文期刊（北大中文核心）TOP10 单位：篇

排序	期刊名称	发文量	排序	期刊名称	发文量
1	华北农学报	223	6	园艺学报	49
2	北方园艺	79	7	麦类作物学报	43
3	中国农业科学	77	8	中国生物防治学报	39
4	河北农业大学学报	61	9	中国植保导刊	39
5	植物病理学报	50	10	作物杂志	37

表 2-4 2013—2022 年河北省农林科学院高发文期刊（CSCD）TOP10 单位：篇

排序	期刊名称	发文量	排序	期刊名称	发文量
1	华北农学报	92	6	植物保护学报	34
2	中国农业科学	74	7	麦类作物学报	34
3	河北农业大学学报	57	8	园艺学报	33
4	植物病理学报	50	9	农药	32
5	中国生物防治学报	40	10	玉米科学	30

2.4 合作发文机构 TOP10

2013—2022 年河北省农林科学院北大中文核心期刊合作发文机构 TOP10 见表 2-5，

2013—2022 年河北省农林科学院 CSCD 期刊合作发文机构 TOP10 见表 2-6。

表 2-5　2013—2022 年河北省农林科学院北大中文核心期刊合作发文机构 TOP10　单位：篇

排序	合作发文机构	发文量	排序	合作发文机构	发文量
1	河北农业大学	217	6	河北师范大学	31
2	中国农业科学院	121	7	国家大豆改良中心	24
3	中国农业大学	81	8	河北大学	20
4	河北科技大学	39	9	衡水学院	18
5	中国科学院	32	10	国家棉花改良中心	18

表 2-6　2013—2022 年河北省农林科学院 CSCD 期刊合作发文机构 TOP10　单位：篇

排序	合作发文机构	发文量	排序	合作发文机构	发文量
1	河北农业大学	132	6	河北科技大学	16
2	中国农业科学院	93	7	国家大豆改良中心	15
3	中国农业大学	61	8	南京农业大学	15
4	中国科学院	24	9	河北科技师范学院	11
5	河北师范大学	19	10	北京市农林科学院	11

河南省农业科学院

1 英文期刊论文分析

分析数据来源于科学引文索引数据库（Web of Science，WOS）收录的文献类型为期刊论文（Article）、会议论文（Proceedings Paper）和述评（Review）的 Science Citation Index Expanded（SCIE）论文数据，数据时间范围为2013—2022 年，共检索到河南省农业科学院作者发表的论文 1 331篇。

1.1 发文量

2013—2022 年河南省农业科学院历年 SCI 发文与被引情况见表 1-1，河南省农业科学院英文文献历年发文趋势（2013—2022 年）见图 1-1。

表 1-1 2013—2022 年河南省农业科学院历年 SCI 发文与被引情况

出版年	发文量（篇）	WOS 所有数据库总被引频次	WOS 核心库被引频次
2013	46	1 040	842
2014	59	1 662	1 361
2015	83	2 323	2 025
2016	113	2 840	2 525
2017	124	2 623	2 384
2018	113	2 593	2 326
2019	138	2 299	2 075
2020	176	1 425	1 290
2021	230	714	674
2022	249	107	107

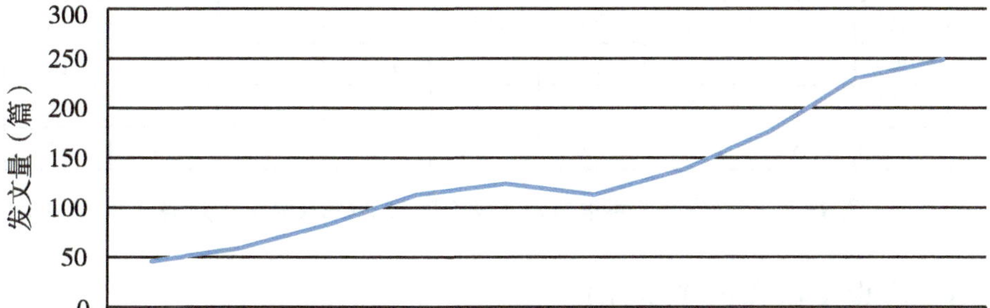

	2013年	2014年	2015年	2016年	2017年	2018年	2019年	2020年	2021年	2022年
发文量（篇）	46	59	83	113	124	113	138	176	230	249

图 1-1 河南省农业科学院英文文献历年发文趋势（2013—2022 年）

1.2　发文期刊 JCR 分区

2013—2022 年河南省农业科学院 SCI 发文期刊 WOSJCR 分区情况见表 1-2，河南省农业科学院 SCI 发文期刊 WOSJCR 分区趋势（2013—2022 年）见图 1-2。

表 1-2　2013—2022 年河南省农业科学院 SCI 发文期刊 WOSJCR 分区情况　　单位：篇

出版年	Q1 区发文量	Q2 区发文量	Q3 区发文量	Q4 区发文量	其他发文量
2013	17	14	7	3	5
2014	26	16	11	4	2
2015	32	23	14	12	2
2016	42	32	25	13	1
2017	65	34	12	11	2
2018	54	34	13	11	1
2019	55	53	16	8	6
2020	88	38	18	11	21
2021	99	51	24	9	46
2022	138	87	12	9	2

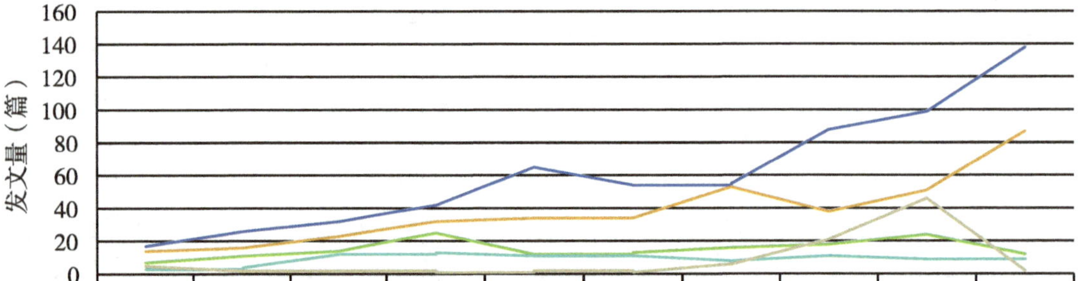

	2013 年	2014 年	2015 年	2016 年	2017 年	2018 年	2019 年	2020 年	2021 年	2022 年
Q1（篇）	17	26	32	42	65	54	55	88	99	138
Q2（篇）	14	16	23	32	34	34	53	38	51	87
Q3（篇）	7	11	14	25	12	13	16	18	24	12
Q4（篇）	3	4	12	13	11	11	8	11	9	9
其他（篇）	5	2	2	1	2	1	6	21	46	2

图 1-2　河南省农业科学院 SCI 发文期刊 WOSJCR 分区趋势（2013—2022 年）

1.3　高发文研究所 TOP10

2013—2022 年河南省农业科学院 SCI 高发文研究所 TOP10 见表 1-3。

表 1-3　2013—2022 年河南省农业科学院 SCI 高发文研究所 TOP10　　单位：篇

排序	研究所	发文量
1	河南省动物免疫学重点实验室	231
2	河南省农业科学院植物保护研究所	206
3	河南省农业科学院植物营养与资源环境研究所	124
4	河南省农业科学院畜牧兽医研究所	106
5	河南省农业科学院经济作物研究所	80
6	河南省农业科学院粮食作物研究所	69
7	河南省农业科学院农业质量标准与检测技术研究所	65
8	河南省农业科学院小麦研究所	59
9	河南省芝麻研究中心	55
10	河南省农业科学院园艺研究所	54

1.4　高发文期刊 TOP10

2013—2022 年河南省农业科学院 SCI 高发文期刊 TOP10 见表 1-4。

表 1-4　2013—2022 年河南省农业科学院 SCI 发文期刊 TOP10

排序	期刊名称	发文量（篇）	WOS 所有数据库总被引频次	WOS 核心库被引频次	期刊影响因子（最近年度）
1	PLOS ONE	51	978	867	3.7（2022）
2	FRONTIERS IN PLANT SCIENCE	48	579	543	5.6（2022）
3	SCIENTIFIC REPORTS	37	643	584	4.6（2022）
4	FRONTIERS IN MICROBIOLOGY	28	384	353	5.2（2022）
5	BMC PLANT BIOLOGY	27	146	132	5.3（2022）
6	JOURNAL OF INTEGRATIVE AGRICULTURE	25	156	123	4.8（2022）
7	INTERNATIONAL JOURNAL OF MOLECULAR SCIENCES	22	237	205	5.6（2022）
8	SESAME GENOME	18	33	22	
9	INTERNATIONAL JOURNAL OF BIOLOGICAL MACROMOLECULES	18	62	56	8.2（2022）
10	ARCHIVES OF VIROLOGY	16	110	81	2.7（2022）

1.5 合作发文国家与地区 TOP10

2013—2022 年河南省农业科学院 SCI 合作发文国家与地区（合作发文 1 篇以上）TOP10 见表 1-5。

表 1-5 2013—2022 年河南省农业科学院 SCI 合作发文国家与地区 TOP10

排序	国家与地区	合作发文量（篇）	WOS 所有数据库总被引频次	WOS 核心库被引频次
1	美国	142	4 046	3 590
2	英格兰	39	758	646
3	澳大利亚	23	898	780
4	加拿大	19	239	207
5	德国	12	177	159
6	埃及	12	63	59
7	印度	10	975	890
8	法国	9	288	267
9	荷兰	9	81	75
10	墨西哥	9	64	63

1.6 合作发文机构 TOP10

2013—2022 年河南省农业科学院 SCI 合作发文机构 TOP10 见表 1-6。

表 1-6 2013—2022 年河南省农业科学院 SCI 合作发文机构 TOP10

排序	合作发文机构	发文量（篇）	WOS 所有数据库总被引频次	WOS 核心库被引频次
1	河南农业大学	350	714	633
2	郑州大学	163	351	330
3	中国农业科学院	157	544	464
4	西北农林科技大学	117	342	276
5	中国农业大学	90	310	266
6	中国科学院	81	350	309
7	河南科技大学	57	85	66
8	扬州大学	55	55	52
9	南京农业大学	54	261	236
10	河南科技学院	34	83	62

1.7 高频词 TOP20

2013—2022 年河南省农业科学院 SCI 发文高频词（作者关键词）TOP20 见表 1-7。

表 1-7　2013—2022 年河南省农业科学院 SCI 发文高频词（作者关键词）TOP20

排序	关键词（作者关键词）	频次	排序	关键词（作者关键词）	频次
1	Maize	32	11	China	12
2	Wheat	32	12	Gene expression	12
3	Transcriptome	24	13	Immunochromatographic strip	11
4	PRRSV	19	14	Broiler	10
5	Monoclonal antibody	18	15	Yield	10
6	Long-term fertilization	15	16	RNA-seq	9
7	Fluorescence	13	17	Soybean	9
8	Phylogenetic analysis	13	18	Resistance	9
9	Colloidal gold	12	19	Genetic diversity	9
10	Peanut	12	20	Auxin	8

2　中文期刊论文分析

2013—2022 年，河南省农业科学院作者共发表北大中文核心期刊论文2 853篇，中国科学引文数据库（CSCD）期刊论文1 895篇。

2.1　发文量

河南省农业科学院中文文献历年发文趋势（2013—2022 年）见图 2-1。

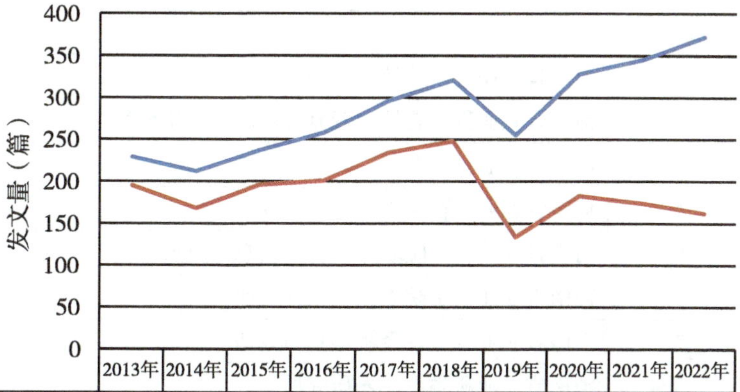

	2013年	2014年	2015年	2016年	2017年	2018年	2019年	2020年	2021年	2022年
北大中文核心期刊—发文量（篇）	229	212	237	258	296	321	255	328	345	372
CSCD期刊—发文量（篇）	195	168	196	201	234	248	134	183	174	162

图 2-1　河南省农业科学院中文文献历年发文趋势（2013—2022 年）

2.2 高发文研究所 TOP10

2013—2022 年河南省农业科学院北大中文核心期刊高发文研究所 TOP10 见表 2-1，2013—2022 年河南省农业科学院中国科学引文数据库（CSCD）期刊高发文研究所 TOP10 见表 2-2。

表 2-1 2013—2022 年河南省农业科学院北大中文核心期刊高发文研究所 TOP10 单位：篇

排序	研究所	发文量
1	河南省农业科学院植物保护研究所	349
2	河南省农业科学院植物营养与资源环境研究所	326
3	河南省农业科学院	288
4	河南省农业科学院农副产品加工研究所	273
5	河南省农业科学院经济作物研究所	235
6	河南省农业科学院园艺研究所	233
7	河南省农业科学院粮食作物研究所	220
8	河南省农业科学院农业经济与信息研究所	216
9	河南省农业科学院畜牧兽医研究所	201
10	河南省动物免疫学重点实验室	198
11	河南省农业科学院小麦研究所	172

注：“河南省农业科学院”发文包括作者单位只标注为“河南省农业科学院”、院属实验室等。

表 2-2 2013—2022 年河南省农业科学院 CSCD 期刊高发文研究所 TOP10 单位：篇

排序	研究所	发文量
1	河南省农业科学院植物保护研究所	297
2	河南省农业科学院植物营养与资源环境研究所	270
3	河南省农业科学院	201
4	河南省农业科学院粮食作物研究所	178
5	河南省农业科学院农业经济与信息研究所	152
6	河南省农业科学院农副产品加工研究所	146
7	河南省农业科学院经济作物研究所	141
8	河南省农业科学院小麦研究所	129
9	河南省农业科学院园艺研究所	111
10	河南省农业科学院畜牧兽医研究所	96
11	河南省农业科学院烟草研究所	89

注：“河南省农业科学院”发文包括作者单位只标注为“河南省农业科学院”、院属实验室等。

2.3 高发文期刊 TOP10

2013—2022 年河南省农业科学院高发文北大中文核心期刊 TOP10 见表 2-3，2013—2022 年河南省农业科学院高发文 CSCD 期刊 TOP10 见表 2-4。

表 2-3 2013—2022 年河南省农业科学院高发文期刊（北大中文核心）TOP10 单位：篇

排序	期刊名称	发文量	排序	期刊名称	发文量
1	河南农业科学	676	6	江苏农业科学	60
2	华北农学报	85	7	中国瓜菜	52
3	植物保护	81	8	玉米科学	51
4	麦类作物学报	64	9	食品工业科技	50
5	分子植物育种	63	10	中国油料作物学报	44

表 2-4 2013—2022 年河南省农业科学院高发文期刊（CSCD）TOP10 单位：篇

排序	期刊名称	发文量	排序	期刊名称	发文量
1	河南农业科学	451	6	玉米科学	52
2	植物保护	83	7	中国油料作物学报	41
3	华北农学报	80	8	中国土壤与肥料	41
4	麦类作物学报	56	9	作物学报	41
5	分子植物育种	53	10	中国农业科学	40

2.4 合作发文机构 TOP10

2013—2022 年河南省农业科学院北大中文核心期刊合作发文机构 TOP10 见表 2-5，2013—2022 年河南省农业科学院 CSCD 期刊合作发文机构 TOP10 见表 2-6。

表 2-5 2013—2022 年河南省农业科学院北大中文核心期刊合作发文机构 TOP10 单位：篇

排序	合作发文机构	发文量	排序	合作发文机构	发文量
1	河南农业大学	435	6	河南工业大学	77
2	中国农业科学院	135	7	河南省烟草公司	57
3	河南科技大学	86	8	信阳市农业科学院	42
4	郑州大学	85	9	河南科技学院	31
5	西北农林科技大学	81	10	中国农业大学	31

表 2-6　2013—2022 年河南省农业科学院 CSCD 期刊合作发文机构 TOP10　单位：篇

排序	合作发文机构	发文量	排序	合作发文机构	发文量
1	河南农业大学	299	6	河南省烟草公司	37
2	中国农业科学院	108	7	信阳市农业科学院	36
3	河南科技大学	66	8	河南工业大学	30
4	郑州大学	60	9	南京农业大学	21
5	西北农林科技大学	48	10	驻马店市农业科学院	19

黑龙江省农业科学院

1 英文期刊论文分析

分析数据来源于科学引文索引数据库（Web of Science，WOS）收录的文献类型为期刊论文（Article）、会议论文（Proceedings Paper）和述评（Review）的 Science Citation Index Expanded（SCIE）论文数据，数据时间范围为2013—2022 年，共检索到黑龙江省农业科学院作者发表的论文1 335篇。

1.1 发文量

2013—2022 年黑龙江省农业科学院历年 SCI 发文与被引情况见表 1-1，黑龙江省农业科学院英文文献历年发文趋势（2013—2022 年）见图 1-1。

表 1-1 2013—2022 年黑龙江省农业科学院历年 SCI 发文与被引情况

出版年	发文量（篇）	WOS 所有数据库总被引频次	WOS 核心库被引频次
2013	35	625	483
2014	51	768	648
2015	70	1 927	1 680
2016	87	1 830	1 641
2017	127	3 342	2 946
2018	124	1 765	1 555
2019	159	1 416	1 247
2020	188	1 587	1 473
2021	197	478	452
2022	297	140	138

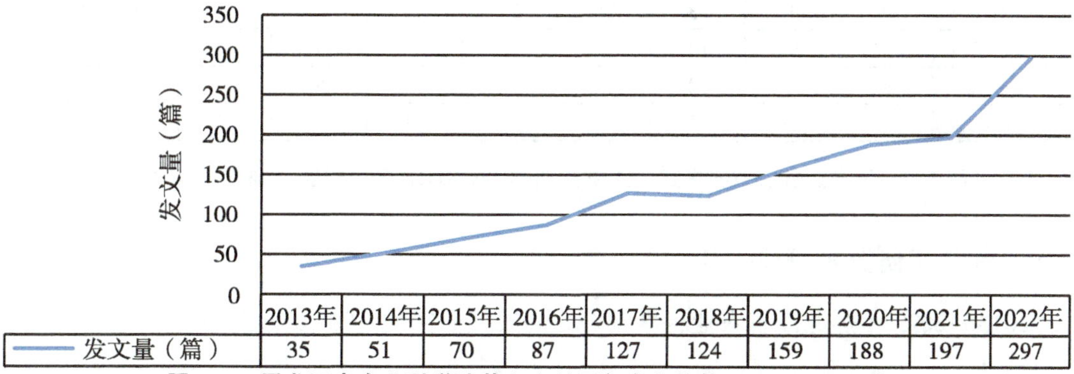

图 1-1 黑龙江省农业科学院英文文献历年发文趋势（2013—2022 年）

1.2 发文期刊 JCR 分区

2013—2022 年黑龙江省农业科学院 SCI 发文期刊 WOSJCR 分区情况见表 1-2，黑龙江省农业科学院 SCI 发文期刊 WOSJCR 分区趋势（2013—2022 年）见图 1-2。

表 1-2　2013—2022 年黑龙江省农业科学院 SCI 发文期刊 WOSJCR 分区情况　　单位：篇

出版年	Q1 区发文量	Q2 区发文量	Q3 区发文量	Q4 区发文量	其他发文量
2013	5	9	5	8	8
2014	7	9	23	7	5
2015	25	13	14	13	5
2016	26	25	16	14	6
2017	61	21	20	21	4
2018	42	41	23	17	1
2019	56	43	24	30	6
2020	85	47	13	20	22
2021	91	51	10	21	21
2022	171	83	25	12	5

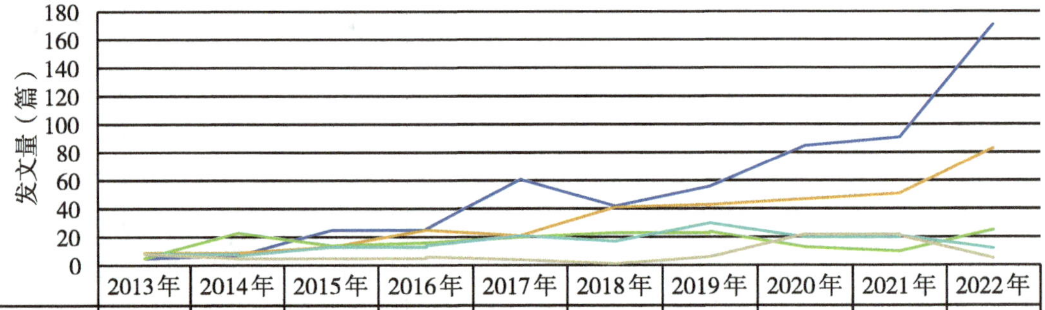

	2013年	2014年	2015年	2016年	2017年	2018年	2019年	2020年	2021年	2022年
Q1（篇）	5	7	25	26	61	42	56	85	91	171
Q2（篇）	9	9	13	25	21	41	43	47	51	83
Q3（篇）	5	23	14	16	20	23	24	13	10	25
Q4（篇）	8	7	13	14	21	17	30	20	21	12
其他（篇）	8	5	5	6	4	1	6	22	21	5

图 1-2　黑龙江省农业科学院 SCI 发文期刊 WOSJCR 分区趋势（2013—2022 年）

1.3 高发文研究所 TOP10

2013—2022 年黑龙江省农业科学院 SCI 高发文研究所 TOP10 见表 1-3。

表 1-3　2013—2022 年黑龙江省农业科学院 SCI 高发文研究所 TOP10　　单位：篇

排序	研究所	发文量
1	黑龙江省农业科学院畜牧研究所	178
2	黑龙江省农业科学院土壤肥料与环境资源研究所	103
3	黑龙江省农业科学院院机关	87
4	黑龙江省农业科学院佳木斯分院	66
5	黑龙江省农业科学院草业研究所	64
6	黑龙江省农业科学院大豆研究所	61
7	黑龙江省农业科学院牡丹江分院	47
8	黑龙江省农业科学院耕作栽培研究所	46
9	黑龙江省农业科学院园艺分院	43
9	黑龙江省农业科学院经济作物研究所	43
10	黑龙江省农业科学院作物育种研究所	42
10	黑龙江省农业科学院黑河分院	42

1.4　高发文期刊 TOP10

2013—2022 年黑龙江省农业科学院 SCI 高发文期刊 TOP10 见表 1-4。

表 1-4　2013—2022 年黑龙江省农业科学院 SCI 发文期刊 TOP10

排序	期刊名称	发文量（篇）	WOS 所有数据库总被引频次	WOS 核心库被引频次	期刊影响因子（最近年度）
1	FRONTIERS IN PLANT SCIENCE	70	911	838	5.6（2022）
2	PLANT DISEASE	37	85	79	4.5（2022）
3	PLOS ONE	35	588	511	3.7（2022）
4	SCIENTIFIC REPORTS	28	453	414	4.6（2022）
5	INTERNATIONAL JOURNAL OF MOLECULAR SCIENCES	28	243	231	5.6（2022）
6	JOURNAL OF INTEGRATIVE AGRICULTURE	26	286	257	4.8（2022）
7	BMC PLANT BIOLOGY	22	264	247	5.3（2022）
8	FRONTIERS IN MICROBIOLOGY	20	165	157	5.2（2022）
9	ACTA AGRICULTURAE SCANDINAVICA SECTION B-SOIL AND PLANT SCIENCE	17	83	64	1.6（2022）
10	AGRONOMY-BASEL	17	25	24	3.7（2022）

1.5 合作发文国家与地区 TOP10

2013—2022 年黑龙江省农业科学院 SCI 合作发文国家与地区（合作发文 1 篇以上）TOP10 见表 1-5。

表 1-5 2013—2022 年黑龙江省农业科学院 SCI 合作发文国家与地区 TOP10

排序	国家与地区	合作发文量（篇）	WOS 所有数据库总被引频次	WOS 核心库被引频次
1	荷兰	9	437	316
2	德国	9	266	212
3	墨西哥	9	170	168
4	比利时	8	78	68
5	苏格兰	6	268	201
6	孟加拉国	6	26	26
7	肯尼亚	5	111	110
8	埃及	4	11	11
9	英格兰	3	82	71
10	印度	3	43	43

1.6 合作发文机构 TOP10

2013—2022 年黑龙江省农业科学院 SCI 合作发文机构 TOP10 见表 1-6。

表 1-6 2013—2022 年黑龙江省农业科学院 SCI 合作发文机构 TOP10

排序	合作发文机构	发文量（篇）	WOS 所有数据库总被引频次	WOS 核心库被引频次
1	东北农业大学	431	646	567
2	中国农业科学院	211	644	542
3	中国科学院	210	544	456
4	黑龙江八一农垦大学	85	62	57
5	沈阳农业大学	85	95	85
6	中国农业大学	78	248	209
7	东北林业大学	77	158	133
8	中国科学院大学	72	204	167
9	吉林省农业科学院	43	66	53
10	南京农业大学	35	58	47

1.7 高频词 TOP20

2013—2022 年黑龙江省农业科学院 SCI 发文高频词（作者关键词）TOP20 见表 1-7。

表 1-7　2013—2022 年黑龙江省农业科学院 SCI 发文高频词（作者关键词）TOP20

排序	关键词（作者关键词）	频次	排序	关键词（作者关键词）	频次
1	Soybean	78	11	Phytophthora sojae	16
2	Maize	36	12	Gene expression	15
3	RNA-seq	23	13	Genetic diversity	13
4	Rice	23	14	Differentially expressed genes	13
5	QTL	21	15	Pig	12
6	Black soil	18	16	Potato	12
7	Salt stress	18	17	China	12
8	Yield	17	18	Meta-analysis	12
9	Glycine max	17	19	Flax	12
10	Transcriptome	17	20	Triticum aestivum	11

2　中文期刊论文分析

2013—2022 年，黑龙江省农业科学院作者共发表北大中文核心期刊论文2 388篇，中国科学引文数据库（CSCD）期刊论文1 332篇。

2.1　发文量

黑龙江省农业科学院中文文献历年发文趋势（2013—2022 年）见图 2-1。

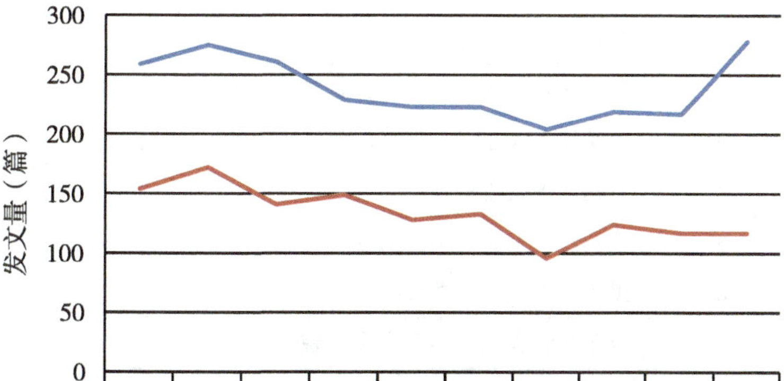

	2013年	2014年	2015年	2016年	2017年	2018年	2019年	2020年	2021年	2022年
北大中文核心期刊—发文量（篇）	259	275	261	229	223	223	204	219	217	278
CSCD期刊—发文量（篇）	154	172	141	149	128	133	96	124	117	118

图 2-1　黑龙江省农业科学院中文文献历年发文趋势（2013—2022 年）

2.2 高发文研究所 TOP10

2013—2022 年黑龙江省农业科学院北大中文核心期刊高发文研究所 TOP10 见表 2-1，2013—2022 年黑龙江省农业科学院中国科学引文数据库（CSCD）期刊高发文研究所 TOP10 见表 2-2。

表 2-1 2013—2022 年黑龙江省农业科学院北大中文核心期刊高发文研究所 TOP10 单位：篇

排序	研究所	发文量
1	黑龙江省农业科学院	213
2	黑龙江省农业科学院畜牧研究所	193
3	黑龙江省农业科学院耕作栽培研究所	191
4	黑龙江省农业科学院佳木斯分院	179
5	黑龙江省农业科学院土壤肥料与环境资源研究所	171
6	黑龙江省农业科学院院机关	159
7	黑龙江省农业科学院园艺分院	143
8	黑龙江省农业科学院畜牧兽医分院	135
9	黑龙江省农业科学院牡丹江分院	114
10	黑龙江省农业科学院草业研究所	112
11	黑龙江省农业科学院大庆分院	111

注：“黑龙江省农业科学院”发文包括作者单位只标注为“黑龙江省农业科学院”、院属实验室等。

表 2-2 2013—2022 年黑龙江省农业科学院 CSCD 期刊高发文研究所 TOP10 单位：篇

排序	研究所	发文量
1	黑龙江省农业科学院佳木斯分院	156
2	黑龙江省农业科学院土壤肥料与环境资源研究所	152
3	黑龙江省农业科学院耕作栽培研究所	124
4	黑龙江省农业科学院	103
5	黑龙江省农业科学院大豆研究所	83
6	黑龙江省农业科学院院机关	79
7	黑龙江省农业科学院大庆分院	73
8	黑龙江省农业科学院牡丹江分院	65
9	黑龙江省农业科学院草业研究所	55
10	黑龙江省农业科学院植物保护研究所	54
11	黑龙江省农业科学院克山分院	52

注：“黑龙江省农业科学院”发文包括作者单位只标注为“黑龙江省农业科学院”、院属实验室等。

2.3 高发文期刊 TOP10

2013—2022 年黑龙江省农业科学院高发文北大中文核心期刊 TOP10 见表 2-3，2013—2022 年黑龙江省农业科学院高发文 CSCD 期刊 TOP10 见表 2-4。

表 2-3 2013—2022 年黑龙江省农业科学院高发文期刊（北大中文核心）TOP10 单位：篇

排序	期刊名称	发文量	排序	期刊名称	发文量
1	大豆科学	258	6	农机化研究	66
2	北方园艺	142	7	玉米科学	54
3	黑龙江畜牧兽医	139	8	分子植物育种	42
4	作物杂志	105	9	农业工程学报	42
5	东北农业大学学报	89	10	江苏农业科学	38

表 2-4 2013—2022 年黑龙江省农业科学院高发文期刊（CSCD）TOP10 单位：篇

排序	期刊名称	发文量	排序	期刊名称	发文量
1	大豆科学	230	6	核农学报	34
2	东北农业大学学报	86	7	植物遗传资源学报	34
3	玉米科学	54	8	农业工程学报	33
4	作物杂志	44	9	中国农业科学	32
5	中国农学通报	38	10	作物学报	31

2.4 合作发文机构 TOP10

2013—2022 年黑龙江省农业科学院北大中文核心期刊合作发文机构 TOP10 见表 2-5，2013—2022 年黑龙江省农业科学院 CSCD 期刊合作发文机构 TOP10 见表 2-6。

表 2-5 2013—2022 年黑龙江省农业科学院北大中文核心期刊合作发文机构 TOP10 单位：篇

排序	合作发文机构	发文量	排序	合作发文机构	发文量
1	东北农业大学	417	6	中国科学院	65
2	中国农业科学院	156	7	齐齐哈尔大学	49
3	黑龙江八一农垦大学	154	8	哈尔滨师范大学	45
4	沈阳农业大学	103	9	中国农业大学	36
5	东北林业大学	91	10	黑龙江大学	27

表2-6　2013—2022年黑龙江省农业科学院CSCD期刊合作发文机构TOP10　单位：篇

排序	合作发文机构	发文量	排序	合作发文机构	发文量
1	东北农业大学	262	6	哈尔滨师范大学	33
2	中国农业科学院	111	7	中国科学院	31
3	黑龙江八一农垦大学	89	8	中国农业大学	21
4	沈阳农业大学	74	9	吉林省农业科学院	20
5	东北林业大学	67	10	佳木斯大学	20

湖北省农业科学院

1　英文期刊论文分析

分析数据来源于科学引文索引数据库（Web of Science，WOS）收录的文献类型为期刊论文（Article）、会议论文（Proceedings Paper）和述评（Review）的 Science Citation Index Expanded（SCIE）论文数据，数据时间范围为2013—2022 年，共检索到湖北省农业科学院作者发表的论文 1 241篇。

1.1　发文量

2013—2022 年湖北省农业科学院历年 SCI 发文与被引情况见表 1-1，湖北省农业科学院英文文献历年发文趋势（2013—2022 年）见图 1-1。

表 1-1　2013—2022 年湖北省农业科学院历年 SCI 发文与被引情况

出版年	发文量（篇）	WOS 所有数据库总被引频次	WOS 核心库被引频次
2013	54	1 401	1 239
2014	62	1 074	959
2015	68	1 902	1 662
2016	85	1 776	1 640
2017	83	1 917	1 714
2018	102	1 539	1 381
2019	158	1 979	1 811
2020	173	1 449	1 333
2021	207	683	650
2022	249	115	112

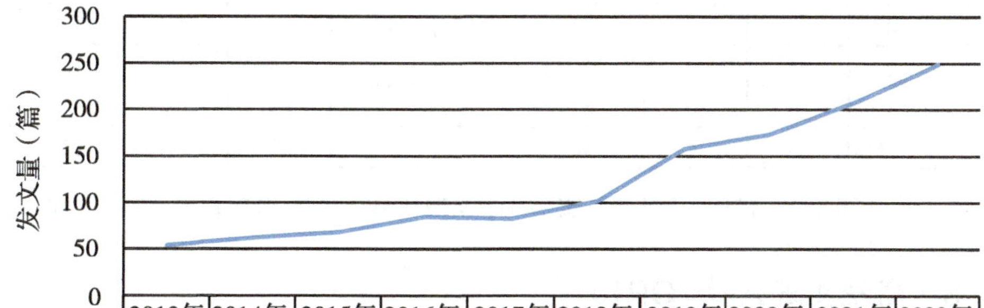

	2013年	2014年	2015年	2016年	2017年	2018年	2019年	2020年	2021年	2022年
发文量（篇）	54	62	68	85	83	102	158	173	207	249

图 1-1　湖北省农业科学院英文文献历年发文趋势（2013—2022 年）

1.2 发文期刊 JCR 分区

2013—2022 年湖北省农业科学院 SCI 发文期刊 WOSJCR 分区情况见表 1-2，湖北省农业科学院 SCI 发文期刊 WOSJCR 分区趋势（2013—2022 年）见图 1-2。

表 1-2 2013—2022 年湖北省农业科学院 SCI 发文期刊 WOSJCR 分区情况 单位：篇

出版年	Q1 区发文量	Q2 区发文量	Q3 区发文量	Q4 区发文量	其他发文量
2013	15	10	22	4	3
2014	16	23	9	10	4
2015	27	17	15	8	1
2016	31	26	20	7	1
2017	41	14	16	11	1
2018	40	31	15	15	1
2019	74	46	19	8	11
2020	91	35	20	13	12
2021	93	61	17	10	21
2022	143	76	13	7	10

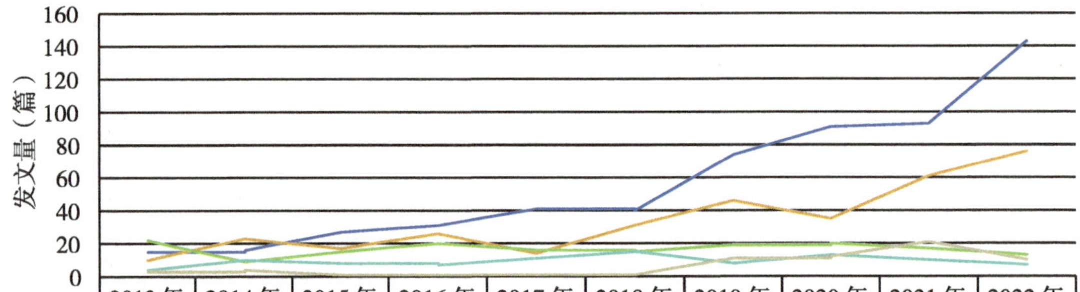

	2013 年	2014 年	2015 年	2016 年	2017 年	2018 年	2019 年	2020 年	2021 年	2022 年
Q1（篇）	15	16	27	31	41	40	74	91	93	143
Q2（篇）	10	23	17	26	14	31	46	35	61	76
Q3（篇）	22	9	15	20	16	15	19	20	17	13
Q4（篇）	4	10	8	7	11	15	8	13	10	7
其他（篇）	3	4	1	1	1	1	11	12	21	10

图 1-2 湖北省农业科学院 SCI 发文期刊 WOSJCR 分区趋势（2013—2022 年）

1.3 高发文研究所 TOP10

2013—2022 年湖北省农业科学院 SCI 高发文研究所 TOP10 见表 1-3。

表 1-3　2013—2022 年湖北省农业科学院 SCI 高发文研究所 TOP10　单位：篇

排序	研究所	发文量
1	湖北省农业科学院畜牧兽医研究所	227
2	湖北省农业科学院植保土肥研究所	165
3	湖北省农业科学院农产品加工与核农技术研究所	156
4	湖北省农业科学院经济作物研究所	145
5	湖北省生物农药工程研究中心	134
6	湖北省农科院粮食作物研究所	98
7	湖北省农业科学院果树茶叶研究所	88
8	湖北省农业科学院农业质量标准与检测技术研究所	85
9	湖北省农业科学院农业经济技术研究所	7

注：全部发文研究所数量不足 10 个。

1.4　高发文期刊 TOP10

2013—2022 年湖北省农业科学院 SCI 高发文期刊 TOP10 见表 1-4。

表 1-4　2013—2022 年湖北省农业科学院 SCI 发文期刊 TOP10

排序	期刊名称	发文量（篇）	WOS 所有数据库总被引频次	WOS 核心库被引频次	期刊影响因子（最近年度）
1	SCIENTIFIC REPORTS	37	524	477	4.6（2022）
2	PLOS ONE	30	421	373	3.7（2022）
3	FRONTIERS IN PLANT SCIENCE	29	143	124	5.6（2022）
4	FOOD CHEMISTRY	23	472	432	8.8（2022）
5	FRONTIERS IN MICROBIOLOGY	23	110	103	5.2（2022）
6	LWT-FOOD SCIENCE AND TECHNOLOGY	22	299	264	6.0（2022）
7	INTERNATIONAL JOURNAL OF MOLECULAR SCIENCES	17	161	148	5.6（2022）
8	MOLECULES	14	46	44	4.6（2022）
9	JOURNAL OF INTEGRATIVE AGRICULTURE	13	198	164	4.8（2022）
10	BMC GENOMICS	12	302	276	4.4（2022）

1.5 合作发文国家与地区 TOP10

2013—2022 年湖北省农业科学院 SCI 合作发文国家与地区（合作发文 1 篇以上）TOP10 见表 1-5。

表 1-5 2013—2022 年湖北省农业科学院 SCI 合作发文国家与地区 TOP10

排序	国家与地区	合作发文量（篇）	WOS 所有数据库总被引频次	WOS 核心库被引频次
1	美国	131	2 604	2 381
2	巴基斯坦	23	226	212
3	埃及	21	161	145
4	加拿大	16	293	267
5	澳大利亚	14	306	280
6	泰国	12	130	120
7	新西兰	9	463	424
8	德国	9	221	206
9	英格兰	7	102	86
10	韩国	7	58	55

1.6 合作发文机构 TOP10

2013—2022 年湖北省农业科学院 SCI 合作发文机构 TOP10 见表 1-6。

表 1-6 2013—2022 年湖北省农业科学院 SCI 合作发文机构 TOP10

排序	合作发文机构	发文量（篇）	WOS 所有数据库总被引频次	WOS 核心库被引频次
1	华中农业大学	419	841	758
2	中国农业科学院	133	407	361
3	长江大学	101	85	80
4	中国农业大学	77	281	252
5	中国科学院	76	445	397
6	武汉大学	76	296	256
7	武汉轻工大学	57	169	153
8	湖北工业大学	37	18	17

（续表）

排序	合作发文机构	发文量（篇）	WOS 所有数据库总被引频次	WOS 核心库被引频次
9	中华人民共和国农业农村部	36	17	13
10	湖北大学	26	29	24

1.7 高频词 TOP20

2013—2022 年湖北省农业科学院 SCI 发文高频词（作者关键词）TOP20 见表 1-7。

表 1-7 2013—2022 年湖北省农业科学院 SCI 发文高频词（作者关键词）TOP20

排序	关键词（作者关键词）	频次	排序	关键词（作者关键词）	频次
1	Rice	18	11	Pig	10
2	RNA-seq	17	12	Transcriptome	10
3	Synthesis	16	13	Gossypium	9
4	Gene expression	15	14	Wheat	9
5	Streptococcus suis	15	15	SNP	8
6	Upland cotton	14	16	Actinobacillus pleuropneumoniae	8
7	Virulence	13	17	Duck	7
8	Oxidative stress	13	18	Gamma-Fe2O3 NPs	7
9	Phylogenetic analysis	12	19	Pathogenicity	7
10	Apoptosis	11	20	MCLR	7

2 中文期刊论文分析

2013—2022 年，湖北省农业科学院作者共发表北大中文核心期刊论文 2 563 篇，中国科学引文数据库（CSCD）期刊论文 859 篇。

2.1 发文量

湖北省农业科学院中文文献历年发文趋势（2013—2022 年）见图 2-1。

2.2 高发文研究所 TOP10

2013—2022 年湖北省农业科学院北大中文核心期刊高发文研究所 TOP10 见表 2-1，2013—2022 年湖北省农业科学院中国科学引文数据库（CSCD）期刊高发文研究所 TOP10

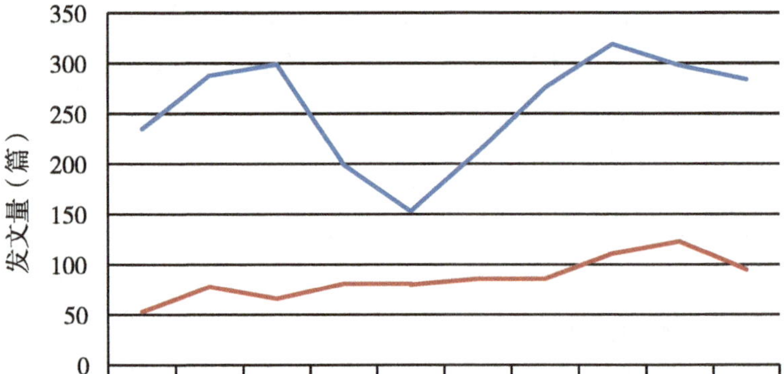

	2013年	2014年	2015年	2016年	2017年	2018年	2019年	2020年	2021年	2022年
北大中文核心期刊—发文量（篇）	235	288	299	199	153	212	276	319	298	284
CSCD期刊—发文量（篇）	53	78	66	81	80	86	86	111	123	95

图 2-1　湖北省农业科学院中文文献历年发文趋势（2013—2022 年）

见表 2-2。

表 2-1　2013—2022 年湖北省农业科学院北大中文核心期刊高发文研究所 TOP10　单位：篇

排序	研究所	发文量
1	湖北省农业科学院畜牧兽医研究所	517
2	湖北省农业科学院农产品加工与核农技术研究所	390
3	湖北省农业科学院植保土肥研究所	356
4	湖北省农科院粮食作物研究所	320
5	湖北省农业科学院果树茶叶研究所	254
6	湖北省农业科学院经济作物研究所	249
7	湖北省农业科学院	161
8	湖北省生物农药工程研究中心	116
9	湖北省农业科学院农业质量标准与检测技术研究所	115
10	湖北省农业科学院中药材研究所	93
11	湖北省农业科学院农业经济技术研究所	77

注：“湖北省农业科学院”发文包括作者单位只标注为“湖北省农业科学院”、院属实验室等。

表 2-2　2013—2022 年湖北省农业科学院 CSCD 期刊高发文研究所 TOP10　单位：篇

排序	研究所	发文量
1	湖北省农业科学院植保土肥研究所	198
2	湖北省农科院粮食作物研究所	130

（续表）

排序	研究所	发文量
3	湖北省农业科学院果树茶叶研究所	117
4	湖北省农业科学院农产品加工与核农技术研究所	115
5	湖北省农业科学院畜牧兽医研究所	111
6	湖北省农业科学院经济作物研究所	82
7	湖北省农业科学院中药材研究所	44
8	湖北省农业科学院农业质量标准与检测技术研究所	35
9	湖北省农业科学院	28
10	湖北省生物农药工程研究中心	26
11	湖北省农业科学院农业经济技术研究所	10

注：“湖北省农业科学院”发文包括作者单位只标注为“湖北省农业科学院”、院属实验室等。

2.3 高发文期刊 TOP10

2013—2022 年湖北省农业科学院高发文北大中文核心期刊 TOP10 见表 2-3，2013—2022 年湖北省农业科学院高发文 CSCD 期刊 TOP10 见表 2-4。

表 2-3 2013—2022 年湖北省农业科学院高发文期刊（北大中文核心）TOP10 单位：篇

排序	期刊名称	发文量	排序	期刊名称	发文量
1	湖北农业科学	867	6	中国蔬菜	49
2	现代食品科技	73	7	食品科学	46
3	食品工业科技	66	8	分子植物育种	45
4	中国南方果树	65	9	食品科技	41
5	中国家禽	54	10	华中农业大学学报	39

表 2-4 2013—2022 年湖北省农业科学院高发文期刊（CSCD）TOP10 单位：篇

排序	期刊名称	发文量	排序	期刊名称	发文量
1	食品科学	44	6	中国土壤与肥料	24
2	华中农业大学学报	39	7	南方农业学报	22
3	分子植物育种	37	8	蚕业科学	19
4	食品工业科技	29	9	中国农业科学	19
5	植物保护	28	10	麦类作物学报	16

2.4 合作发文机构 TOP10

2013—2022 年湖北省农业科学院北大中文核心期刊合作发文机构 TOP10 见表 2-5，2013—2022 年湖北省农业科学院 CSCD 期刊合作发文机构 TOP10 见表 2-6。

表 2-5 2013—2022 年湖北省农业科学院北大中文核心期刊合作发文机构 TOP10 单位：篇

排序	合作发文机构	发文量	排序	合作发文机构	发文量
1	华中农业大学	208	6	武汉大学	34
2	长江大学	125	7	中国农业大学	23
3	中国农业科学院	91	8	湖北省烟草公司	23
4	湖北工业大学	77	9	湖南农业大学	22
5	武汉轻工大学	34	10	中国科学院	17

表 2-6 2013—2022 年湖北省农业科学院 CSCD 期刊合作发文机构 TOP10 单位：篇

排序	合作发文机构	发文量	排序	合作发文机构	发文量
1	华中农业大学	88	6	中国农业大学	19
2	中国农业科学院	58	7	湖北省烟草公司	12
3	长江大学	56	8	南京农业大学	11
4	武汉大学	24	9	湖南农业大学	11
5	湖北工业大学	22	10	安徽农业大学	10

湖南省农业科学院

1 英文期刊论文分析

分析数据来源于科学引文索引数据库（Web of Science，WOS）收录的文献类型为期刊论文（Article）、会议论文（Proceedings Paper）和述评（Review）的 Science Citation Index Expanded（SCIE）论文数据，数据时间范围为2013—2022 年，共检索到湖南省农业科学院作者发表的论文 1 017篇。

1.1 发文量

2013—2022 年湖南省农业科学院历年 SCI 发文与被引情况见表 1-1，湖南省农业科学院英文文献历年发文趋势（2013—2022 年）见图 1-1。

表 1-1 2013—2022 年湖南省农业科学院历年 SCI 发文与被引情况

出版年	发文量（篇）	WOS 所有数据库总被引频次	WOS 核心库被引频次
2013	22	906	784
2014	30	1 047	884
2015	44	900	803
2016	60	1 293	1 130
2017	64	1 384	1 195
2018	85	1 570	1 415
2019	124	2 031	1 816
2020	150	1 554	1 416
2021	216	898	854
2022	222	175	171

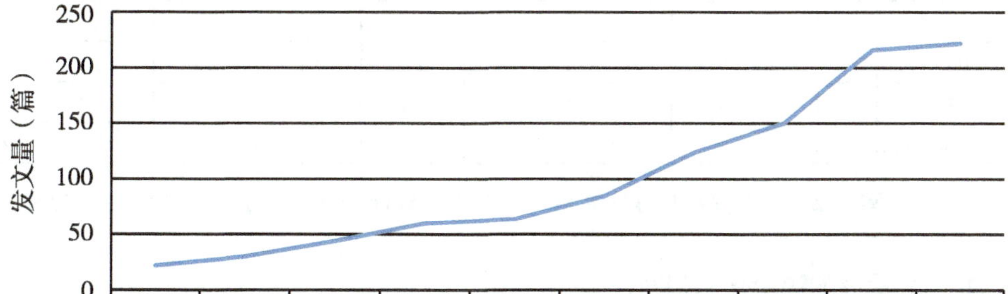

	2013年	2014年	2015年	2016年	2017年	2018年	2019年	2020年	2021年	2022年
发文量（篇）	22	30	44	60	64	85	124	150	216	222

图 1-1 湖南省农业科学院英文文献历年发文趋势（2013—2022 年）

1.2　发文期刊 JCR 分区

2013—2022 年湖南省农业科学院 SCI 发文期刊 WOSJCR 分区情况见表 1-2，湖南省农业科学院 SCI 发文期刊 WOSJCR 分区趋势（2013—2022 年）见图 1-2。

表 1-2　2013—2022 年湖南省农业科学院 SCI 发文期刊 WOSJCR 分区情况　　单位：篇

出版年	Q1 区发文量	Q2 区发文量	Q3 区发文量	Q4 区发文量	其他发文量
2013	10	3	7	2	0
2014	9	9	6	5	1
2015	15	10	8	8	3
2016	16	24	13	7	0
2017	35	9	12	8	0
2018	31	24	18	11	1
2019	47	39	20	12	6
2020	65	44	15	7	18
2021	130	39	18	7	20
2022	161	47	9	3	1

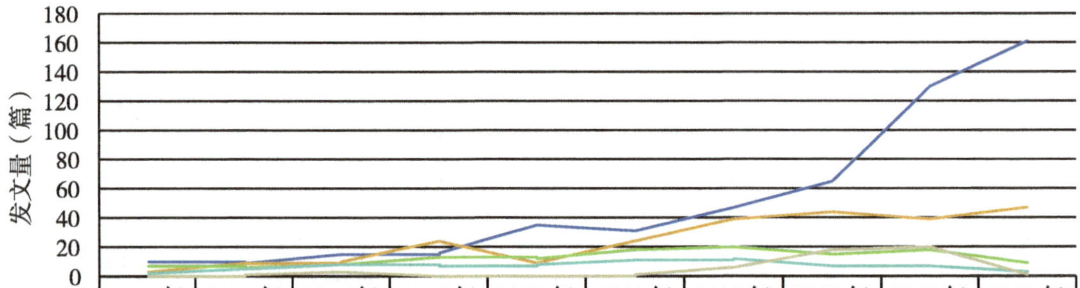

	2013 年	2014 年	2015 年	2016 年	2017 年	2018 年	2019 年	2020 年	2021 年	2022 年
Q1（篇）	10	9	15	16	35	31	47	65	130	161
Q2（篇）	3	9	10	24	9	24	39	44	39	47
Q3（篇）	7	6	8	13	12	18	20	15	18	9
Q4（篇）	2	5	8	7	8	11	12	7	7	3
其他（篇）	0	1	3	0	0	1	6	18	20	1

图 1-2　湖南省农业科学院 SCI 发文期刊 WOSJCR 分区趋势（2013—2022 年）

1.3　高发文研究所 TOP10

2013—2022 年湖南省农业科学院 SCI 高发文研究所 TOP10 见表 1-3。

表 1-3　2013—2022 年湖南省农业科学院 SCI 高发文研究所 TOP10　　单位：篇

排序	研究所	发文量
1	湖南杂交水稻研究中心	198
2	湖南省植物保护研究所	194
3	湖南省农产品加工研究所	141
4	湖南省土壤肥料研究所	56
5	湖南省水稻研究所	53
6	湖南省蔬菜研究所	51
7	湖南省农业生物技术研究所	26
8	湖南省茶叶研究所	19
8	湖南省核农学与航天育种研究所	19
9	湖南省园艺研究所	11
10	湖南省农业环境生态研究所	5
10	湖南省农业经济和农业区划研究所	5

1.4　高发文期刊 TOP10

2013—2022 年湖南省农业科学院 SCI 高发文期刊 TOP10 见表 1-4。

表 1-4　2013—2022 年湖南省农业科学院 SCI 发文期刊 TOP10

排序	期刊名称	发文量（篇）	WOS 所有数据库总被引频次	WOS 核心库被引频次	期刊影响因子（最近年度）
1	FRONTIERS IN PLANT SCIENCE	33	204	180	5.6（2022）
2	INTERNATIONAL JOURNAL OF MOLECULAR SCIENCES	31	281	248	5.6（2022）
3	PLOS ONE	25	415	375	3.7（2022）
4	SCIENTIFIC REPORTS	24	518	440	4.6（2022）
5	FRONTIERS IN MICROBIOLOGY	24	108	103	5.2（2022）
6	ECOTOXICOLOGY AND ENVIRONMENTAL SAFETY	20	197	178	6.8（2022）
7	PEST MANAGEMENT SCIENCE	18	101	92	4.1（2022）
8	FOOD CHEMISTRY	17	699	663	8.8（2022）
9	SCIENCE OF THE TOTAL ENVIRONMENT	15	208	182	9.8（2022）
10	AGRONOMY-BASEL	14	19	19	3.7（2022）

1.5 合作发文国家与地区 TOP10

2013—2022 年湖南省农业科学院 SCI 合作发文国家与地区（合作发文 1 篇以上）TOP10 见表 1-5。

表 1-5 2013—2022 年湖南省农业科学院 SCI 合作发文国家与地区 TOP10

排序	国家与地区	合作发文量（篇）	WOS 所有数据库总被引频次	WOS 核心库被引频次
1	美国	106	2 415	2 138
2	澳大利亚	14	366	343
3	英格兰	12	521	463
4	德国	10	520	462
5	日本	10	407	345
6	巴基斯坦	9	217	199
7	埃及	8	55	50
8	加拿大	7	199	169
9	菲律宾	6	51	46
10	苏格兰	5	68	57

1.6 合作发文机构 TOP10

2013—2022 年湖南省农业科学院 SCI 合作发文机构 TOP10 见表 1-6。

表 1-6 2013—2022 年湖南省农业科学院 SCI 合作发文机构 TOP10

排序	合作发文机构	发文量（篇）	WOS 所有数据库总被引频次	WOS 核心库被引频次
1	湖南农业大学	399	754	652
2	湖南大学	172	217	198
3	中国农业科学院	122	611	501
4	中国科学院	92	422	344
5	南京农业大学	48	296	236
6	肯塔基大学	43	147	132
7	中南大学	64	131	116
8	中国农业大学	32	132	115
9	华中农业大学	30	96	85
10	中国科学院大学	24	40	36

1.7 高频词 TOP20

2013—2022 年湖南省农业科学院 SCI 发文高频词（作者关键词）TOP20 见表 1-7。

表 1-7　2013—2022 年湖南省农业科学院 SCI 发文高频词（作者关键词）TOP20

排序	关键词（作者关键词）	频次	排序	关键词（作者关键词）	频次
1	Rice	70	11	Resistance	8
2	Transcriptome	25	12	Microbial community	7
3	Gene expression	13	13	Bacterial community	7
4	Bemisia tabaci	13	14	Paddy soil	7
5	Pepper	13	15	Proteomics	7
6	Cadmium	13	16	Herbicide resistance	6
7	Magnaporthe oryzae	12	17	Storage	6
8	Apoptosis	10	18	Oryza sativa	6
9	Oxidative stress	9	19	Fungi	6
10	Hybrid rice	9	20	Pathogen detection	6

2　中文期刊论文分析

2013—2022 年，湖南省农业科学院作者共发表北大中文核心期刊论文1 685篇，中国科学引文数据库（CSCD）期刊论文1 229篇。

2.1　发文量

湖南省农业科学院中文文献历年发文趋势（2013—2022 年）见图 2-1。

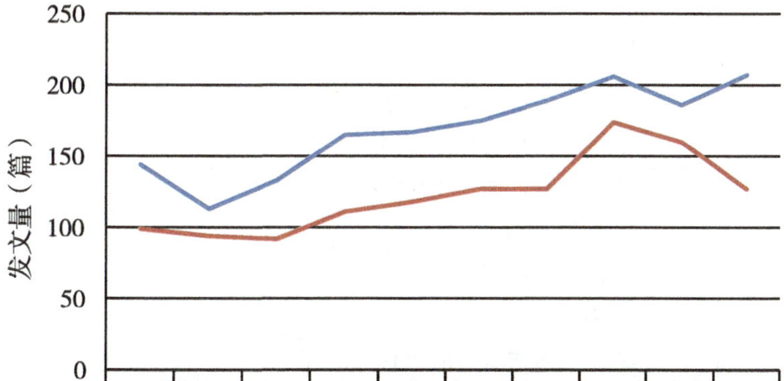

	2013年	2014年	2015年	2016年	2017年	2018年	2019年	2020年	2021年	2022年
北大中文核心期刊—发文量（篇）	144	113	133	165	167	175	189	206	186	207
CSCD期刊—发文量（篇）	99	94	92	111	118	127	127	174	160	127

图 2-1　湖南省农业科学院中文文献历年发文趋势（2013—2022 年）

2.2 高发文研究所 TOP10

2013—2022 年湖南省农业科学院北大中文核心期刊高发文研究所 TOP10 见表 2-1，2013—2022 年湖南省农业科学院中国科学引文数据库（CSCD）期刊高发文研究所 TOP10 见表 2-2。

表 2-1 2013—2022 年湖南省农业科学院北大中文核心期刊高发文研究所 TOP10 单位：篇

排序	研究所	发文量
1	湖南杂交水稻研究中心	443
2	湖南省土壤肥料研究所	263
3	湖南省农产品加工研究所	194
4	湖南省植物保护研究所	173
5	湖南省蔬菜研究所	124
6	湖南省水稻研究所	118
7	湖南省农业科学院	114
8	湖南省园艺研究所	80
9	湖南省茶叶研究所	73
10	湖南省农业环境生态研究所	54
10	湖南省作物研究所	54
11	湖南省核农学与航天育种研究所	49

注：“湖南省农业科学院”发文包括作者单位只标注为“湖南省农业科学院”、院属实验室等。

表 2-2 2013—2022 年湖南省农业科学院 CSCD 期刊高发文研究所 TOP10 单位：篇

排序	研究所	发文量
1	湖南杂交水稻研究中心	291
2	湖南省土壤肥料研究所	247
3	湖南省植物保护研究所	153
4	湖南省农产品加工研究所	145
5	湖南省水稻研究所	104
6	湖南省蔬菜研究所	70
7	湖南省农业科学院	54
8	湖南省核农学与航天育种研究所	48
8	湖南省园艺研究所	48
9	湖南省农业环境生态研究所	44
9	湖南省茶叶研究所	44
10	湖南省作物研究所	37
11	湖南省农业生物技术研究所	31

注：“湖南省农业科学院”发文包括作者单位只标注为“湖南省农业科学院”、院属实验室等。

2.3 高发文期刊 TOP10

2013—2022 年湖南省农业科学院高发文北大中文核心期刊 TOP10 见表 2-3，2013—2022 年湖南省农业科学院高发文 CSCD 期刊 TOP10 见表 2-4。

表 2-3 2013—2022 年湖南省农业科学院高发文期刊（北大中文核心）TOP10 单位：篇

排序	期刊名称	发文量	排序	期刊名称	发文量
1	杂交水稻	266	6	植物保护	43
2	分子植物育种	76	7	食品与机械	41
3	湖南农业大学学报（自然科学版）	54	8	核农学报	41
4	中国食品学报	47	9	农业环境科学学报	37
5	中国蔬菜	44	10	食品工业科技	35

表 2-4 2013—2022 年湖南省农业科学院高发文期刊（CSCD）TOP10 单位：篇

排序	期刊名称	发文量	排序	期刊名称	发文量
1	杂交水稻	183	6	农业环境科学学报	36
2	分子植物育种	55	7	核农学报	32
3	中国食品学报	48	8	食品科学	28
4	湖南农业大学学报（自然科学版）	43	9	植物遗传资源学报	28
5	植物保护	41	10	南方农业学报	26

2.4 合作发文机构 TOP10

2013—2022 年湖南省农业科学院北大中文核心期刊合作发文机构 TOP10 见表 2-5，2013—2022 年湖南省农业科学院 CSCD 期刊合作发文机构 TOP10 见表 2-6。

表 2-5 2013—2022 年湖南省农业科学院北大中文核心期刊合作发文机构 TOP10 单位：篇

排序	合作发文机构	发文量	排序	合作发文机构	发文量
1	湖南农业大学	441	6	武汉大学	52
2	湖南大学	186	7	中南林业科技大学	25
3	中南大学	106	8	福建省农业科学院	25
4	中国农业科学院	89	9	南方粮油作物协同创新中心	23
5	中国科学院	57	10	华中农业大学	20

表 2-6　2013—2022 年湖南省农业科学院 CSCD 期刊合作发文机构 TOP10　　单位：篇

排序	合作发文机构	发文量	排序	合作发文机构	发文量
1	湖南农业大学	281	6	福建省农业科学院	23
2	湖南大学	137	7	中南林业科技大学	19
3	中南大学	85	8	华中农业大学	19
4	中国农业科学院	76	9	福州（国家）水稻改良分中心	16
5	中国科学院	42	10	南方粮油作物协同创新中心	14

吉林省农业科学院

1 英文期刊论文分析

分析数据来源于科学引文索引数据库（Web of Science，WOS）收录的文献类型为期刊论文（Article）、会议论文（Proceedings Paper）和述评（Review）的 Science Citation Index Expanded（SCIE）论文数据，数据时间范围为2013—2022 年，共检索到吉林省农业科学院作者发表的论文 936 篇。

1.1 发文量

2013—2022 年吉林省农业科学院历年 SCI 发文与被引情况见表 1-1，吉林省农业科学院英文文献历年发文趋势（2013—2022 年）见图 1-1。

表 1-1　2013—2022 年吉林省农业科学院历年 SCI 发文与被引情况

出版年	发文量（篇）	WOS 所有数据库总被引频次	WOS 核心库被引频次
2013	33	831	698
2014	44	2 238	1 870
2015	61	1 659	1 421
2016	45	1 147	1 041
2017	67	939	834
2018	78	1 519	1 354
2019	115	1 329	1 217
2020	130	1 170	1 077
2021	166	503	481
2022	197	112	109

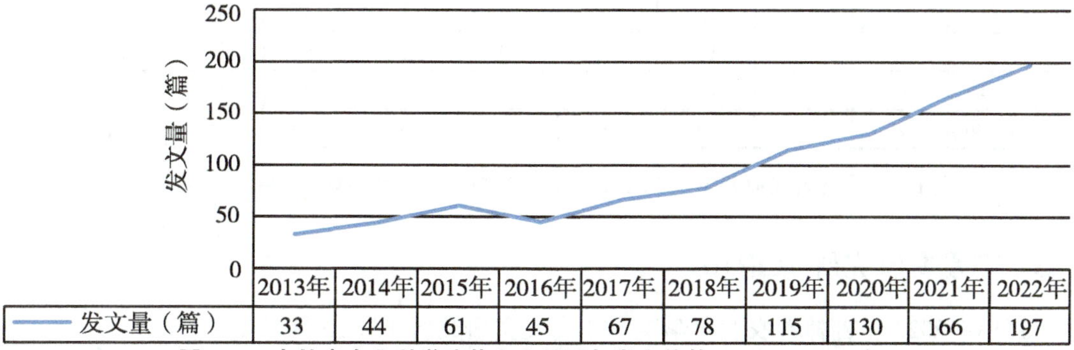

图 1-1　吉林省农业科学院英文文献历年发文趋势（2013—2022 年）

1.2 发文期刊 JCR 分区

2013—2022 年吉林省农业科学院 SCI 发文期刊 WOSJCR 分区情况见表 1-2，吉林省农业科学院 SCI 发文期刊 WOSJCR 分区趋势（2013—2022 年）见图 1-2。

表 1-2 2013—2022 年吉林省农业科学院 SCI 发文期刊 WOSJCR 分区情况 单位：篇

出版年	Q1 区发文量	Q2 区发文量	Q3 区发文量	Q4 区发文量	其他发文量
2013	9	9	9	4	2
2014	16	15	7	5	1
2015	21	15	11	11	3
2016	19	13	2	5	6
2017	34	12	9	11	1
2018	22	33	15	8	0
2019	47	34	14	16	4
2020	45	43	12	15	15
2021	77	35	17	12	24
2022	103	67	14	10	3

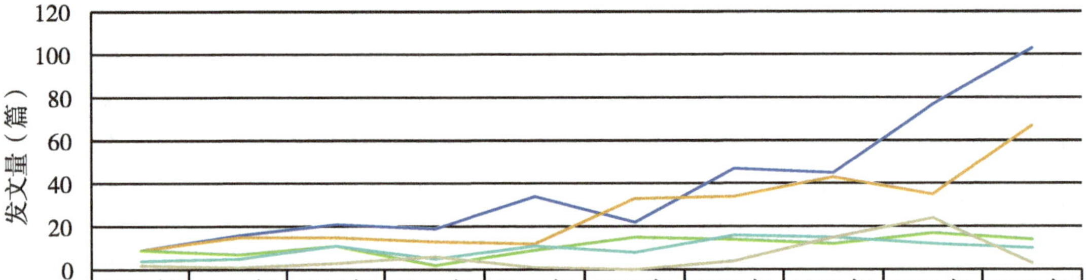

	2013 年	2014 年	2015 年	2016 年	2017 年	2018 年	2019 年	2020 年	2021 年	2022 年
Q1（篇）	9	16	21	19	34	22	47	45	77	103
Q2（篇）	9	15	15	13	12	33	34	43	35	67
Q3（篇）	9	7	11	2	9	15	14	12	17	14
Q4（篇）	4	5	11	5	11	8	16	15	12	10
其他（篇）	2	1	3	6	1	0	4	15	24	3

图 1-2 吉林省农业科学院 SCI 发文期刊 WOSJCR 分区趋势（2013—2022 年）

1.3 高发文研究所 TOP10

2013—2022 年吉林省农业科学院 SCI 高发文研究所 TOP10 见表 1-3。

表 1-3　2013—2022 年吉林省农业科学院 SCI 高发文研究所 TOP10　　单位：篇

排序	研究所	发文量
1	吉林省农业科学院农业资源与环境研究所	174
2	吉林省农业科学院农业生物技术研究所	146
3	吉林省农业科学院畜牧科学分院	70
4	吉林省农业科学院大豆研究所	62
5	吉林省农业科学院农产品加工研究所	53
6	吉林省农业科学院植物保护研究所	37
7	吉林省农业科学院作物资源研究所	28
8	吉林省农业科学院玉米研究所	25
9	吉林省农业科学院农业质量标准与检测技术研究所	21
10	吉林省农业科学院水稻研究所	11

1.4　高发文期刊 TOP10

2013—2022 年吉林省农业科学院 SCI 高发文期刊 TOP10 见表 1-4。

表 1-4　2013—2022 年吉林省农业科学院 SCI 发文期刊 TOP10

排序	期刊名称	发文量（篇）	WOS 所有数据库总被引频次	WOS 核心库被引频次	期刊影响因子（最近年度）
1	PLOS ONE	34	705	639	3.7（2022）
2	FRONTIERS IN PLANT SCIENCE	34	356	325	5.6（2022）
3	SCIENTIFIC REPORTS	33	330	308	4.6（2022）
4	JOURNAL OF INTEGRATIVE AGRICULTURE	25	259	213	4.8（2022）
5	INTERNATIONAL JOURNAL OF MOLECULAR SCIENCES	21	166	139	5.6（2022）
6	TRANSGENIC RESEARCH	16	107	91	3.0（2022）
7	AGRONOMY-BASEL	14	31	30	3.7（2022）
8	FRONTIERS IN MICROBIOLOGY	12	51	46	5.2（2022）
9	JOURNAL OF SOILS AND SEDIMENTS	11	155	136	3.6（2022）
10	GENETICS AND MOLECULAR RESEARCH	11	72	63	0.4（2022）

1.5 合作发文国家与地区 TOP10

2013—2022 年吉林省农业科学院 SCI 合作发文国家与地区（合作发文 1 篇以上）TOP10 见表 1-5。

表 1-5 2013—2022 年吉林省农业科学院 SCI 合作发文国家与地区 TOP10

排序	国家与地区	合作发文量（篇）	WOS 所有数据库总被引频次	WOS 核心库被引频次
1	美国	106	3 654	3 156
2	加拿大	25	472	397
3	澳大利亚	19	567	489
4	德国	12	142	133
5	日本	11	144	124
6	韩国	11	121	103
7	巴基斯坦	11	74	71
8	英格兰	9	451	389
9	丹麦	6	67	64
10	捷克	5	8	8

1.6 合作发文机构 TOP10

2013—2022 年吉林省农业科学院 SCI 合作发文机构 TOP10 见表 1-6。

表 1-6 2013—2022 年吉林省农业科学院 SCI 合作发文机构 TOP10

排序	合作发文机构	发文量（篇）	WOS 所有数据库总被引频次	WOS 核心库被引频次
1	吉林农业大学	184	484	414
2	中国农业科学院	151	794	654
3	吉林大学	132	330	287
4	中国科学院	110	566	483
5	中国农业大学	61	505	429
6	东北师范大学	49	67	59
7	沈阳农业大学	46	66	63
8	东北农业大学	45	334	270
9	黑龙江农业科学院	44	66	53
10	中国科学院大学	34	47	43

1.7 高频词 TOP20

2013—2022 年吉林省农业科学院 SCI 发文高频词（作者关键词）TOP20 见表 1-7。

表 1-7　2013—2022 年吉林省农业科学院 SCI 发文高频词（作者关键词）TOP20

排序	关键词（作者关键词）	频次	排序	关键词（作者关键词）	频次
1	Soybean	59	11	Fluorescence polarization	8
2	Maize	36	12	DNA methylation	8
3	Long-term fertilization	18	13	Arabidopsis thaliana	7
4	Rice	16	14	Black soil	7
5	Apoptosis	13	15	RNA-seq	7
6	Glycine max	11	16	Candidate genes	7
7	Genetic diversity	11	17	Ostrinia furnacalis	7
8	Lactobacillus plantarum	11	18	Salt tolerance	7
9	Gene expression	10	19	Proteomics	6
10	Sheep	9	20	Drought	6

2　中文期刊论文分析

2013—2022 年，吉林省农业科学院作者共发表北大中文核心期刊论文2 093篇，中国科学引文数据库（CSCD）期刊论文1 187篇。

2.1　发文量

吉林省农业科学院中文文献历年发文趋势（2013—2022 年）见图 2-1。

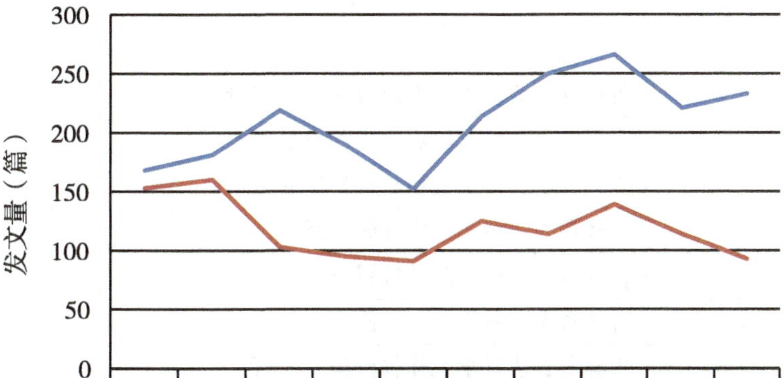

	2013年	2014年	2015年	2016年	2017年	2018年	2019年	2020年	2021年	2022年
北大中文核心期刊—发文量（篇）	168	181	219	189	152	214	250	266	221	233
CSCD期刊—发文量（篇）	153	160	103	95	91	125	114	139	114	93

图 2-1　吉林省农业科学院中文文献历年发文趋势（2013—2022 年）

2.2 高发文研究所 TOP10

2013—2022年吉林省农业科学院北大中文核心期刊高发文研究所TOP10见表2-1，2013—2022年吉林省农业科学院中国科学引文数据库（CSCD）期刊高发文研究所TOP10见表2-2。

表2-1 2013—2022年吉林省农业科学院北大中文核心期刊高发文研究所TOP10 单位：篇

排序	研究所	发文量
1	吉林省农业科学院	699
2	吉林省农业科学院农业资源与环境研究所	344
3	吉林省农业科学院畜牧科学分院	205
4	吉林省农业科学院农业生物技术研究所	165
5	吉林省农业科学院植物保护研究所	164
6	吉林省农业科学院大豆研究所	129
7	吉林省农业科学院农产品加工研究所	73
8	吉林省农业科学院玉米研究所	70
9	吉林省农业科学院农业质量标准与检测技术研究所	68
10	吉林省农业科学院果树研究所	59
11	吉林省农业科学院作物资源研究所	54

注："吉林省农业科学院"发文包括作者单位只标注为"吉林省农业科学院"、院属实验室等。

表2-2 2013—2022年吉林省农业科学院CSCD期刊高发文研究所TOP10 单位：篇

排序	研究所	发文量
1	吉林省农业科学院	373
2	吉林省农业科学院农业资源与环境研究所	255
3	吉林省农业科学院农业生物技术研究所	122
4	吉林省农业科学院植物保护研究所	106
5	吉林省农业科学院大豆研究所	104
6	吉林省农业科学院畜牧科学分院	66
7	吉林省农业科学院玉米研究所	37
8	吉林省农业科学院作物资源研究所	35
9	吉林省农业科学院农业质量标准与检测技术研究所	28
10	吉林省农业科学院农产品加工研究所	26
11	吉林省农业科学院果树研究所	23

注："吉林省农业科学院"发文包括作者单位只标注为"吉林省农业科学院"、院属实验室等。

2.3 高发文期刊 TOP10

2013—2022 年吉林省农业科学院高发文北大中文核心期刊 TOP10 见表 2-3，2013—2022 年吉林省农业科学院高发文 CSCD 期刊 TOP10 见表 2-4。

表 2-3 2013—2022 年吉林省农业科学院高发文期刊（北大中文核心）TOP10 单位：篇

排序	期刊名称	发文量	排序	期刊名称	发文量
1	玉米科学	266	6	分子植物育种	76
2	东北农业科学	240	7	吉林农业大学学报	70
3	吉林农业科学	95	8	中国畜牧兽医	59
4	黑龙江畜牧兽医	93	9	中国农业科学	48
5	大豆科学	85	10	中国畜牧杂志	45

表 2-4 2013—2022 年吉林省农业科学院高发文期刊（CSCD）TOP10 单位：篇

排序	期刊名称	发文量	排序	期刊名称	发文量
1	玉米科学	257	6	中国农业科学	47
2	吉林农业科学	111	7	植物营养与肥料学报	40
3	大豆科学	83	8	中国兽医学报	25
4	吉林农业大学学报	64	9	动物营养学报	23
5	分子植物育种	49	10	食品科学	20

2.4 合作发文机构 TOP10

2013—2022 年吉林省农业科学院北大中文核心期刊合作发文机构 TOP10 见表 2-5，2013—2022 年吉林省农业科学院 CSCD 期刊合作发文机构 TOP10 见表 2-6。

表 2-5 2013—2022 年吉林省农业科学院北大中文核心期刊合作发文机构 TOP10 单位：篇

排序	合作发文机构	发文量	排序	合作发文机构	发文量
1	吉林农业大学	453	6	东北农业大学	57
2	延边大学	139	7	大豆国家工程研究中心	56
3	中国农业科学院	125	8	中国农业科技东北创新中心农业资源与环境研究所	48
4	山东省农业科学院	73	9	沈阳农业大学	45
5	吉林大学	64	10	中国科学院	43

表 2-6　2013—2022 年吉林省农业科学院 CSCD 期刊合作发文机构 TOP10　　单位：篇

排序	合作发文机构	发文量	排序	合作发文机构	发文量
1	吉林农业大学	262	6	吉林大学	34
2	中国农业科学院	93	7	沈阳农业大学	33
3	延边大学	53	8	中国农业大学	25
4	东北农业大学	53	9	哈尔滨师范大学	24
5	中国科学院	35	10	山东省农业科学院	21

江苏省农业科学院

1　英文期刊论文分析

分析数据来源于科学引文索引数据库（Web of Science，WOS）收录的文献类型为期刊论文（Article）、会议论文（Proceedings Paper）和述评（Review）的 Science Citation Index Expanded（SCIE）论文数据，数据时间范围为2013—2022 年，共检索到江苏省农业科学院作者发表的论文 4 619篇。

1.1　发文量

2013—2022 年江苏省农业科学院历年 SCI 发文与被引情况见表 1-1，江苏省农业科学院英文文献历年发文趋势（2013—2022 年）见图 1-1。

表 1-1　2013—2022 年江苏省农业科学院历年 SCI 发文与被引情况

出版年	发文量（篇）	WOS 所有数据库总被引频次	WOS 核心库被引频次
2013	164	4 841	4 173
2014	229	6 423	5 547
2015	342	7 234	6 281
2016	403	8 711	7 779
2017	424	9 242	8 349
2018	456	7 814	7 132
2019	513	7 354	6 754
2020	566	5 706	5 359
2021	669	2 992	2 901
2022	853	610	604

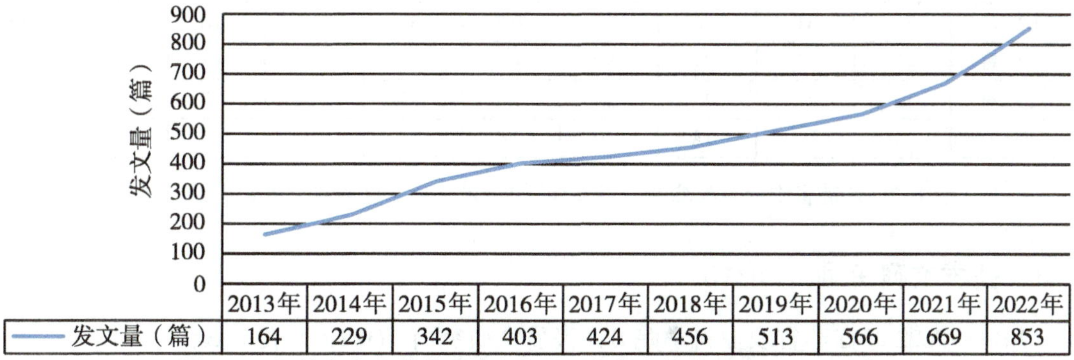

图 1-1　江苏省农业科学院英文文献历年发文趋势（2013—2022 年）

1.2 发文期刊 JCR 分区

2013—2022 年江苏省农业科学院 SCI 发文期刊 WOSJCR 分区情况见表 1-2，江苏省农业科学院 SCI 发文期刊 WOSJCR 分区趋势（2013—2022 年）见图 1-2。

表 1-2 2013—2022 年江苏省农业科学院 SCI 发文期刊 WOSJCR 分区情况 单位：篇

出版年	Q1 区发文量	Q2 区发文量	Q3 区发文量	Q4 区发文量	其他发文量
2013	69	31	40	13	11
2014	93	61	33	21	21
2015	125	86	71	42	18
2016	174	112	59	28	30
2017	215	100	67	38	4
2018	218	152	48	37	1
2019	228	148	62	36	39
2020	293	120	58	27	68
2021	394	133	35	23	84
2022	559	215	44	13	22

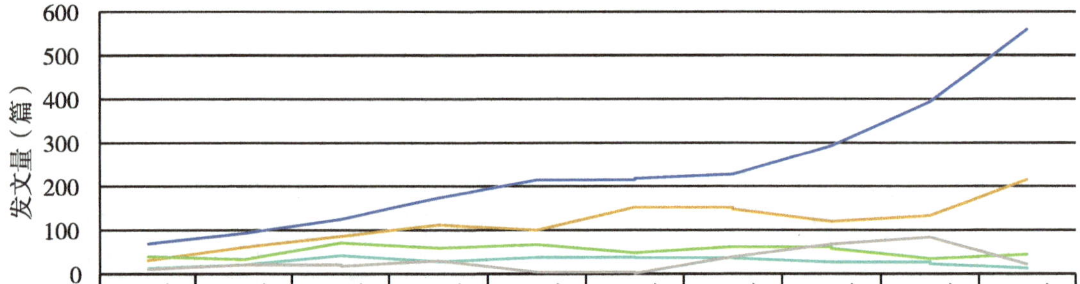

	2013 年	2014 年	2015 年	2016 年	2017 年	2018 年	2019 年	2020 年	2021 年	2022 年
Q1（篇）	69	93	125	174	215	218	228	293	394	559
Q2（篇）	31	61	86	112	100	152	148	120	133	215
Q3（篇）	40	33	71	59	67	48	62	58	35	44
Q4（篇）	13	21	42	28	38	37	36	27	23	13
其他（篇）	11	21	18	30	4	1	39	68	84	22

图 1-2 江苏省农业科学院 SCI 发文期刊 WOSJCR 分区趋势（2013—2022 年）

1.3 高发文研究所 TOP10

2013—2022 年江苏省农业科学院 SCI 高发文研究所 TOP10 见表 1-3。

表 1-3　2013—2022 年江苏省农业科学院 SCI 高发文研究所 TOP10　　单位：篇

排序	研究所	发文量
1	江苏省农业科学院农业资源与环境研究所	916
2	江苏省农业科学院植物保护研究所	491
3	江苏省农业科学院农产品加工研究所	435
4	江苏省农业科学院兽医研究所	421
5	江苏省农业科学院园艺研究所	406
6	江苏省农业科学院农产品质量安全与营养研究所	380
7	江苏省农业科学院种质资源与生物技术研究所	224
8	江苏省农业科学院粮食作物研究所	217
9	江苏省农业科学院经济作物研究所	206
10	江苏省农业科学院畜牧研究所	176

1.4　高发文期刊 TOP10

2013—2022 年江苏省农业科学院 SCI 高发文期刊 TOP10 见表 1-4。

表 1-4　2013—2022 年江苏省农业科学院 SCI 发文期刊 TOP10

排序	期刊名称	发文量（篇）	WOS 所有数据库总被引频次	WOS 核心库被引频次	期刊影响因子（最近年度）
1	FRONTIERS IN PLANT SCIENCE	128	1 918	1 730	5.6（2022）
2	PLOS ONE	96	2 058	1 831	3.7（2022）
3	SCIENTIFIC REPORTS	83	1 949	1 813	4.6（2022）
4	SCIENCE OF THE TOTAL ENVIRONMENT	77	1785	1 637	9.8（2022）
5	FOOD CHEMISTRY	72	1 527	1 414	8.8（2022）
6	FRONTIERS IN MICROBIOLOGY	71	601	553	5.2（2022）
7	JOURNAL OF AGRICULTURAL AND FOOD CHEMISTRY	59	1 225	1 116	6.1（2022）
8	AGRONOMY-BASEL	52	108	104	3.7（2022）
9	INTERNATIONAL JOURNAL OF MOLECULAR SCIENCES	51	369	341	5.6（2022）
10	CHEMOSPHERE	50	951	835	8.8（2022）

1.5 合作发文国家与地区 TOP10

2013—2022 年江苏省农业科学院 SCI 合作发文国家与地区（合作发文 1 篇以上）TOP10 见表 1-5。

表 1-5 2013—2022 年江苏省农业科学院 SCI 合作发文国家与地区 TOP10

排序	国家与地区	合作发文量（篇）	WOS 所有数据库总被引频次	WOS 核心库被引频次
1	美国	529	10 885	9 961
2	澳大利亚	166	3 024	2 786
3	英格兰	84	1 979	1 822
4	巴基斯坦	70	950	879
5	加拿大	68	1 886	1 731
6	埃及	59	863	826
7	德国	57	1 002	939
8	日本	47	591	528
9	韩国	40	804	730
10	荷兰	40	403	377

1.6 合作发文机构 TOP10

2013—2022 年江苏省农业科学院 SCI 合作发文机构 TOP10 见表 1-6。

表 1-6 2013—2022 年江苏省农业科学院 SCI 合作发文机构 TOP10

排序	合作发文机构	发文量（篇）	WOS 所有数据库总被引频次	WOS 核心库被引频次
1	南京农业大学	1 289	3 784	3 299
2	江苏大学	414	464	452
3	中国科学院	381	1 945	1 708
4	扬州大学	354	377	338
5	中国农业科学院	270	1 132	1 012
6	中国农业大学	159	614	557
7	广东省农业科学院	148	491	456
8	南京林业大学	133	257	233
9	浙江大学	107	406	364
10	南京师范大学	103	342	292

1.7 高频词 TOP20

2013—2022 年江苏省农业科学院 SCI 发文高频词（作者关键词）TOP20 见表 1-7。

表 1-7　2013—2022 年江苏省农业科学院 SCI 发文高频词（作者关键词）TOP20

排序	关键词（作者关键词）	频次	排序	关键词（作者关键词）	频次
1	Rice	95	11	Pathogenicity	30
2	Gene expression	72	12	Virulence	29
3	Biochar	48	13	Phylogenetic analysis	28
4	Transcriptome	46	14	Cadmium	27
5	RNA-seq	42	15	Mycoplasma hyopneumoniae	27
6	Salt stress	37	16	Abiotic stress	26
7	Maize	35	17	Reactive oxygen species	26
8	Photosynthesis	31	18	Peach	24
9	Wheat	30	19	Genetic diversity	24
10	Soybean	30	20	Resistance	23

2　中文期刊论文分析

2013—2022 年，江苏省农业科学院作者共发表北大中文核心期刊论文7 154篇，中国科学引文数据库（CSCD）期刊论文4 138篇。

2.1　发文量

江苏省农业科学院中文文献历年发文趋势（2013—2022 年）见图 2-1。

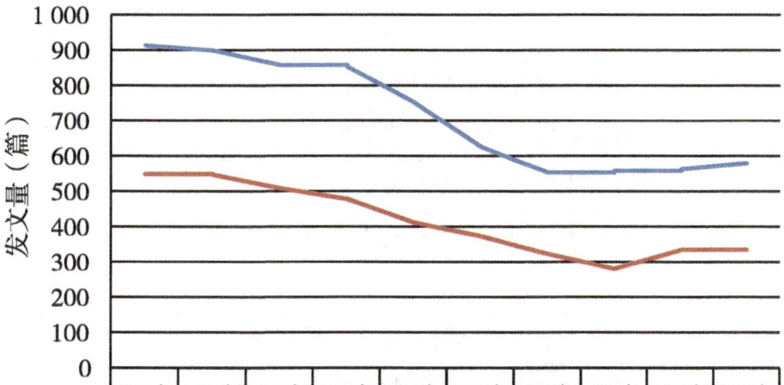

	2013年	2014年	2015年	2016年	2017年	2018年	2019年	2020年	2021年	2022年
北大中文核心期刊—发文量（篇）	913	899	858	853	753	625	553	558	563	579
CSCD期刊—发文量（篇）	549	547	509	478	412	373	323	280	335	332

图 2-1　江苏省农业科学院中文文献历年发文趋势（2013—2022 年）

2.2 高发文研究所 TOP10

2013—2022 年江苏省农业科学院北大中文核心期刊高发文研究所 TOP10 见表 2-1，2013—2022 年江苏省农业科学院中国科学引文数据库（CSCD）期刊高发文研究所 TOP10 见表 2-2。

表 2-1 2013—2022 年江苏省农业科学院北大中文核心期刊高发文研究所 TOP10 单位：篇

排序	研究所	发文量
1	江苏省农业科学院农业资源与环境研究所	624
2	江苏省农业科学院农产品加工研究所	581
3	江苏省农业科学院蔬菜研究所	500
4	江苏省农业科学院植物保护研究所	437
5	江苏省农业科学院	420
6	江苏省农业科学院动物免疫工程研究所	411
7	江苏省农业科学院兽医研究所	402
8	江苏省农业科学院畜牧研究所	376
9	江苏省农业科学院种质资源与生物技术研究所	371
10	江苏省农业科学院粮食作物研究所	346
11	江苏省农业科学院经济作物研究所	330

注：“江苏省农业科学院”发文包括作者单位只标注为“江苏省农业科学院”、院属实验室等。

表 2-2 2013—2022 年江苏省农业科学院 CSCD 期刊高发文研究所 TOP10 单位：篇

排序	研究所	发文量
1	江苏省农业科学院农业资源与环境研究所	514
2	江苏省农业科学院植物保护研究所	343
3	江苏省农业科学院农产品加工研究所	324
4	江苏省农业科学院兽医研究所	286
5	江苏省农业科学院粮食作物研究所	241
6	江苏省农业科学院	238
7	江苏省农业科学院经济作物研究所	225
8	江苏省农业科学院畜牧研究所	216
9	江苏省农业科学院种质资源与生物技术研究所	201
10	江苏省农业科学院蔬菜研究所	194
11	江苏省农业科学院农产品质量安全与营养研究所	184

注：“江苏省农业科学院”发文包括作者单位只标注为“江苏省农业科学院”、院属实验室等。

2.3 高发文期刊 TOP10

2013—2022 年江苏省农业科学院高发文北大中文核心期刊 TOP10 见表 2-3，2013—2022 年江苏省农业科学院高发文 CSCD 期刊 TOP10 见表 2-4。

表 2-3 2013—2022 年江苏省农业科学院高发文期刊（北大中文核心）TOP10 单位：篇

排序	期刊名称	发文量	排序	期刊名称	发文量
1	江苏农业科学	1 692	6	华北农学报	132
2	江苏农业学报	948	7	中国农业科学	125
3	食品科学	185	8	作物学报	98
4	西南农业学报	163	9	麦类作物学报	97
5	食品工业科技	135	10	核农学报	90

表 2-4 2013—2022 年江苏省农业科学院高发文期刊（CSCD）TOP10 单位：篇

排序	期刊名称	发文量	排序	期刊名称	发文量
1	江苏农业学报	909	6	农业环境科学学报	94
2	西南农业学报	155	7	作物学报	92
3	食品科学	153	8	核农学报	90
4	中国农业科学	115	9	麦类作物学报	81
5	华北农学报	100	10	南京农业大学学报	81

2.4 合作发文机构 TOP10

2013—2022 年江苏省农业科学院北大中文核心期刊合作发文机构 TOP10 见表 2-5，2013—2022 年江苏省农业科学院 CSCD 期刊合作发文机构 TOP10 见表 2-6。

表 2-5 2013—2022 年江苏省农业科学院北大中文核心期刊合作发文机构 TOP10 单位：篇

排序	合作发文机构	发文量	排序	合作发文机构	发文量
1	南京农业大学	979	6	南京林业大学	108
2	扬州大学	319	7	中国科学院	104
3	中国农业科学院	197	8	南京师范大学	93
4	徐州工程学院	161	9	江苏大学	83
5	国家水稻改良中心	112	10	江苏省现代作物生产协同创新中心	61

表 2-6　2013—2022 年江苏省农业科学院 CSCD 期刊合作发文机构 TOP10　　单位：篇

排序	合作发文机构	发文量	排序	合作发文机构	发文量
1	南京农业大学	679	6	南京师范大学	65
2	扬州大学	204	7	南京林业大学	65
3	中国农业科学院	125	8	国家水稻改良中心	60
4	中国科学院	82	9	南京信息工程大学	34
5	江苏大学	75	10	中国农业大学	30

江西省农业科学院

1 英文期刊论文分析

分析数据来源于科学引文索引数据库（Web of Science，WOS）收录的文献类型为期刊论文（Article）、会议论文（Proceedings Paper）和述评（Review）的 Science Citation Index Expanded（SCIE）论文数据，数据时间范围为2013—2022 年，共检索到江西省农业科学院作者发表的论文 611 篇。

1.1 发文量

2013—2022 年江西省农业科学院历年 SCI 发文与被引情况见表 1-1，江西省农业科学院英文文献历年发文趋势（2013—2022 年）见图 1-1。

表 1-1 2013—2022 年江西省农业科学院历年 SCI 发文与被引情况

出版年	发文量（篇）	WOS 所有数据库总被引频次	WOS 核心库被引频次
2013	31	845	707
2013	37	918	771
2014	39	1 073	959
2015	44	643	566
2016	51	1 024	896
2017	53	893	791
2018	59	802	717
2019	72	729	662
2020	93	318	306
2022	132	122	118

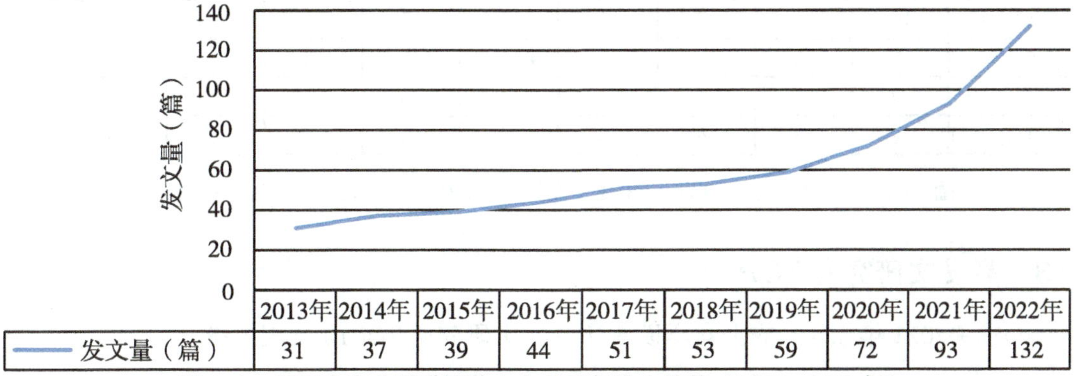

图 1-1 江西省农业科学院英文文献历年发文趋势（2013—2022 年）

1.2 发文期刊 JCR 分区

2013—2022 年江西省农业科学院 SCI 发文期刊 WOSJCR 分区情况见表 1-2，江西省农业科学院 SCI 发文期刊 WOSJCR 分区趋势（2013—2022 年）见图 1-2。

表 1-2 2013—2022 年江西省农业科学院 SCI 发文期刊 WOSJCR 分区情况 单位：篇

出版年	Q1 区发文量	Q2 区发文量	Q3 区发文量	Q4 区发文量	其他发文量
2013	10	10	7	2	2
2014	11	13	6	1	6
2015	13	7	7	8	4
2016	14	13	8	5	4
2017	24	17	4	4	2
2018	26	15	6	6	0
2019	26	21	5	2	5
2020	37	16	3	5	10
2021	44	28	9	7	5
2022	89	29	9	3	2

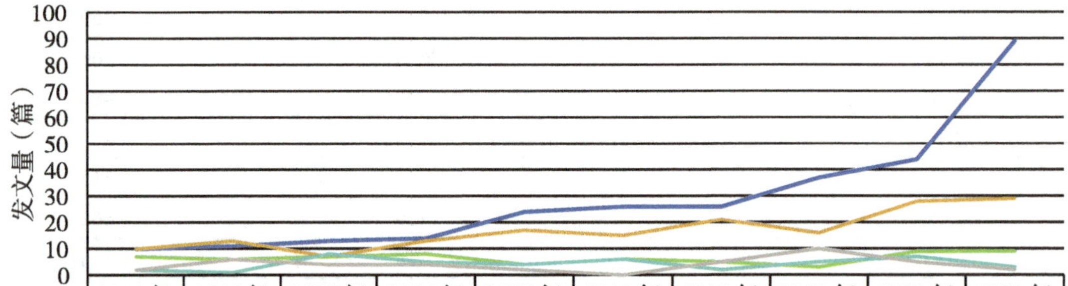

	2013 年	2014 年	2015 年	2016 年	2017 年	2018 年	2019 年	2020 年	2021 年	2022 年
Q1（篇）	10	11	13	14	24	26	26	37	44	89
Q2（篇）	10	13	7	13	17	15	21	16	28	29
Q3（篇）	7	6	7	8	4	6	5	3	9	9
Q4（篇）	2	1	8	5	4	6	2	5	7	3
其他（篇）	2	6	4	4	2	0	5	10	5	2

图 1-2 江西省农业科学院 SCI 发文期刊 WOSJCR 分区趋势（2013—2022 年）

1.3 高发文研究所 TOP10

2013—2022 年江西省农业科学院 SCI 高发文研究所 TOP10 见表 1-3。

表 1-3　2013—2022 年江西省农业科学院 SCI 高发文研究所 TOP10　　单位：篇

排序	研究所	发文量
1	江西省农业科学院土壤肥料与资源环境研究所	167
2	江西省农业科学院畜牧兽医研究所	61
3	江西省农业科学院水稻研究所	59
4	江西省农业科学院农产品质量安全与标准研究所	56
5	江西省农业科学院植物保护研究所	43
6	江西省农业科学院农业微生物研究所	26
7	江西省农业科学院园艺研究所	18
8	江西省农业科学院作物研究所	17
9	江西省农业科学院农业工程研究所	12
10	江西省农业科学院江西省超级水稻研究发展中心	9

1.4　高发文期刊 TOP10

2013—2022 年江西省农业科学院 SCI 高发文期刊 TOP10 见表 1-4。

表 1-4　2013—2022 年江西省农业科学院 SCI 发文期刊 TOP10

排序	期刊名称	发文量（篇）	WOS 所有数据库总被引频次	WOS 核心库被引频次	期刊影响因子（最近年度）
1	JOURNAL OF INTEGRATIVE AGRICULTURE	19	93	72	4.8（2022）
2	PLOS ONE	18	287	250	3.7（2022）
3	FRONTIERS IN PLANT SCIENCE	17	180	161	5.6（2022）
4	FOOD CHEMISTRY	13	270	253	8.8（2022）
5	JOURNAL OF SOILS AND SEDIMENTS	13	190	168	3.6（2022）
6	SOIL & TILLAGE RESEARCH	11	120	112	6.5（2022）
7	SCIENTIFIC REPORTS	9	209	189	4.6（2022）
8	AGRICULTURE ECOSYSTEMS & ENVIRONMENT	9	97	86	6.6（2022）
9	INTERNATIONAL JOURNAL OF MOLECULAR SCIENCES	9	54	52	5.6（2022）
10	FRONTIERS IN MICROBIOLOGY	7	24	22	5.2（2022）

1.5 合作发文国家与地区 TOP10

2013—2022 年江西省农业科学院 SCI 合作发文国家与地区（合作发文 1 篇以上）TOP10 见表 1-5。

表 1-5 2013—2022 年江西省农业科学院 SCI 合作发文国家与地区 TOP10

排序	国家与地区	合作发文量（篇）	WOS 所有数据库总被引频次	WOS 核心库被引频次
1	美国	49	1 001	861
2	德国	17	408	375
3	英格兰	15	222	186
4	荷兰	10	186	169
5	澳大利亚	8	137	134
6	苏格兰	8	82	74
7	巴基斯坦	7	319	266
8	日本	7	181	165
9	比利时	7	26	25
10	加拿大	5	68	67

1.6 合作发文机构 TOP10

2013—2022 年江西省农业科学院 SCI 合作发文机构 TOP10 见表 1-6。

表 1-6 2013—2022 年江西省农业科学院 SCI 合作发文机构 TOP10

排序	合作发文机构	发文量（篇）	WOS 所有数据库总被引频次	WOS 核心库被引频次
1	中国农业科学院	143	258	230
2	中国科学院	79	254	238
3	华中农业大学	64	204	178
4	江西农业大学	62	122	108
5	南京农业大学	50	118	99
6	南昌大学	36	210	185
7	中国科学院大学	33	27	26
8	江西师范大学	31	135	105
9	浙江大学	24	104	100
10	中国国家水稻研究所	17	37	28

1.7 高频词 TOP20

2013—2022 年江西省农业科学院 SCI 发文高频词（作者关键词）TOP20 见表 1-7。

表 1-7　2013—2022 年江西省农业科学院 SCI 发文高频词（作者关键词）TOP20

排序	关键词（作者关键词）	频次	排序	关键词（作者关键词）	频次
1	Rice	21	11	Common wild rice	6
2	Long-term fertilization	16	12	Ovalbumin	6
3	Paddy soil	11	13	Manure	6
4	Chilosuppressalis	9	14	Brassica napus	5
5	Dongxiang wild rice	9	15	Growth	5
6	China	7	16	Quantitative trait locus	5
7	Grain yield	7	17	Resistance	5
8	Glycation	6	18	Green manure	5
9	Soil organic carbon	6	19	Food security	5
10	Soybean	6	20	Peanut	5

2　中文期刊论文分析

2013—2022 年，江西省农业科学院作者共发表北大中文核心期刊论文 1 144篇，中国科学引文数据库（CSCD）期刊论文 769 篇。

2.1　发文量

江西省农业科学院中文文献历年发文趋势（2013—2022 年）见图 2-1。

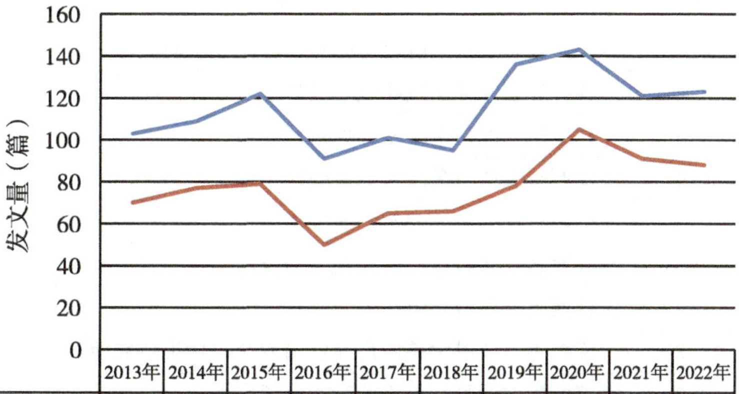

	2013年	2014年	2015年	2016年	2017年	2018年	2019年	2020年	2021年	2022年
北大中文核心期刊—发文量（篇）	103	109	122	91	101	95	136	143	121	123
CSCD期刊—发文量（篇）	70	77	79	50	65	66	78	105	91	88

图 2-1　江西省农业科学院中文文献历年发文趋势（2013—2022 年）

2.2 高发文研究所 TOP10

2013—2022 年江西省农业科学院北大中文核心期刊高发文研究所 TOP10 见表 2-1，2013—2022 年江西省农业科学院中国科学引文数据库（CSCD）期刊高发文研究所 TOP10 见表 2-2。

表 2-1　2013—2022 年江西省农业科学院北大中文核心期刊高发文研究所 TOP10　单位：篇

排序	研究所	发文量
1	江西省农业科学院土壤肥料与资源环境研究所	289
2	江西省农业科学院畜牧兽医研究所	136
3	江西省农业科学院	125
4	江西省农业科学院水稻研究所	105
5	江西省农业科学院植物保护研究所	88
6	江西省农业科学院作物研究所	87
7	江西省农业科学院蔬菜花卉研究所	79
8	江西省农业科学院农业工程研究所	78
9	江西省农业科学院农产品质量安全与标准研究所	66
10	江西省农业科学院农业经济与信息研究所	49
11	江西省农业科学院农业微生物研究所	37

注：“江西省农业科学院”发文包括作者单位只标注为“江西省农业科学院”、院属实验室等。

表 2-2　2013—2022 年江西省农业科学院 CSCD 期刊高发文研究所 TOP10　单位：篇

排序	研究所	发文量
1	江西省农业科学院土壤肥料与资源环境研究所	179
2	江西省农业科学院畜牧兽医研究所	95
3	江西省农业科学院植物保护研究所	90
4	江西省农业科学院水稻研究所	83
5	江西省农业科学院作物研究所	71
6	江西省农业科学院蔬菜花卉研究所	67
7	江西省农业科学院	57
8	江西省农业科学院农产品质量安全与标准研究所	44
9	江西省农业科学院农业微生物研究所	38
10	江西省农业科学院农业工程研究所	35
11	江西省农业科学院农业经济与信息研究所	29

注：“江西省农业科学院”发文包括作者单位只标注为“江西省农业科学院”、院属实验室等。

2.3 高发文期刊 TOP10

2013—2022 年江西省农业科学院高发文北大中文核心期刊 TOP10 见表 2-3，2013—2022 年江西省农业科学院高发文 CSCD 期刊 TOP10 见表 2-4。

表 2-3 2013—2022 年江西省农业科学院高发文期刊（北大中文核心）TOP10 单位：篇

排序	期刊名称	发文量	排序	期刊名称	发文量
1	江西农业大学学报	94	6	中国油料作物学报	27
2	杂交水稻	42	7	分子植物育种	27
3	植物营养与肥料学报	32	8	植物遗传资源学报	25
4	动物营养学报	29	9	南方农业学报	24
5	中国土壤与肥料	27	10	园艺学报	22

表 2-4 2013—2022 年江西省农业科学院高发文期刊（CSCD）TOP10 单位：篇

排序	期刊名称	发文量	排序	期刊名称	发文量
1	江西农业大学学报	87	6	植物遗传资源学报	26
2	杂交水稻	35	7	植物营养与肥料学报	25
3	动物营养学报	29	8	中国土壤与肥料	23
4	南方农业学报	27	9	植物保护学报	18
5	中国油料作物学报	27	10	农业工程学报	16

2.4 合作发文机构 TOP10

2013—2022 年江西省农业科学院北大中文核心期刊合作发文机构 TOP10 见表 2-5，2013—2022 年江西省农业科学院 CSCD 期刊合作发文机构 TOP10 见表 2-6。

表 2-5 2013—2022 年江西省农业科学院北大中文核心期刊合作发文机构 TOP10 单位：篇

排序	合作发文机构	发文量	排序	合作发文机构	发文量
1	江西农业大学	106	6	南京农业大学	24
2	中国农业科学院	96	7	江西省超级水稻研究发展中心	23
3	江西省红壤研究所	84	8	南昌大学	23
4	中国科学院	54	9	华中农业大学	23
5	扬州大学	27	10	湖南农业大学	16

表 2-6　2013—2022 年江西省农业科学院 CSCD 期刊合作发文机构 TOP10　　单位：篇

排序	合作发文机构	发文量	排序	合作发文机构	发文量
1	江西农业大学	74	6	湖南农业大学	15
2	中国农业科学院	68	7	江西省超级水稻研究发展中心	14
3	中国科学院	24	8	江西省红壤研究所	14
4	南昌大学	21	9	浙江大学	12
5	华中农业大学	17	10	南京农业大学	11

辽宁省农业科学院

1　英文期刊论文分析

分析数据来源于科学引文索引数据库（Web of Science，WOS）收录的文献类型为期刊论文（Article）、会议论文（Proceedings Paper）和述评（Review）的 Science Citation Index Expanded（SCIE）论文数据，数据时间范围为2013—2022 年，共检索到辽宁省农业科学院作者发表的论文 518 篇。

1.1　发文量

2013—2022 年辽宁省农业科学院历年 SCI 发文与被引情况见表 1-1，辽宁省农业科学院英文文献历年发文趋势（2013—2022 年）见图 1-1。

表 1-1　2013—2022 年辽宁省农业科学院历年 SCI 发文与被引情况

出版年	发文量（篇）	WOS 所有数据库总被引频次	WOS 核心库被引频次
2013	25	716	585
2014	32	740	626
2015	30	612	538
2016	33	457	386
2017	40	634	574
2018	27	437	388
2019	57	650	597
2020	71	724	665
2021	96	379	356
2022	107	81	79

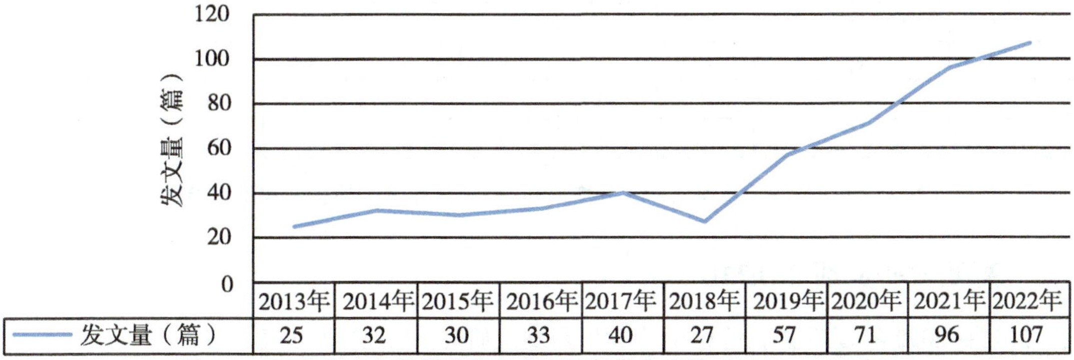

图 1-1　辽宁省农业科学院英文文献历年发文趋势（2013—2022 年）

1.2 发文期刊 JCR 分区

2013—2022 年辽宁省农业科学院 SCI 发文期刊 WOSJCR 分区情况见表 1-2，辽宁省农业科学院 SCI 发文期刊 WOSJCR 分区趋势（2013—2022 年）见图 1-2。

表 1-2 2013—2022 年辽宁省农业科学院 SCI 发文期刊 WOSJCR 分区情况 单位：篇

出版年	Q1 区发文量	Q2 区发文量	Q3 区发文量	Q4 区发文量	其他发文量
2013	7	6	3	3	6
2014	11	9	3	4	5
2015	9	5	6	3	7
2016	8	8	4	10	3
2017	16	9	9	6	0
2018	13	5	4	5	0
2019	20	22	6	3	6
2020	30	18	12	4	7
2021	47	20	8	10	9
2022	57	33	8	6	3

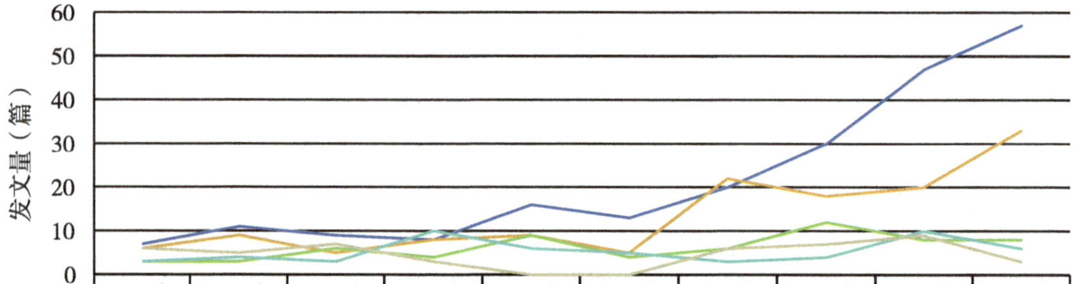

	2013 年	2014 年	2015 年	2016 年	2017 年	2018 年	2019 年	2020 年	2021 年	2022 年
Q1（篇）	7	11	9	8	16	13	20	30	47	57
Q2（篇）	6	9	5	8	9	5	22	18	20	33
Q3（篇）	3	3	6	4	9	4	6	12	8	8
Q4（篇）	3	4	3	10	6	5	3	4	10	6
其他（篇）	6	5	7	3	0	0	6	7	9	3

图 1-2 辽宁省农业科学院 SCI 发文期刊 WOSJCR 分区趋势（2013—2022 年）

1.3 高发文研究所 TOP10

2013—2022 年辽宁省农业科学院 SCI 高发文研究所 TOP10 见表 1-3。

表 1-3　2013—2022 年辽宁省农业科学院 SCI 高发文研究所 TOP10　　单位：篇

排序	研究所	发文量
1	辽宁省农业科学院植物保护研究所	51
2	辽宁省林业科学研究院	48
3	辽宁省农业科学院耕作栽培研究所	32
4	辽宁省农业科学院植物营养与环境资源研究所	29
5	辽宁省农业科学院花卉研究所	24
6	辽宁省经济作物研究所	19
6	辽宁省沙地治理与利用研究所	19
6	辽宁省水稻研究所	19
7	辽宁省农业科学院蔬菜研究所	18
7	辽宁省农业科学院食品与加工研究所	18
8	辽宁省农业科学院作物研究所	16
9	辽宁省农业科学院大连生物技术研究所	14
10	辽宁省农业科学院玉米研究所	10

1.4　高发文期刊 TOP10

2013—2022 年辽宁省农业科学院 SCI 高发文期刊 TOP10 见表 1-4。

表 1-4　2013—2022 年辽宁省农业科学院 SCI 发文期刊 TOP10

排序	期刊名称	发文量（篇）	WOS 所有数据库总被引频次	WOS 核心库被引频次	期刊影响因子（最近年度）
1	PLOS ONE	20	404	350	3.7（2022）
2	FRONTIERS IN PLANT SCIENCE	18	93	80	5.6（2022）
3	SCIENTIFIC REPORTS	15	98	92	4.6（2022）
4	SCIENTIA HORTICULTURAE	9	120	105	4.3（2022）
5	PLANT DISEASE	9	33	31	4.5（2022）
6	MITOCHONDRIAL DNA PART B-RESOURCES	8	4	3	0.5（2022）
7	JOURNAL OF INTEGRATIVE AGRICULTURE	7	132	116	4.8（2022）
8	FORESTS	7	58	53	2.9（2022）
9	AGRONOMY-BASEL	7	33	33	3.7（2022）
10	PAKISTAN JOURNAL OF BOTANY	7	20	18	1.2（2022）

1.5 合作发文国家与地区 TOP10

2013—2022 年辽宁省农业科学院 SCI 合作发文国家与地区（合作发文 1 篇以上）TOP10 见表 1-5。

表 1-5 2013—2022 年辽宁省农业科学院 SCI 合作发文国家与地区 TOP10

排序	国家与地区	合作发文量（篇）	WOS 所有数据库总被引频次	WOS 核心库被引频次
1	美国	44	676	590
2	澳大利亚	20	317	279
3	荷兰	14	184	161
4	巴基斯坦	11	39	36
5	瑞典	10	81	71
6	加拿大	7	270	234
7	菲律宾	6	225	194
8	意大利	6	93	87
9	波兰	5	45	40
10	韩国	5	23	21

1.6 合作发文机构 TOP10

2013—2022 年辽宁省农业科学院 SCI 合作发文机构 TOP10 见表 1-6。

表 1-6 2013—2022 年辽宁省农业科学院 SCI 合作发文机构 TOP10

排序	合作发文机构	发文量（篇）	WOS 所有数据库总被引频次	WOS 核心库被引频次
1	沈阳农业大学	210	415	372
2	中国科学院	71	516	464
3	中国农业科学院	61	390	330
4	中国农业大学	44	251	220
5	辽宁省林业科学院	31	409	371
6	中国科学院大学	26	153	145
7	辽宁大学	17	366	335
8	黑龙江省农业科学院	15	9	9
9	辽宁工业大学	14	83	76
10	大连理工大学	13	59	55

1.7 高频词 TOP20

2013—2022 年辽宁省农业科学院 SCI 发文高频词（作者关键词）TOP20 见表 1-7。

表 1-7　2013—2022 年辽宁省农业科学院 SCI 发文高频词（作者关键词）TOP20

排序	关键词（作者关键词）	频次	排序	关键词（作者关键词）	频次
1	Rice	14	11	Transcriptome	6
2	Maize	10	12	Apple	5
3	Genetic diversity	8	13	Gene expression	5
4	Photosynthesis	8	14	Yield	5
5	Grain yield	7	15	Tomato	5
6	Peanut	7	16	Soybean	5
7	Sorghum	7	17	Metabolism	5
8	Apostichopus japonicus	6	18	Defense	5
9	Population structure	6	19	Drought stress	5
10	Antheraeapernyi	6	20	Resistance	4

2　中文期刊论文分析

2013—2022 年，辽宁省农业科学院作者共发表北大中文核心期刊论文 2 449篇，中国科学引文数据库（CSCD）期刊论文 990 篇。

2.1　发文量

辽宁省农业科学院中文文献历年发文趋势（2013—2022 年）见图 2-1。

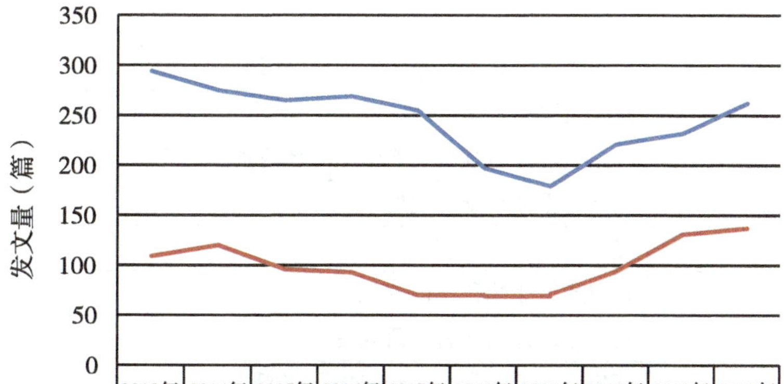

	2013年	2014年	2015年	2016年	2017年	2018年	2019年	2020年	2021年	2022年
北大中文核心期刊—发文量（篇）	294	275	265	269	255	197	179	221	232	262
CSCD期刊—发文量（篇）	109	120	96	93	70	69	71	94	131	137

图 2-1　辽宁省农业科学院中文文献历年发文趋势（2013—2022 年）

2.2 高发文研究所 TOP10

2013—2022年辽宁省农业科学院北大中文核心期刊高发文研究所TOP10见表2-1，2013—2022年辽宁省农业科学院中国科学引文数据库（CSCD）期刊高发文研究所TOP10见表2-2。

表 2-1 2013—2022年辽宁省农业科学院北大中文核心期刊高发文研究所 TOP10 单位：篇

排序	研究所	发文量
1	辽宁省海洋水产科学研究院	334
2	辽宁省果树科学研究所	217
3	辽宁省农业科学院	212
4	辽宁省农业科学院植物保护研究所	159
5	辽宁省林业科学研究院	119
5	辽宁省盐碱地利用研究所	119
6	辽宁省农业科学院植物营养与环境资源研究所	116
7	辽宁省沙地治理与利用研究所	99
8	辽宁省水稻研究所	90
9	辽宁省农业科学院玉米研究所	77
10	辽宁省农业科学院耕作栽培研究所	73
11	辽宁省经济作物研究所	72

注："辽宁省农业科学院"发文包括作者单位只标注为"辽宁省农业科学院"、院属实验室等。

表 2-2 2013—2022年辽宁省农业科学院 CSCD 期刊高发文研究所 TOP10 单位：篇

排序	研究所	发文量
1	辽宁省农业科学院植物保护研究所	114
2	辽宁省果树科学研究所	106
3	辽宁省农业科学院植物营养与环境资源研究所	81
4	辽宁省蚕业科学研究所	72
5	辽宁省农业科学院	65
6	辽宁省微生物科学研究院	61
7	辽宁省海洋水产科学研究院	58
8	辽宁省农业科学院耕作栽培研究所	50
9	辽宁省沙地治理与利用研究所	49
9	辽宁省水稻研究所	49
10	辽宁省农业科学院玉米研究所	40
11	辽宁省农业科学院高粱研究所	38

注："辽宁省农业科学院"发文包括作者单位只标注为"辽宁省农业科学院"、院属实验室等。

2.3 高发文期刊 TOP10

2013—2022 年辽宁省农业科学院高发文北大中文核心期刊 TOP10 见表 2-3，2013—2022 年辽宁省农业科学院高发文 CSCD 期刊 TOP10 见表 2-4。

表 2-3 2013—2022 年辽宁省农业科学院高发文期刊（北大中文核心）TOP10 单位：篇

排序	期刊名称	发文量	排序	期刊名称	发文量
1	北方园艺	169	6	蚕业科学	89
2	农业经济	154	7	中国果树	58
3	江苏农业科学	145	8	玉米科学	54
4	水产科学	125	9	果树学报	50
5	沈阳农业大学学报	98	10	作物杂志	45

表 2-4 2013—2022 年辽宁省农业科学院高发文期刊（CSCD）TOP10 单位：篇

排序	期刊名称	发文量	排序	期刊名称	发文量
1	蚕业科学	87	6	中国农业科学	41
2	沈阳农业大学学报	78	7	杂交水稻	26
3	玉米科学	56	8	中国土壤与肥料	26
4	微生物学杂志	48	9	西南农业学报	22
5	果树学报	43	10	大豆科学	22

2.4 合作发文机构 TOP10

2013—2022 年辽宁省农业科学院北大中文核心期刊合作发文机构 TOP10 见表 2-5，2013—2022 年辽宁省农业科学院 CSCD 期刊合作发文机构 TOP10 见表 2-6。

表 2-5 2013—2022 年辽宁省农业科学院北大中文核心期刊合作发文机构 TOP10 单位：篇

排序	合作发文机构	发文量	排序	合作发文机构	发文量
1	沈阳农业大学	327	6	中国农业大学	28
2	中国农业科学院	76	7	东北林业大学	24
3	辽宁工程技术大学	58	8	中国海洋大学	22
4	大连海洋大学	53	9	大连市水产研究所	16
5	中国科学院	39	10	国家海洋环境监测中心	15

表 2-6　2013—2022 年辽宁省农业科学院 CSCD 期刊合作发文机构 TOP10　单位：篇

排序	合作发文机构	发文量	排序	合作发文机构	发文量
1	沈阳农业大学	190	6	大连海洋大学	13
2	中国农业科学院	39	7	黑龙江省农业科学院	11
3	辽宁工程技术大学	38	8	吉林省农业科学院	8
4	中国科学院	26	9	中国林业科学研究院林业研究所	7
5	中国农业大学	23	10	吉林农业大学	7

内蒙古自治区农牧业科学院

1 英文期刊论文分析

分析数据来源于科学引文索引数据库（Web of Science，WOS）收录的文献类型为期刊论文（Article）、会议论文（Proceedings Paper）和述评（Review）的 Science Citation Index Expanded（SCIE）论文数据，数据时间范围为2013—2022 年，共检索到内蒙古自治区农牧业科学院作者发表的论文 327 篇。

1.1 发文量

2013—2022 年内蒙古自治区农牧业科学院历年 SCI 发文与被引情况见表 1-1，内蒙古自治区农牧业科学院英文文献历年发文趋势（2013—2022 年）见图 1-1。

表 1-1 2013—2022 年内蒙古自治区农牧业科学院历年 SCI 发文与被引情况

出版年	发文量（篇）	WOS 所有数据库总被引频次	WOS 核心库被引频次
2013	9	204	166
2014	16	230	199
2015	15	298	263
2016	25	426	356
2017	17	272	251
2018	24	537	476
2019	28	241	214
2020	40	290	272
2021	50	129	123
2022	103	40	40

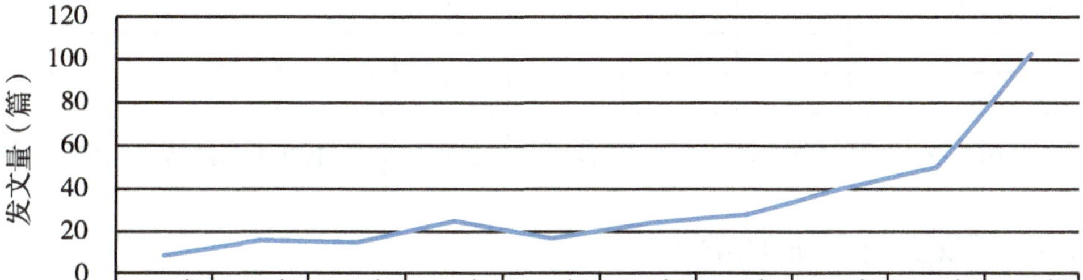

	2013年	2014年	2015年	2016年	2017年	2018年	2019年	2020年	2021年	2022年
发文量（篇）	9	16	15	25	17	24	28	40	50	103

图 1-1 内蒙古自治区农牧业科学院英文文献历年发文趋势（2013—2022 年）

1.2 发文期刊 JCR 分区

2013—2022 年内蒙古自治区农牧业科学院 SCI 发文期刊 WOSJCR 分区情况见表 1-2，内蒙古自治区农牧业科学院 SCI 发文期刊 WOSJCR 分区趋势（2013—2022 年）见图 1-2。

表 1-2　2013—2022 年内蒙古自治区农牧业科学院 SCI 发文期刊 WOSJCR 分区情况 单位：篇

出版年	Q1 区发文量	Q2 区发文量	Q3 区发文量	Q4 区发文量	其他发文量
2013	1	2	6	0	0
2014	1	8	4	1	2
2015	6	2	4	3	0
2016	7	8	7	1	2
2017	5	7	4	1	0
2018	7	10	6	0	1
2019	10	8	5	4	1
2020	12	11	7	4	6
2021	22	8	6	4	10
2022	56	37	7	2	1

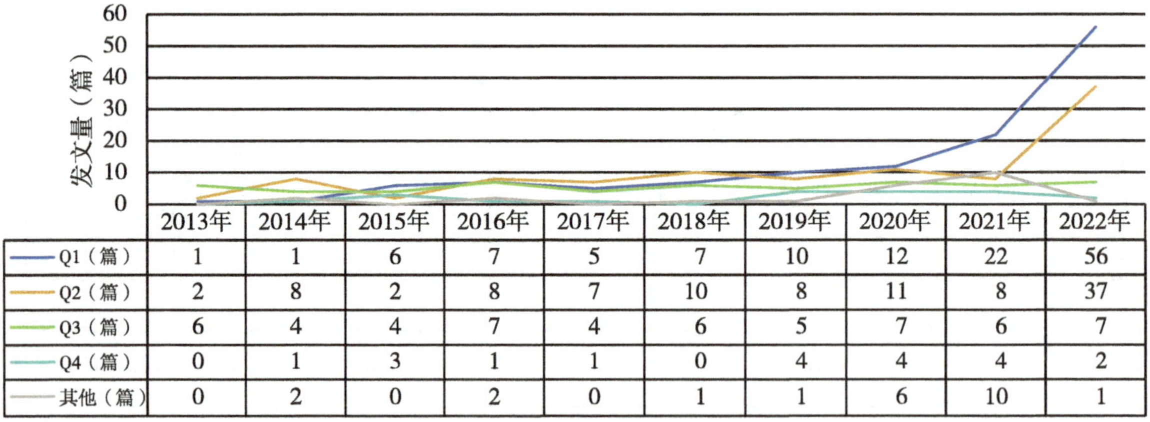

图 1-2　内蒙古自治区农牧业科学院 SCI 发文期刊 WOSJCR 分区趋势（2013—2022 年）

1.3 高发文研究所 TOP10

2013—2022 年内蒙古自治区农牧业科学院 SCI 高发文研究所 TOP10 见表 1-3。

表 1-3　2013—2022 年内蒙古自治区农牧业科学院 SCI 高发文研究所 TOP10　单位：篇

排序	研究所	发文量
1	内蒙古自治区农牧业科学院动物营养与饲料研究所	37
2	中国科学院内蒙古草业研究中心	19
3	内蒙古自治区农牧业科学院资源环境与检测技术研究所	13
4	内蒙古自治区农牧业科学院生物技术研究中心	11
5	内蒙古自治区农牧业科学院植物保护研究所	10
6	内蒙古自治区农牧业科学院兽医研究所	8
7	内蒙古自治区农牧业科学院农牧业经济与信息研究所	3
8	内蒙古自治区农牧业科学院草原研究所	2
9	内蒙古自治区农牧业科学院赤峰分院	1

注：全部发文研究所数量不足 10 个。

1.4　高发文期刊 TOP10

2013—2022 年内蒙古自治区农牧业科学院 SCI 高发文期刊 TOP10 见表 1-4。

表 1-4　2013—2022 年内蒙古自治区农牧业科学院 SCI 发文期刊 TOP10

排序	期刊名称	发文量（篇）	WOS 所有数据库总被引频次	WOS 核心库被引频次	期刊影响因子（最近年度）
1	FRONTIERS IN MICROBIOLOGY	13	25	23	5.2（2022）
2	JOURNAL OF DAIRY SCIENCE	8	120	107	3.5（2022）
3	ANIMALS	8	1	1	3.0（2022）
4	FRONTIERS IN PLANT SCIENCE	7	151	143	5.6（2022）
5	SCIENTIFIC REPORTS	7	120	102	4.6（2022）
6	JOURNAL OF INTEGRATIVE AGRICULTURE	7	69	57	4.8（2022）
7	PLOS ONE	6	52	45	3.7（2022）
8	AGRICULTURE-BASEL	6	9	9	3.6（2022）
9	BMC GENOMICS	5	124	108	4.4（2022）
10	GENETICS AND MOLECULAR RESERCH	5	29	26	0.4（2022）

1.5　合作发文国家与地区 TOP10

2013—2022 年内蒙古自治区农牧业科学院 SCI 合作发文国家与地区（合作发文 1 篇

以上）TOP10 见表 1-5。

表 1-5　2013—2022 年内蒙古自治区农牧业科学院 SCI 合作发文国家与地区 TOP10

排序	国家与地区	合作发文量（篇）	WOS 所有数据库总被引频次	WOS 核心库被引频次
1	美国	36	438	392
2	澳大利亚	14	158	150
3	加拿大	10	421	379
4	日本	8	157	149
5	荷兰	5	63	51
6	意大利	5	10	8
7	苏格兰	3	53	48
8	德国	3	32	30
9	韩国	3	9	9
10	巴西	3	3	3

1.6　合作发文机构 TOP10

2013—2022 年内蒙古自治区农牧业科学院 SCI 合作发文机构 TOP10 见表 1-6。

表 1-6　2013—2022 年内蒙古自治区农牧业科学院 SCI 合作发文机构 TOP10

排序	合作发文机构	发文量（篇）	WOS 所有数据库总被引频次	WOS 核心库被引频次
1	内蒙古农业大学	116	82	78
2	内蒙古大学	55	46	42
3	中国农业科学院	47	83	71
4	中国农业大学	30	51	46
5	中国科学院大学	20	20	18
6	内蒙古医科大学	20	12	11
7	中华人民共和国农业农村部	17	28	24
8	浙江大学	12	11	11
9	沈阳农业大学	11	17	16
10	西澳大利亚大学	10	17	15

1.7　高频词 TOP20

2013—2022 年内蒙古自治区农牧业科学院 SCI 发文高频词（作者关键词）TOP20 见

表 1-7。

表 1-7　2013—2022 年内蒙古自治区农牧业科学院 SCI 发文高频词（作者关键词）TOP20

排序	关键词（作者关键词）	频次	排序	关键词（作者关键词）	频次
1	Fermentation quality	9	11	Silage	5
2	RNA-seq	9	12	Drought stress	5
3	Cashmere goat	9	13	Lactation	4
4	Potato	7	14	Bacterial community	4
5	Oxidative stress	7	15	Melatonin	4
6	Sheep	6	16	Gene expression	4
7	Climate change	5	17	Hair follicle	4
8	Sunflower	5	18	Lactic acid bacteria	4
9	Introns	5	19	High-throughput sequencing	4
10	Wheat	5	20	Optimal matched segments	4

2　中文期刊论文分析

2013—2022 年，内蒙古自治区农牧业科学院作者共发表北大中文核心期刊论文 1 209 篇，中国科学引文数据库（CSCD）期刊论文 551 篇。

2.1　发文量

内蒙古自治区农牧业科学院中文文献历年发文趋势（2013—2022 年）见图 2-1。

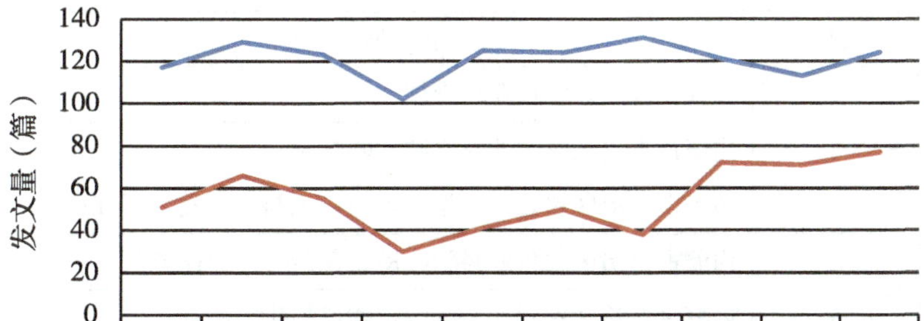

	2013年	2014年	2015年	2016年	2017年	2018年	2019年	2020年	2021年	2022年
北大中文核心期刊—发文量（篇）	117	129	123	102	125	124	131	121	113	124
CSCD期刊—发文量（篇）	51	66	55	30	41	50	38	72	71	77

图 2-1　内蒙古自治区农牧业科学院中文文献历年发文趋势（2013—2022 年）

2.2 高发文研究所 TOP10

2013—2022 年内蒙古自治区农牧业科学院北大中文核心期刊高发文研究所 TOP10 见表 2-1，2013—2022 年内蒙古自治区农牧业科学院中国科学引文数据库（CSCD）期刊高发文研究所 TOP10 见表 2-2。

表 2-1 2013—2022 年内蒙古自治区农牧业科学院北大中文核心期刊高发文研究所 TOP10

单位：篇

排序	研究所	发文量
1	内蒙古自治区农牧业科学院	588
2	内蒙古自治区农牧业科学院赤峰分院	232
3	内蒙古自治区农牧业科学院资源环境与检测技术研究所	82
4	内蒙古自治区农牧业科学院动物营养与饲料研究所	62
5	巴彦淖尔市农牧业科学研究院	51
6	内蒙古自治区农牧业科学院植物保护研究所	44
7	中国科学院内蒙古草业研究中心	42
8	内蒙古自治区农牧业科学院蔬菜研究所	30
9	内蒙古自治区农牧业科学院畜牧研究所	23
10	内蒙古自治区农牧业科学院兽医研究所	22
10	内蒙古自治区农牧业科学院特色作物研究所	22
11	内蒙古农牧业科学院草原研究所	7

注：“内蒙古自治区农牧业科学院”发文包括作者单位只标注为“内蒙古自治区农牧业科学院”、院属实验室等。

表 2-2 2013—2022 年内蒙古自治区农牧业科学院 CSCD 期刊高发文研究所 TOP10 单位：篇

排序	研究所	发文量
1	内蒙古自治区农牧业科学院	250
2	内蒙古自治区农牧业科学院赤峰分院	61
3	内蒙古自治区农牧业科学院资源环境与检测技术研究所	52
4	内蒙古自治区农牧业科学院动物营养与饲料研究所	45
5	内蒙古自治区农牧业科学院植物保护研究所	38
6	中国科学院内蒙古草业研究中心	27
7	巴彦淖尔市农牧业科学研究院	24
8	内蒙古自治区农牧业科学院畜牧研究所	13
9	内蒙古自治区农牧业科学院蔬菜研究所	11

（续表）

排序	研究所	发文量
10	内蒙古自治区农牧业科学院兽医研究所	10
11	内蒙古自治区农牧业科学院特色作物研究所	9

注："内蒙古自治区农牧业科学院"发文包括作者单位只标注为"内蒙古自治区农牧业科学院"、院属实验室等。

2.3 高发文期刊 TOP10

2013—2022 年内蒙古自治区农牧业科学院高发文北大中文核心期刊 TOP10 见表 2-3，2013—2022 年内蒙古自治区农牧业科学院高发文 CSCD 期刊 TOP10 见表 2-4。

表 2-3 2013—2022 年内蒙古自治区农牧业科学院高发文期刊（北大中文核心）TOP10

单位：篇

排序	期刊名称	发文量	排序	期刊名称	发文量
1	动物营养学报	82	6	中国畜牧兽医	37
2	黑龙江畜牧兽医	73	7	作物杂志	37
3	华北农学报	55	8	饲料工业	37
4	种子	46	9	中国畜牧杂志	36
5	北方园艺	38	10	中国草地学报	35

表 2-4 2013—2022 年内蒙古自治区农牧业科学院高发文期刊（CSCD）TOP10 单位：篇

排序	期刊名称	发文量	排序	期刊名称	发文量
1	动物营养学报	69	6	分子植物育种	13
2	华北农学报	49	7	中国土壤与肥料	13
3	中国草地学报	27	8	草业科学	13
4	草地学报	20	9	中国农业大学学报	12
5	中国油料作物学报	14	10	植物保护	12

2.4 合作发文机构 TOP10

2013—2022 年内蒙古自治区农牧业科学院北大中文核心期刊合作发文机构 TOP10 见表 2-5，2013—2022 年内蒙古自治区农牧业科学院 CSCD 期刊合作发文机构 TOP10 见表 2-6。

表 2-5　2013—2022 年内蒙古自治区农牧业科学院北大中文核心期刊合作发文机构 TOP10

单位：篇

排序	合作发文机构	发文量	排序	合作发文机构	发文量
1	内蒙古农业大学	461	6	内蒙古民族大学	36
2	内蒙古大学	84	7	内蒙古医科大学	14
3	中国农业科学院	80	8	呼伦贝尔学院	13
4	中国农业大学	58	9	宁夏农林科学院	12
5	中国科学院	51	10	内蒙古自治区赤峰市农牧科学研究院	11

表 2-6　2013—2022 年内蒙古自治区农牧业科学院 CSCD 期刊合作发文机构 TOP10 单位：篇

排序	合作发文机构	发文量	排序	合作发文机构	发文量
1	内蒙古农业大学	190	6	内蒙古民族大学	16
2	中国农业科学院	57	7	呼伦贝尔学院	9
3	内蒙古大学	42	8	内蒙古医科大学	8
4	中国科学院	35	9	内蒙古师范大学	7
5	中国农业大学	28	10	呼和浩特民族学院	6

宁夏农林科学院

1 英文期刊论文分析

分析数据来源于科学引文索引数据库（Web of Science，WOS）收录的文献类型为期刊论文（Article）、会议论文（Proceedings Paper）和述评（Review）的 Science Citation Index Expanded（SCIE）论文数据，数据时间范围为 2013—2022 年，共检索到宁夏农林科学院作者发表的论文 342 篇。

1.1 发文量

2013—2022 年宁夏农林科学院历年 SCI 发文与被引情况见表 1-1，宁夏农林科学院英文文献历年发文趋势（2013—2022 年）见图 1-1。

表 1-1 2013—2022 年宁夏农林科学院历年 SCI 发文与被引情况

出版年	发文量（篇）	WOS 所有数据库总被引频次	WOS 核心库被引频次
2013	3	34	28
2014	10	196	166
2015	8	336	295
2016	14	222	192
2017	19	535	467
2018	18	365	343
2019	35	768	712
2020	56	693	657
2021	63	250	249
2022	116	62	62

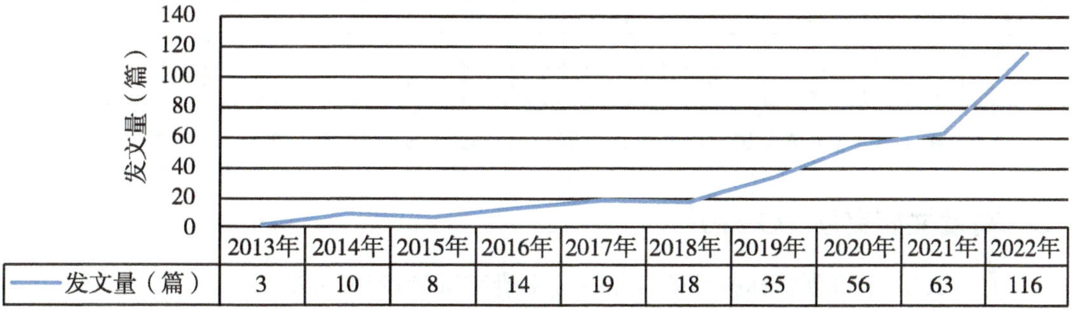

图 1-1 宁夏农林科学院英文文献历年发文趋势（2013—2022 年）

1.2 发文期刊 JCR 分区

2013—2022 年宁夏农林科学院 SCI 发文期刊 WOSJCR 分区情况见表 1-2，宁夏农林科学院 SCI 发文期刊 WOSJCR 分区趋势（2013—2022 年）见图 1-2。

表 1-2 2013—2022 年宁夏农林科学院 SCI 发文期刊 WOSJCR 分区情况 单位：篇

出版年	Q1 区发文量	Q2 区发文量	Q3 区发文量	Q4 区发文量	其他发文量
2013	0	2	0	1	0
2014	5	0	2	1	2
2015	5	1	2	0	0
2016	6	3	4	1	0
2017	13	2	3	1	0
2018	8	7	2	1	0
2019	17	8	6	3	1
2020	29	12	8	2	5
2021	28	12	7	8	8
2022	59	34	13	4	6

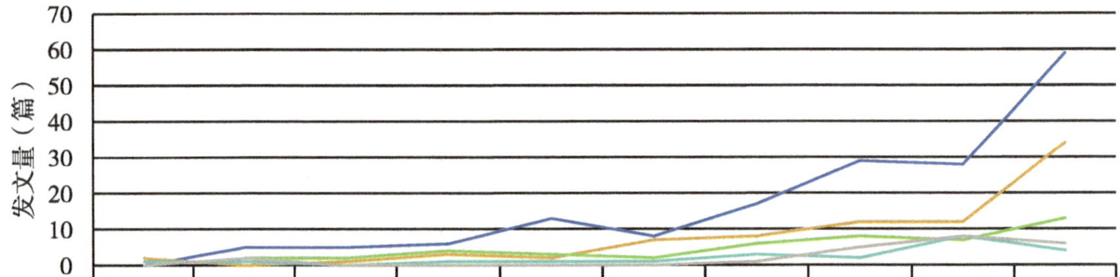

	2013年	2014年	2015年	2016年	2017年	2018年	2019年	2020年	2021年	2022年
Q1（篇）	0	5	5	6	13	8	17	29	28	59
Q2（篇）	2	0	1	3	2	7	8	12	12	34
Q3（篇）	0	2	2	4	3	2	6	8	7	13
Q4（篇）	1	1	0	1	1	1	3	2	8	4
其他（篇）	0	2	0	0	0	0	1	5	8	6

图 1-2 宁夏农林科学院 SCI 发文期刊 WOSJCR 分区趋势（2013—2022 年）

1.3 高发文研究所 TOP10

2013—2022 年宁夏农林科学院 SCI 高发文研究所 TOP10 见表 1-3。

表 1-3　2013—2022 年宁夏农林科学院 SCI 高发文研究所 TOP10　单位：篇

排序	研究所	发文量
1	宁夏农林科学院枸杞工程技术研究所	65
2	宁夏农林科学院动物科学研究所	38
3	宁夏农林科学院农作物研究所	34
4	宁夏农林科学院荒漠化治理研究所	34
5	宁夏农林科学院农业资源与环境研究所	25
6	宁夏农林科学院植物保护研究所	18
7	宁夏农林科学院农业生物技术研究中心	12
8	宁夏农林科学院种质资源研究所	2
9	宁夏农林科学院固原分院	1
9	宁夏农林科学院农业经济与信息技术研究所	1

1.4　高发文期刊 TOP10

2013—2022 年宁夏农林科学院 SCI 高发文期刊 TOP10 见表 1-4。

表 1-4　2013—2022 年宁夏农林科学院 SCI 发文期刊 TOP10

排序	期刊名称	发文量（篇）	WOS 所有数据库总被引频次	WOS 核心库被引频次	期刊影响因子（最近年度）
1	FRONTIERS IN PLANT SCIENCE	14	113	110	5.6（2022）
2	SCIENTIFIC REPORTS	12	219	198	4.6（2022）
3	JOURNAL OF AGRICULTURAL AND FOOD CHEMISTRY	8	183	178	6.1（2022）
4	MOLECULES	8	37	37	4.6（2022）
5	PLOS ONE	7	158	137	3.7（2022）
6	BMC PLANT BIOLOGY	6	43	40	5.3（2022）
7	MOLECULAR BIOLOGY AND EVOLUTION	5	222	206	10.7（2022）
8	JOURNAL OF FUNCTIONAL FOODS	5	159	147	5.6（2022）
9	INTERNATIONAL JOURNAL OF BIOLOGICAL MACROMOLECULES	5	107	103	8.2（2022）
10	SCIENCE OF THE TOTAL ENVIRONMENT	5	24	24	9.8（2022）

1.5 合作发文国家与地区 TOP10

2013—2022 年宁夏农林科学院 SCI 合作发文国家与地区（合作发文 1 篇以上）TOP10 见表 1-5。

表 1-5 2013—2022 年宁夏农林科学院 SCI 合作发文国家与地区 TOP10

排序	国家与地区	合作发文量（篇）	WOS 所有数据库总被引频次	WOS 核心库被引频次
1	美国	13	122	117
2	加拿大	11	216	182
3	巴基斯坦	10	137	125
4	澳大利亚	9	182	171
5	肯尼亚	7	300	278
6	芬兰	7	269	244
7	埃及	7	22	22
8	荷兰	6	156	144
9	埃塞俄比亚	6	95	89
10	新西兰	6	34	30

1.6 合作发文机构 TOP10

2013—2022 年宁夏农林科学院 SCI 合作发文机构 TOP10 见表 1-6。

表 1-6 2013—2022 年宁夏农林科学院 SCI 合作发文机构 TOP10

排序	合作发文机构	发文量（篇）	WOS 所有数据库总被引频次	WOS 核心库被引频次
1	中国农业科学院	65	150	134
2	西北农林科技大学	58	81	75
3	宁夏大学	40	17	16
4	中国科学院	39	147	131
5	南京农业大学	38	528	494
6	中国农业大学	37	83	76
7	宁夏医科大学	31	362	335
8	中国科学院大学	12	45	38
9	甘肃农业大学	10	45	36
10	内蒙古农业大学	9	42	35

1.7 高频词 TOP20

2013—2022 年宁夏农林科学院 SCI 发文高频词（作者关键词）TOP20 见表 1-7。

表 1-7　2013—2022 年宁夏农林科学院 SCI 发文高频词（作者关键词）TOP20

排序	关键词（作者关键词）	频次	排序	关键词（作者关键词）	频次
1	Gut microbiota	10	11	QTL	4
2	Anthocyanins	7	12	Photosynthesis	4
3	*Lycium ruthenicum* Murray	7	13	SNP	4
4	*Lycium barbarum* L	6	14	Diversity	4
5	*Lycium barbarum*	6	15	RNA-seq	4
6	Maize	5	16	*Lycium barbarum* L.	4
7	Polysaccharides	5	17	Wolfberry	4
8	Genetic map	4	18	Community	3
9	Enzyme activity	4	19	Salt tolerance	3
10	Tan sheep	4	20	Fatty acids	3

2　中文期刊论文分析

2013—2022 年，宁夏农林科学院作者共发表北大中文核心期刊论文 1 621 篇，中国科学引文数据库（CSCD）期刊论文 796 篇。

2.1　发文量

宁夏农林科学院中文文献历年发文趋势（2013—2022 年）见图 2-1。

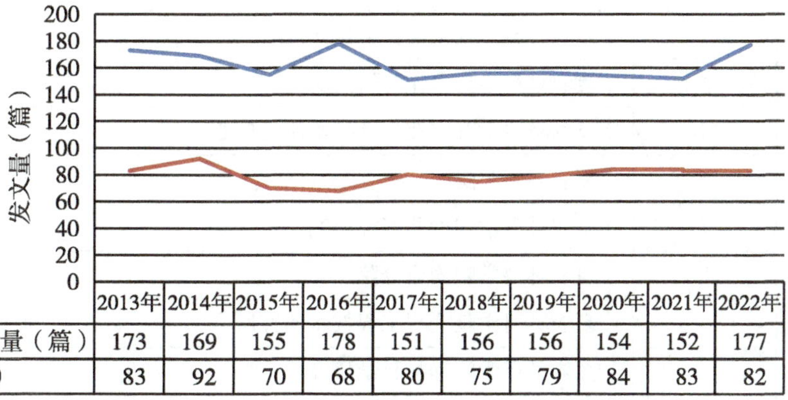

	2013年	2014年	2015年	2016年	2017年	2018年	2019年	2020年	2021年	2022年
北大中文核心期刊—发文量（篇）	173	169	155	178	151	156	156	154	152	177
CSCD期刊—发文量（篇）	83	92	70	68	80	75	79	84	83	82

图 2-1　宁夏农林科学院中文文献历年发文趋势（2013—2022 年）

2.2 高发文研究所 TOP10

2013—2022 年宁夏农林科学院北大中文核心期刊高发文研究所 TOP10 见表 2-1，2013—2022 年宁夏农林科学院中国科学引文数据库（CSCD）期刊高发文研究所 TOP10 见表 2-2。

表 2-1 2013—2022 年宁夏农林科学院北大中文核心期刊高发文研究所 TOP10 单位：篇

排序	研究所	发文量
1	宁夏农林科学院食用菌研究所	601
2	宁夏农林科学院生态环境保护研究所	493
3	宁夏农林科学院林木果树研究所	414
4	宁夏农林科学院设施园艺研究所	364
5	宁夏农林科学院畜牧兽医研究所	262
6	宁夏农林科学院农产品质量标准与检测技术研究所	220
7	宁夏农林科学院生物技术研究所	212
8	宁夏农林科学院	206
9	宁夏农林科学院作物育种栽培研究所	179
10	宁夏农林科学院农业经济与信息技术研究所	163
11	宁夏农林科学院质量标准与检测技术研究所	44

注："宁夏农林科学院"发文包括作者单位只标注为"宁夏农林科学院"、院属实验室等。

表 2-2 2013—2022 年宁夏农林科学院 CSCD 期刊高发文研究所 TOP10 单位：篇

排序	研究所	发文量
1	宁夏农林科学院植物保护研究所	120
2	宁夏农林科学院农业资源与环境研究所	119
3	宁夏农林科学院荒漠化治理研究所	114
4	宁夏农林科学院农作物研究所	103
5	宁夏农林科学院农业生物技术研究中心	91
6	宁夏农林科学院	82
7	宁夏农林科学院种质资源研究所	57
8	宁夏农林科学院固原分院	55
9	宁夏农林科学院枸杞工程技术研究所	41
10	宁夏农林科学院动物科学研究所	40
11	宁夏农林科学院质量标准与检测技术研究所	15

注："宁夏农林科学院"发文包括作者单位只标注为"宁夏农林科学院"、院属实验室等。

2.3 高发文期刊 TOP10

2013—2022 年宁夏农林科学院高发文北大中文核心期刊 TOP10 见表 2-3，2013—2022 年宁夏农林科学院高发文 CSCD 期刊 TOP10 见表 2-4。

表 2-3 2013—2022 年宁夏农林科学院高发文期刊（北大中文核心）TOP10 单位：篇

排序	期刊名称	发文量	排序	期刊名称	发文量
1	北方园艺	176	6	分子植物育种	46
2	黑龙江畜牧兽医	117	7	种子	41
3	江苏农业科学	97	8	节水灌溉	33
4	西北农业学报	74	9	麦类作物学报	29
5	饲料研究	54	10	干旱地区农业研究	27

表 2-4 2013—2022 年宁夏农林科学院高发文期刊（CSCD）TOP10 单位：篇

排序	期刊名称	发文量	排序	期刊名称	发文量
1	西北农业学报	68	6	中国土壤与肥料	24
2	分子植物育种	35	7	农药	24
3	麦类作物学报	28	8	中国农学通报	23
4	水土保持研究	26	9	植物遗传资源学报	20
5	干旱地区农业研究	26	10	植物保护	16

2.4 合作发文机构 TOP10

2013—2022 年宁夏农林科学院北大中文核心期刊合作发文机构 TOP10 见表 2-5，2013—2022 年宁夏农林科学院 CSCD 期刊合作发文机构 TOP10 见表 2-6。

表 2-5 2013—2022 年宁夏农林科学院北大中文核心期刊合作发文机构 TOP10 单位：篇

排序	合作发文机构	发文量	排序	合作发文机构	发文量
1	宁夏大学	278	6	甘肃农业大学	25
2	中国农业科学院	84	7	宁夏畜牧工作站	24
3	西北农林科技大学	61	8	中国科学院	21
4	中国农业大学	35	9	宁夏医科大学	18
5	北方民族大学	27	10	国家农业智能装备工程技术研究中心	15

表 2-6　2013—2022 年宁夏农林科学院 CSCD 期刊合作发文机构 TOP10　　单位：篇

排序	合作发文机构	发文量	排序	合作发文机构	发文量
1	宁夏大学	145	6	甘肃农业大学	16
2	中国农业科学院	69	7	宁夏医科大学	15
3	西北农林科技大学	50	8	中国林业科学研究院森林生态环境与保护研究所	12
4	中国农业大学	26	9	国家农业智能装备工程技术研究中心	12
5	中国科学院	23	10	宁夏草原工作站	11

山东省农业科学院

1　英文期刊论文分析

分析数据来源于科学引文索引数据库（Web of Science，WOS）收录的文献类型为期刊论文（Article）、会议论文（Proceedings Paper）和述评（Review）的 Science Citation Index Expanded（SCIE）论文数据，数据时间范围为2013—2022 年，共检索到山东省农业科学院作者发表的论文2 463篇。

1.1　发文量

2013—2022 年山东省农业科学院历年 SCI 发文与被引情况见表 1-1，山东省农业科学院英文文献历年发文趋势（2013—2022 年）见图 1-1。

表 1-1　2013—2022 年山东省农业科学院历年 SCI 发文与被引情况

出版年	发文量（篇）	WOS 所有数据库总被引频次	WOS 核心库被引频次
2013	144	3 264	2 871
2014	147	3 791	3 352
2015	155	3 316	2 986
2016	202	4 429	3 974
2017	175	4 078	3 686
2018	227	4 069	3 691
2019	280	3 339	3 032
2020	302	2 828	2 615
2021	351	1 137	1 098
2022	480	264	262

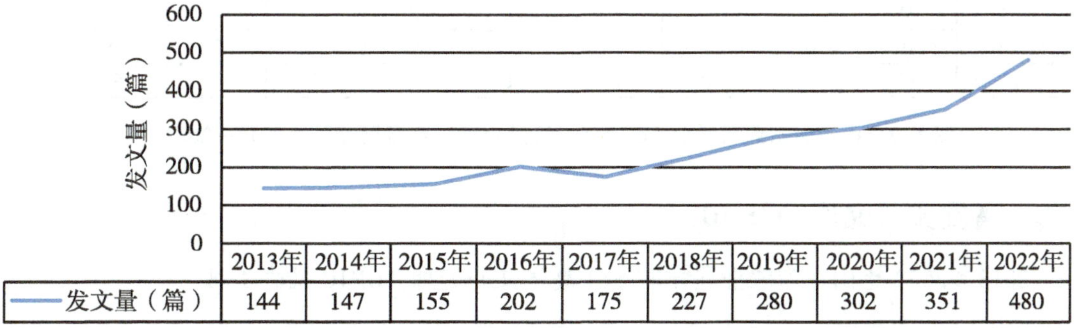

图 1-1　山东省农业科学院英文文献历年发文趋势（2013—2022 年）

1.2 发文期刊 JCR 分区

2013—2022 年山东省农业科学院 SCI 发文期刊 WOSJCR 分区情况见表 1-2，山东省农业科学院 SCI 发文期刊 WOSJCR 分区趋势（2013—2022 年）见图 1-2。

表 1-2 2013—2022 年山东省农业科学院 SCI 发文期刊 WOSJCR 分区情况 单位：篇

出版年	Q1 区发文量	Q2 区发文量	Q3 区发文量	Q4 区发文量	其他发文量
2013	46	36	35	16	11
2014	51	45	30	15	6
2015	63	34	29	21	8
2016	71	53	39	20	19
2017	89	40	29	11	6
2018	87	65	46	27	2
2019	108	87	41	30	14
2020	134	81	24	20	43
2021	178	71	28	19	55
2022	319	125	24	7	5

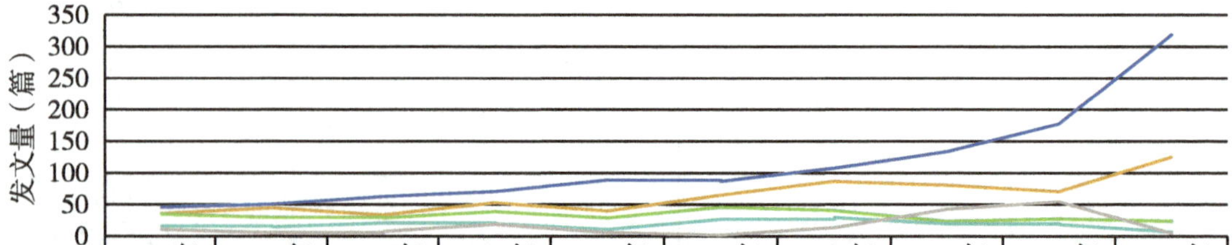

	2013年	2014年	2015年	2016年	2017年	2018年	2019年	2020年	2021年	2022年
Q1（篇）	46	51	63	71	89	87	108	134	178	319
Q2（篇）	36	45	34	53	40	65	87	81	71	125
Q3（篇）	35	30	29	39	29	46	41	24	28	24
Q4（篇）	16	15	21	20	11	27	30	20	19	7
其他（篇）	11	6	8	19	6	2	14	43	55	5

图 1-2 山东省农业科学院 SCI 发文期刊 WOSJCR 分区趋势（2013—2022 年）

1.3 高发文研究所 TOP10

2013—2022 年山东省农业科学院 SCI 高发文研究所 TOP10 见表 1-3。

表 1-3　2013—2022 年山东省农业科学院 SCI 高发文研究所 TOP10　　单位：篇

排序	研究所	发文量
1	山东省农业科学院作物研究所	437
2	山东省农业科学院畜牧兽医研究所	337
3	山东省果树研究所	244
4	山东省农业科学院农作物种质资源研究所	218
5	山东省农业科学院农产品加工与营养研究所	171
6	山东省农业科学院植物保护研究所	140
7	山东省农业科学院经济作物研究所	134
8	山东省农业科学院蔬菜花卉研究所	107
9	山东省农业科学院农业质量标准与检测技术研究所	106
10	山东省农业科学院家禽研究所	104

1.4　高发文期刊 TOP10

2013—2022 年山东省农业科学院 SCI 高发文期刊 TOP10 见表 1-4。

表 1-4　2013—2022 年山东省农业科学院 SCI 发文期刊 TOP10

排序	期刊名称	发文量（篇）	WOS 所有数据库总被引频次	WOS 核心库被引频次	期刊影响因子（最近年度）
1	FRONTIERS IN PLANT SCIENCE	104	1 281	1 171	5.6（2022）
2	PLOS ONE	88	1 542	1 400	3.7（2022）
3	SCIENTIFIC REPORTS	65	1 148	1 078	4.6（2022）
4	INTERNATIONAL JOURNAL OF MOLECULAR SCIENCES	52	458	426	5.6（2022）
5	BMC GENOMICS	42	909	834	4.4（2022）
6	BMC PLANT BIOLOGY	38	485	450	5.3（2022）
7	FIELD CROPS RESEARCH	33	1 093	897	5.8（2022）
8	FRONTIERS IN MICROBIOLOGY	28	139	127	5.2（2022）
9	JOURNAL OF INTEGRATIVE AGRICULTURE	25	187	153	4.8（2022）
10	AGRONOMY-BASEL	25	62	58	3.7（2022）

1.5 合作发文国家与地区 TOP10

2013—2022 年山东省农业科学院 SCI 合作发文国家与地区（合作发文 1 篇以上）TOP10 见表 1-5。

表 1-5 2013—2022 年山东省农业科学院 SCI 合作发文国家与地区 TOP10

排序	国家与地区	合作发文量（篇）	WOS 所有数据库总被引频次	WOS 核心库被引频次
1	美国	245	6 365	5 822
2	澳大利亚	57	1 535	1 404
3	新西兰	30	584	548
4	印度	29	1 416	1 284
5	加拿大	26	570	525
6	德国	25	883	841
7	法国	22	1 101	1 051
8	埃及	21	229	222
9	巴基斯坦	19	69	65
10	日本	15	1 289	1 201

1.6 合作发文机构 TOP10

2013—2022 年山东省农业科学院 SCI 合作发文机构 TOP10 见表 1-6。

表 1-6 2013—2022 年山东省农业科学院 SCI 合作发文机构 TOP10

排序	合作发文机构	发文量（篇）	WOS 所有数据库总被引频次	WOS 核心库被引频次
1	山东农业大学	356	941	828
2	山东师范大学	309	527	496
3	中国农业科学院	248	897	816
4	中国科学院	176	608	545
5	山东大学	175	473	430
6	中国农业大学	168	594	545
7	青岛农业大学	124	455	410
8	西北农林科技大学	83	139	125
9	南京农业大学	80	260	229
10	齐鲁工业大学	69	61	58

1.7 高频词 TOP20

2013—2022 年山东省农业科学院 SCI 发文高频词（作者关键词）TOP20 见表 1-7。

表 1-7　2013—2022 年山东省农业科学院 SCI 发文高频词（作者关键词）TOP20

排序	关键词（作者关键词）	频次	排序	关键词（作者关键词）	频次
1	Wheat	42	11	Phylogenetic analysis	21
2	Transcriptome	36	12	Anthocyanin	18
3	Cotton	36	13	Apoptosis	18
4	Rice	34	14	Expression analysis	16
5	Peanut	33	15	MicroRNA	16
6	Maize	32	16	Photosynthesis	16
7	Gene expression	32	17	Triticumaestivum	15
8	Salt stress	29	18	Chinese cabbage	14
9	Yield	28	19	Abiotic stress	14
10	RNA-seq	26	20	Evolution	14

2　中文期刊论文分析

2013—2022 年，山东省农业科学院作者共发表北大中文核心期刊论文3 632篇，中国科学引文数据库（CSCD）期刊论文2 159篇。

2.1　发文量

山东省农业科学院中文文献历年发文趋势（2013—2022 年）见图 2-1。

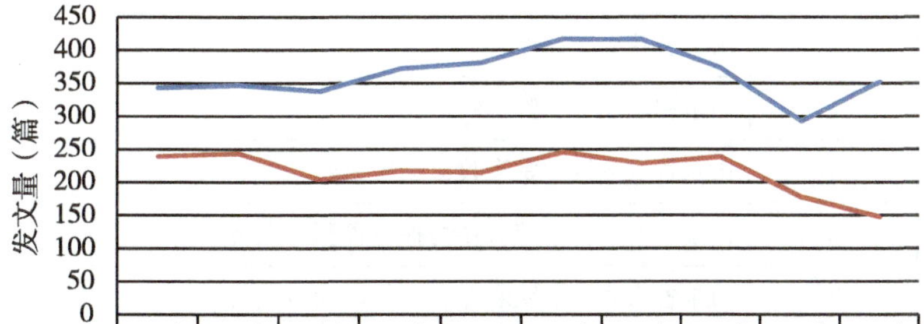

	2013年	2014年	2015年	2016年	2017年	2018年	2019年	2020年	2021年	2022年
北大中文核心期刊—发文量（篇）	343	347	338	372	381	417	416	373	293	352
CSCD期刊—发文量（篇）	239	244	204	217	215	246	229	239	178	148

图 2-1　山东省农业科学院中文文献历年发文趋势（2013—2022 年）

2.2　高发文研究所 TOP10

2013—2022 年山东省农业科学院北大中文核心期刊高发文研究所 TOP10 见表 2-1，

2013—2022 年山东省农业科学院中国科学引文数据库（CSCD）期刊高发文研究所 TOP10 见表 2-2。

表 2-1　2013—2022 年山东省农业科学院北大中文核心期刊高发文研究所 TOP10　单位：篇

排序	研究所	发文量
1	山东省果树研究所	519
2	山东省农业科学院畜牧兽医研究所	382
3	山东省花生研究所	355
4	山东省农业科学院植物保护研究所	331
5	山东省农业科学院农产品加工与营养研究所	277
6	山东省农业科学院作物研究所	253
7	山东省农业科学院农作物种质资源研究所	237
8	山东省农业机械科学研究院	219
9	山东省农业科学院家禽研究所	174
10	山东省农业科学院农业资源与环境研究所	150

表 2-2　2013—2022 年山东省农业科学院 CSCD 期刊高发文研究所 TOP10　单位：篇

排序	研究所	发文量
1	山东省果树研究所	306
2	山东省农业科学院植物保护研究所	271
3	山东省花生研究所	209
4	山东省农业科学院作物研究所	194
5	山东省农业科学院畜牧兽医研究所	189
6	山东省农业科学院农作物种质资源研究所	185
7	山东省农业科学院农业资源与环境研究所	123
8	山东省农业科学院农产品加工与营养研究所	116
9	山东省农业科学院	91
10	山东省农业科学院经济作物研究所	88
11	山东省农业科学院家禽研究所	76

注：“山东省农业科学院”发文包括作者单位只标注为“山东省农业科学院”、院属实验室等。

2.3 高发文期刊 TOP10

2013—2022 年山东省农业科学院高发文北大中文核心期刊 TOP10 见表 2-3，2013—2022 年山东省农业科学院高发文 CSCD 期刊 TOP10 见表 2-4。

表 2-3 2013—2022 年山东省农业科学院高发文期刊（北大中文核心）TOP10 单位：篇

排序	期刊名称	发文量	排序	期刊名称	发文量
1	核农学报	125	6	北方园艺	79
2	花生学报	123	7	江苏农业科学	78
3	山东农业科学	116	8	农机化研究	76
4	中国农业科学	92	9	农药	69
5	中国油料作物学报	88	10	果树学报	66

表 2-4 2013—2022 年山东省农业科学院高发文期刊（CSCD）TOP10 位：篇

排序	期刊名称	发文量	排序	期刊名称	发文量
1	核农学报	119	6	作物学报	60
2	中国农业科学	101	7	植物保护学报	60
3	中国油料作物学报	90	8	动物营养学报	57
4	农药	67	9	应用昆虫学报	52
5	植物生理学报	61	10	分子植物育种	50

2.4 合作发文机构 TOP10

2013—2022 年山东省农业科学院北大中文核心期刊合作发文机构 TOP10 见表 2-5，2013—2022 年山东省农业科学院 CSCD 期刊合作发文机构 TOP10 见表 2-6。

表 2-5 2013—2022 年山东省农业科学院北大中文核心期刊合作发文机构 TOP10 单位：篇

排序	合作发文机构	发文量	排序	合作发文机构	发文量
1	山东农业大学	423	6	中国科学院	68
2	青岛农业大学	167	7	湖南农业大学	57
3	中国农业科学院	122	8	齐鲁工业大学	44
4	山东师范大学	113	9	国家蔬菜改良中心	44
5	中国农业大学	92	10	山东大学	41

表 2-6　2013—2022 年山东省农业科学院 CSCD 期刊合作发文机构 TOP10　　单位：篇

排序	合作发文机构	发文量	排序	合作发文机构	发文量
1	山东农业大学	292	6	中国农业大学	52
2	中国农业科学院	97	7	湖南农业大学	45
3	青岛农业大学	93	8	沈阳农业大学	30
4	山东师范大学	75	9	南京农业大学	23
5	中国科学院	54	10	山东大学	22

上海市农业科学院

1　英文期刊论文分析

分析数据来源于科学引文索引数据库（Web of Science，WOS）收录的文献类型为期刊论文（Article）、会议论文（Proceedings Paper）和述评（Review）的 Science Citation Index Expanded（SCIE）论文数据，数据时间范围为2013—2022 年，共检索到上海市农业科学院作者发表的论文1 772篇。

1.1　发文量

2013—2022 年上海市农业科学院历年 SCI 发文与被引情况见表 1-1，上海市农业科学院英文文献历年发文趋势（2013—2022 年）见图 1-1。

表 1-1　2013—2022 年上海市农业科学院历年 SCI 发文与被引情况

出版年	发文量（篇）	WOS 所有数据库总被引频次	WOS 核心库被引频次
2013	70	1 497	1 258
2014	78	2 069	1 841
2015	102	2 707	2 348
2016	132	2 780	2 475
2017	112	1 876	1 659
2018	172	3 055	2 737
2019	229	3 123	2 829
2020	260	2 297	2 125
2021	279	971	933
2022	338	210	207

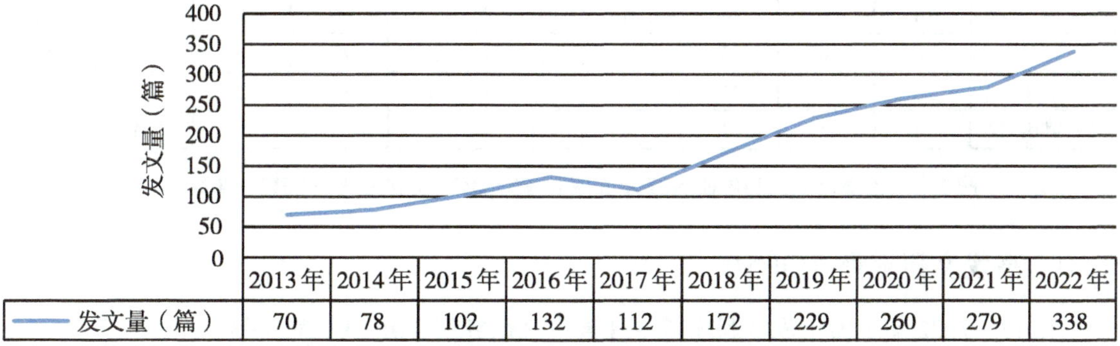

图 1-1　上海市农业科学院英文文献历年发文趋势（2013—2022 年）

1.2 发文期刊 JCR 分区

2013—2022 年上海市农业科学院 SCI 发文期刊 WOSJCR 分区情况见表 1-2，上海市农业科学院 SCI 发文期刊 WOSJCR 分区趋势（2013—2022 年）见图 1-2。

表 1-2 2013—2022 年上海市农业科学院 SCI 发文期刊 WOSJCR 分区情况 单位：篇

出版年	Q1 区发文量	Q2 区发文量	Q3 区发文量	Q4 区发文量	其他发文量
2013	24	16	18	8	4
2014	25	26	20	6	1
2015	36	26	16	23	1
2016	49	40	25	12	6
2017	43	29	20	20	0
2018	68	54	33	15	2
2019	97	66	29	14	23
2020	136	57	20	24	19
2021	167	55	15	11	31
2022	210	94	19	10	5

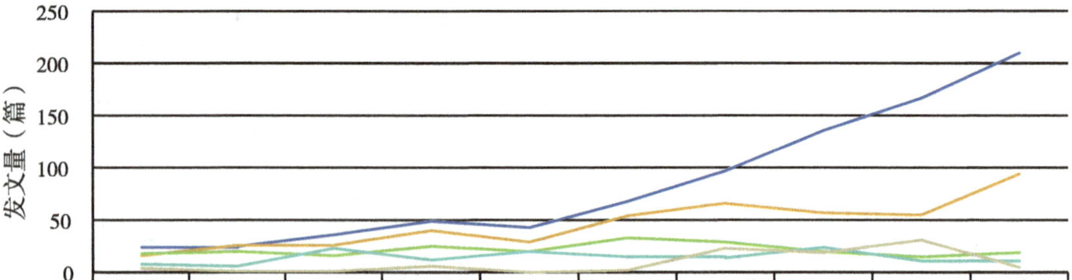

	2013 年	2014 年	2015 年	2016 年	2017 年	2018 年	2019 年	2020 年	2021 年	2022 年
Q1（篇）	24	25	36	49	43	68	97	136	167	210
Q2（篇）	16	26	26	40	29	54	66	57	55	94
Q3（篇）	18	20	16	25	20	33	29	20	15	19
Q4（篇）	8	6	23	12	20	15	14	24	11	10
其他（篇）	4	1	1	6	0	2	23	19	31	5

图 1-2 上海市农业科学院 SCI 发文期刊 WOSJCR 分区趋势（2013—2022 年）

1.3 高发文研究所 TOP10

2013—2022 年上海市农业科学院 SCI 高发文研究所 TOP10 见表 1-3。

表 1-3　2013—2022 年上海市农业科学院 SCI 高发文研究所 TOP10　　单位：篇

排序	研究所	发文量
1	上海市农业科学院食用菌研究所	276
2	上海市农业科学院生态环境保护研究所	259
3	上海市农业科学院生物技术研究所	216
4	上海市农业科学院畜牧兽医研究所	189
5	上海市农业科学院农产品质量标准与检测技术研究所	163
6	上海市农业生物基因中心	149
7	上海市农业科学院林木果树研究所	101
8	上海市农业科学院设施园艺研究所	93
9	上海市农业科学院作物育种栽培研究所	58
10	上海市农业科学院农业科技信息研究所	28

1.4　高发文期刊 TOP10

2013—2022 年上海市农业科学院 SCI 高发文期刊 TOP10 见表 1-4。

表 1-4　2013—2022 年上海市农业科学院 SCI 发文期刊 TOP10

排序	期刊名称	发文量（篇）	WOS 所有数据库总被引频次	WOS 核心库被引频次	期刊影响因子（最近年度）
1	SCIENTIFIC REPORTS	56	765	701	4.6（2022）
2	FOOD CHEMISTRY	42	719	640	8.8（2022）
3	INTERNATIONAL JOURNAL OF MEDICINAL MUSHROOMS	40	320	263	1.2（2022）
4	PLOS ONE	39	858	741	3.7（2022）
5	FRONTIERS IN PLANT SCIENCE	34	271	256	5.6（2022）
6	FRONTIERS IN MICROBIOLOGY	34	128	121	5.2（2022）
7	INTERNATIONAL JOURNAL OF BIOLOGICAL MACROMOLECULES	28	427	376	8.2（2022）
8	INTERNATIONAL JOURNAL OF MOLECULAR SCIENCES	26	188	173	5.6（2022）
9	SCIENCE OF THE TOTAL ENVIRONMENT	25	595	536	9.8（2022）
10	MOLECULES	22	245	221	4.6（2022）

1.5 合作发文国家与地区 TOP10

2013—2022 年上海市农业科学院 SCI 合作发文国家与地区（合作发文 1 篇以上）TOP10 见表 1-5。

表 1-5 2013—2022 年上海市农业科学院 SCI 合作发文国家与地区 TOP10

排序	国家与地区	合作发文量（篇）	WOS 所有数据库总被引频次	WOS 核心库被引频次
1	美国	166	2 407	2 177
2	比利时	160	2 810	2 598
3	澳大利亚	30	649	588
4	英格兰	26	596	573
5	日本	26	373	323
6	德国	26	322	277
7	加拿大	24	369	325
8	荷兰	16	230	203
9	墨西哥	15	149	132
10	丹麦	13	157	143

1.6 合作发文机构 TOP10

2013—2022 年上海市农业科学院 SCI 合作发文机构 TOP10 见表 1-6。

表 1-6 2013—2022 年上海市农业科学院 SCI 合作发文机构 TOP10

排序	合作发文机构	发文量（篇）	WOS 所有数据库总被引频次	WOS 核心库被引频次
1	中国农业科学院	196	423	404
2	南京农业大学	139	395	333
3	上海交通大学	127	414	382
4	比利时列日大学	127	221	216
5	中国科学院	116	427	375
6	上海海洋大学	73	77	74
7	浙江大学	70	216	193
8	复旦大学	59	167	146
9	上海理工大学	59	85	71
10	中国农业大学	53	191	173

1.7 高频词 TOP20

2013—2022 年上海市农业科学院 SCI 发文高频词（作者关键词）TOP20 见表 1-7。

表 1-7　2013—2022 年上海市农业科学院 SCI 发文高频词（作者关键词）TOP20

排序	关键词（作者关键词）	频次	排序	关键词（作者关键词）	频次
1	Medicinal mushrooms	32	11	Nucleopolyhedrovirus	15
2	Rice	28	12	Oxidative stress	15
3	Gene expression	23	13	Pichia pastoris	14
4	Lentinula edodes	20	14	Reactive oxygen species	13
5	Polysaccharide	20	15	Proteomics	12
6	RNA-seq	18	16	Barley	12
7	Ganoderma lucidum	16	17	Arabidopsis	12
8	Transcriptome	16	18	Antioxidant activity	12
9	Volvariella volvacea	16	19	Phytoremediation	12
10	Apoptosis	15	20	Mycotoxins	11

2　中文期刊论文分析

2013—2022 年，上海市农业科学院作者共发表北大中文核心期刊论文2 410篇，中国科学引文数据库（CSCD）期刊论文1 836篇。

2.1　发文量

上海市农业科学院中文文献历年发文趋势（2013—2022 年）见图 2-1。

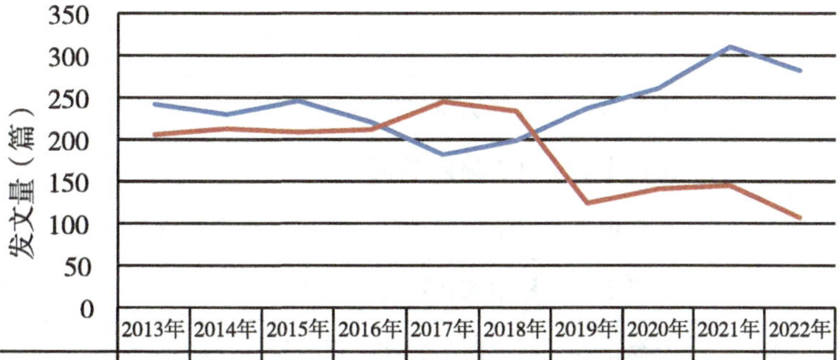

	2013年	2014年	2015年	2016年	2017年	2018年	2019年	2020年	2021年	2022年
北大中文核心期刊—发文量（篇）	242	230	246	221	182	199	237	261	310	282
CSCD期刊—发文量（篇）	206	213	209	212	245	234	124	141	145	107

图 2-1　上海市农业科学院中文文献历年发文趋势（2013—2022 年）

2.2　高发文研究所 TOP10

2013—2022 年上海市农业科学院北大中文核心期刊高发文研究所 TOP10 见表 2-1，

2013—2022 年上海市农业科学院中国科学引文数据库（CSCD）期刊高发文研究所 TOP10 见表 2-2。

表 2-1　2013—2022 年上海市农业科学院北大中文核心期刊高发文研究所 TOP10　单位：篇

排序	研究所	发文量
1	上海市农业科学院食用菌研究所	601
2	上海市农业科学院生态环境保护研究所	493
3	上海市农业科学院林木果树研究所	414
4	上海市农业科学院设施园艺研究所	364
5	上海市农业科学院畜牧兽医研究所	262
6	上海市农业科学院农产品质量标准与检测技术研究所	220
7	上海市农业科学院生物技术研究所	212
8	上海市农业科学院	206
9	上海市农业科学院作物育种栽培研究所	179
10	上海市农业科学院农业科技信息研究所	161
11	上海市农业生物基因中心	117

注：“上海市农业科学院”发文包括作者单位只标注为“上海市农业科学院”、院属实验室等。

表 2-2　2013—2022 年上海市农业科学院 CSCD 期刊高发文研究所 TOP10　单位：篇

排序	研究所	发文量
1	上海市农业科学院食用菌研究所	474
2	上海市农业科学院生态环境保护研究所	274
3	上海市农业科学院设施园艺研究所	192
4	上海市农业科学院畜牧兽医研究所	179
5	上海市农业科学院林木果树研究所	172
6	上海市农业科学院农产品质量标准与检测技术研究所	169
7	上海市农业科学院作物育种栽培研究所	146
8	上海市农业科学院生物技术研究所	125
9	上海市农业科学院	122
10	上海市农业生物基因中心	92
11	上海市农业科学院农业科技信息研究所	86

注：“上海市农业科学院”发文包括作者单位只标注为“上海市农业科学院”、院属实验室等。

2.3 高发文期刊 TOP10

2013—2022 年上海市农业科学院高发文北大中文核心期刊 TOP10 见表 2-3，2013—2022 年上海市农业科学院高发文 CSCD 期刊 TOP10 见表 2-4。

表 2-3 2013—2022 年上海市农业科学院高发文期刊（北大中文核心）TOP10 单位：篇

排序	期刊名称	发文量	排序	期刊名称	发文量
1	上海农业学报	623	6	编辑学报	46
2	食用菌学报	224	7	园艺学报	45
3	菌物学报	124	8	植物生理学报	45
4	分子植物育种	91	9	微生物学通报	44
5	核农学报	57	10	中国家禽	41

表 2-4 2013—2022 年上海市农业科学院高发文期刊（CSCD）TOP10 单位：篇

排序	期刊名称	发文量	排序	期刊名称	发文量
1	上海农业学报	563	6	植物生理学报	46
2	食用菌学报	172	7	微生物学通报	43
3	菌物学报	114	8	食品科学	33
4	分子植物育种	61	9	植物保护	33
5	核农学报	48	10	中国农学通报	28

2.4 合作发文机构 TOP10

2013—2022 年上海市农业科学院北大中文核心期刊合作发文机构 TOP10 见表 2-5，2013—2022 年上海市农业科学院 CSCD 期刊合作发文机构 TOP10 见表 2-6。

表 2-5 2013—2022 年上海市农业科学院北大中文核心期刊合作发文机构 TOP10 单位：篇

排序	合作发文机构	发文量	排序	合作发文机构	发文量
1	上海海洋大学	240	6	华东理工大学	33
2	南京农业大学	125	7	扬州大学	28
3	上海交通大学	57	8	上海理工大学	27
4	上海市农业技术推广服务中心	36	9	华中农业大学	26
5	上海师范大学	36	10	上海应用技术大学	24

表 2-6　2013—2022 年上海市农业科学院 CSCD 期刊合作发文机构 TOP10　　单位：篇

排序	合作发文机构	发文量	排序	合作发文机构	发文量
1	上海海洋大学	191	6	上海师范大学	25
2	南京农业大学	95	7	华东理工大学	23
3	上海交通大学	32	8	中国科学院	22
4	上海市农业技术推广服务中心	28	9	上海应用技术大学	20
5	上海理工大学	28	10	安顺学院	19

四川省农业科学院

1 英文期刊论文分析

分析数据来源于科学引文索引数据库（Web of Science，WOS）收录的文献类型为期刊论文（Article）、会议论文（Proceedings Paper）和述评（Review）的 Science Citation Index Expanded（SCIE）论文数据，数据时间范围为2013—2022 年，共检索到四川省农业科学院作者发表的论文 1 066篇。

1.1 发文量

2013—2022 年四川省农业科学院历年 SCI 发文与被引情况见表 1-1，四川省农业科学院英文文献历年发文趋势（2013—2022 年）见图 1-1。

表 1-1 2013—2022 年四川省农业科学院历年 SCI 发文与被引情况

出版年	发文量（篇）	WOS 所有数据库总被引频次	WOS 核心库被引频次
2013	36	1 207	1 062
2014	40	1 539	1 342
2015	70	1 580	1 345
2016	91	1 504	1 294
2017	84	1 430	1 269
2018	92	2 071	1 883
2019	119	1 570	1 422
2020	145	1 263	1 152
2021	175	581	543
2022	214	76	75

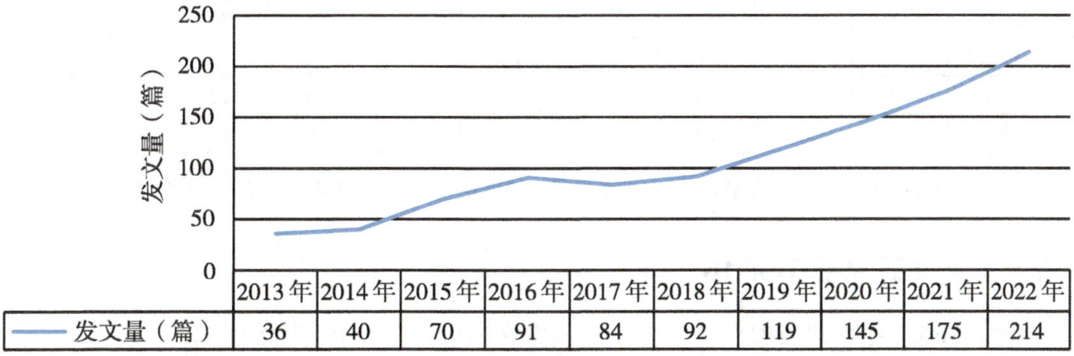

图 1-1 四川省农业科学院英文文献历年发文趋势（2013—2022 年）

1.2　发文期刊 JCR 分区

2013—2022 年四川省农业科学院 SCI 发文期刊 WOSJCR 分区情况见表 1-2，四川省农业科学院 SCI 发文期刊 WOSJCR 分区趋势（2013—2022 年）见图 1-2。

表 1-2　2013—2022 年四川省农业科学院 SCI 发文期刊 WOSJCR 分区情况　　单位：篇

出版年	Q1 区发文量	Q2 区发文量	Q3 区发文量	Q4 区发文量	其他发文量
2013	12	8	5	10	1
2014	8	11	9	10	2
2015	24	8	18	10	10
2016	27	21	13	21	9
2017	37	13	14	16	4
2018	43	23	16	10	0
2019	44	31	16	19	9
2020	71	37	13	12	12
2021	97	44	11	10	13
2022	149	44	10	5	6

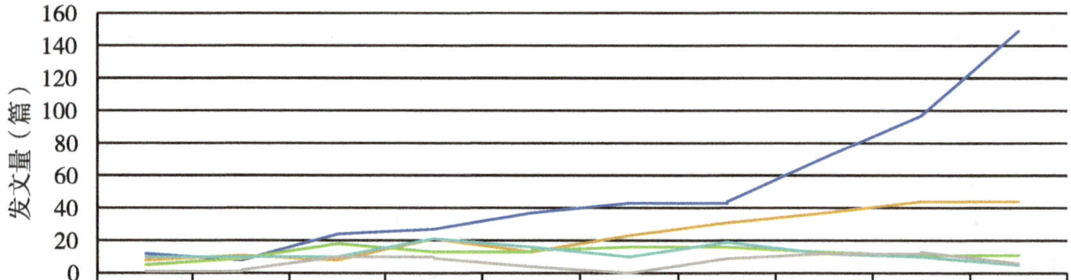

	2013 年	2014 年	2015 年	2016 年	2017 年	2018 年	2019 年	2020 年	2021 年	2022 年
Q1（篇）	12	8	24	27	37	43	44	71	97	149
Q2（篇）	8	11	8	21	13	23	31	37	44	44
Q3（篇）	5	9	18	13	14	16	16	13	11	10
Q4（篇）	10	10	10	21	16	10	19	12	10	5
其他（篇）	1	2	10	9	4	0	9	12	13	6

图 1-2　四川省农业科学院 SCI 发文期刊 WOSJCR 分区趋势（2013—2022 年）

1.3　高发文研究所 TOP10

2013—2022 年四川省农业科学院 SCI 高发文研究所 TOP10 见表 1-3。

表 1-3　2013—2022 年四川省农业科学院 SCI 高发文研究所 TOP10　　单位：篇

排序	研究所	发文量
1	四川省农业科学院作物研究所	204
2	四川省农业科学院农业资源与环境研究所	155
3	四川省农业科学院生物技术核技术研究所	116
4	四川省农业科学院植物保护研究所	114
5	四川省农业科学院水产研究所	94
6	四川省农业科学院园艺研究所	63
7	四川省农业科学院农产品加工研究所	62
8	四川省农业科学院水稻高粱研究所	52
9	四川省农业科学院农业质量标准与检测技术研究所	37
10	四川省农业科学院经济作物研究所	29

1.4　高发文期刊 TOP10

2013—2022 年四川省农业科学院 SCI 高发文期刊 TOP10 见表 1-4。

表 1-4　2013—2022 年四川省农业科学院 SCI 发文期刊 TOP10

排序	期刊名称	发文量（篇）	WOS 所有数据库总被引频次	WOS 核心库被引频次	期刊影响因子（最近年度）
1	FRONTIERS IN PLANT SCIENCE	48	261	231	5.6（2022）
2	SCIENTIFIC REPORTS	31	541	502	4.6（2022）
3	PLOS ONE	25	314	277	3.7（2022）
4	INTERNATIONAL JOURNAL OF MOLECULAR SCIENCES	23	258	239	5.6（2022）
5	JOURNAL OF INTEGRATIVE AGRICULTURE	21	181	155	4.8（2022）
6	MITOCHONDRIAL DNA PART B-RESOURCES	21	31	29	0.5（2022）
7	FRONTIERS IN MICROBIOLOGY	19	159	146	5.2（2022）
8	THEORETICAL AND APPLIED GENETICS	18	408	375	5.4（2022）
9	BMC PLANT BIOLOGY	14	157	139	5.3（2022）
10	AGRONOMY-BASEL	14	34	34	3.7（2022）

1.5 合作发文国家与地区 TOP10

2013—2022 年四川省农业科学院 SCI 合作发文国家与地区（合作发文 1 篇以上）TOP10 见表 1-5。

表 1-5 2013—2022 年四川省农业科学院 SCI 合作发文国家与地区 TOP10

排序	国家与地区	合作发文量（篇）	WOS 所有数据库总被引频次	WOS 核心库被引频次
1	美国	72	2 562	2 294
2	澳大利亚	35	900	827
3	加拿大	16	555	494
4	德国	14	358	329
5	墨西哥	12	383	355
6	法国	11	785	704
7	芬兰	10	143	126
8	比利时	9	397	364
9	以色列	8	162	148
10	巴基斯坦	7	27	26

1.6 合作发文机构 TOP10

2013—2022 年四川省农业科学院 SCI 合作发文机构 TOP10 见表 1-6。

表 1-6 2013—2022 年四川省农业科学院 SCI 合作发文机构 TOP10

排序	合作发文机构	发文量（篇）	WOS 所有数据库总被引频次	WOS 核心库被引频次
1	四川农业大学	299	574	505
2	中国科学院	96	438	384
3	中国农业科学院	90	596	554
4	四川大学	86	219	195
5	西南大学	53	384	346
6	中国农业大学	37	179	153
7	电子科技大学	36	75	70
8	成都大学	35	56	52
9	华中农业大学	34	558	513
10	农业农村部	29	44	40

1.7 高频词 TOP20

2013—2022 年四川省农业科学院 SCI 发文高频词（作者关键词）TOP20 见表 1-7。

表 1-7 2013—2022 年四川省农业科学院 SCI 发文高频词（作者关键词）TOP20

排序	关键词（作者关键词）	频次	排序	关键词（作者关键词）	频次
1	Wheat	26	11	Genetic diversity	11
2	Transcriptome	26	12	Metabolomics	9
3	Phylogenetic analysis	25	13	Triticumaestivum	9
4	Mitochondrial genome	23	14	Hybrid rice	9
5	Rice	22	15	QTL	9
6	Maize	17	16	Yield	9
7	Grain yield	16	17	RNA-seq	9
8	Taxonomy	16	18	Gene rearrangement	8
9	Phylogeny	13	19	Mitogenome	8
10	Acipenserdabryanus	11	20	Molecular marker	8

2 中文期刊论文分析

2013—2022 年，四川省农业科学院作者共发表北大中文核心期刊论文2 218篇，中国科学引文数据库（CSCD）期刊论文1 617篇。

2.1 发文量

四川省农业科学院中文文献历年发文趋势（2013—2022 年）见图 2-1。

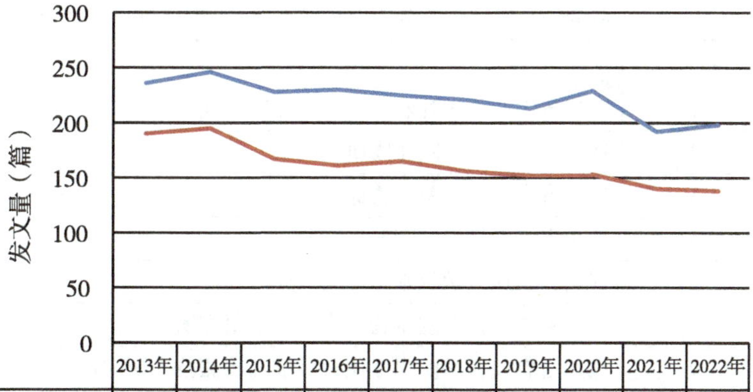

	2013年	2014年	2015年	2016年	2017年	2018年	2019年	2020年	2021年	2022年
北大中文核心期刊—发文量（篇）	236	246	228	230	225	221	213	229	192	198
CSCD期刊—发文量（篇）	190	195	167	161	165	156	152	153	140	138

图 2-1 四川省农业科学院中文文献历年发文趋势（2013—2022 年）

2.2 高发文研究所 TOP10

2013—2022 年四川省农业科学院北大中文核心期刊高发文研究所 TOP10 见表 2-1，2013—2022 年四川省农业科学院中国科学引文数据库（CSCD）期刊高发文研究所 TOP10 见表 2-2。

表 2-1 2013—2022 年四川省农业科学院北大中文核心期刊高发文研究所 TOP10 单位：篇

排序	研究所	发文量
1	四川省农业科学院农业资源与环境研究所	377
2	四川省农业科学院作物研究所	259
3	四川省农业科学院植物保护研究所	237
4	四川省农业科学院园艺研究所	211
5	四川省农业科学院水稻高粱研究所	184
6	四川省农业科学院生物技术核技术研究所	149
7	四川省农业科学院农业质量标准与检测技术研究所	139
8	四川省农业科学院	136
9	四川省农业科学院农产品加工研究所	134
10	四川省农业科学院农业信息与农村经济研究所	96
11	四川省农业科学院经济作物研究所	90

注：“四川省农业科学院”发文包括作者单位只标注为“四川省农业科学院”、院属实验室等。

表 2-2 2013—2022 年四川省农业科学院 CSCD 期刊高发文研究所 TOP10 单位：篇

排序	研究所	发文量
1	四川省农业科学院农业资源与环境研究所	315
2	四川省农业科学院作物研究所	230
3	四川省农业科学院植物保护研究所	196
4	四川省农业科学院园艺研究所	145
5	四川省农业科学院水稻高粱研究所	131
6	四川省农业科学院生物技术核技术研究所	122
7	四川省农业科学院农业质量标准与检测技术研究所	99
8	四川省农业科学院	73
9	四川省农业科学院农产品加工研究所	69
10	四川省农业科学院蚕业研究所	66
11	四川省农业科学院经济作物研究所	64

注：“四川省农业科学院”发文包括作者单位只标注为“四川省农业科学院”、院属实验室等。

2.3 高发文期刊 TOP10

2013—2022 年四川省农业科学院高发文北大中文核心期刊 TOP10 见表 2-3，2013—2022 年四川省农业科学院高发文 CSCD 期刊 TOP10 见表 2-4。

表 2-3 2013—2022 年四川省农业科学院高发文期刊（北大中文核心）TOP10 单位：篇

排序	期刊名称	发文量	排序	期刊名称	发文量
1	西南农业学报	425	6	四川农业大学学报	38
2	杂交水稻	79	7	核农学报	37
3	分子植物育种	47	8	北方园艺	34
4	食品工业科技	43	9	湖北农业科学	34
5	江苏农业科学	40	10	作物学报	33

表 2-4 2013—2022 年四川省农业科学院高发文期刊（CSCD）TOP10 单位：篇

排序	期刊名称	发文量	排序	期刊名称	发文量
1	西南农业学报	418	6	作物学报	35
2	杂交水稻	80	7	麦类作物学报	30
3	分子植物育种	42	8	蚕业科学	29
4	四川农业大学学报	37	9	应用生态学报	29
5	核农学报	37	10	南方农业学报	28

2.4 合作发文机构 TOP10

2013—2022 年四川省农业科学院北大中文核心期刊合作发文机构 TOP10 见表 2-5，2013—2022 年四川省农业科学院 CSCD 期刊合作发文机构 TOP10 见表 2-6。

表 2-5 2013—2022 年四川省农业科学院北大中文核心期刊合作发文机构 TOP10 单位：篇

排序	合作发文机构	发文量	排序	合作发文机构	发文量
1	四川农业大学	333	6	中国科学院	41
2	四川大学	123	7	国家水稻改良中心	30
3	中国农业科学院	109	8	中国气象局成都高原气象研究所	29
4	西南大学	46	9	四川师范大学	29
5	西北农林科技大学	45	10	西南科技大学	26

表 2-6　2013—2022 年四川省农业科学院 CSCD 期刊合作发文机构 TOP10　　单位：篇

排序	合作发文机构	发文量	排序	合作发文机构	发文量
1	四川农业大学	267	6	西北农林科技大学	27
2	中国农业科学院	73	7	中国气象局成都高原气象研究所	24
3	四川大学	68	8	四川省烟草公司	21
4	西南大学	39	9	西华师范大学	16
5	中国科学院	31	10	国家水稻改良中心	16

天津市农业科学院

1　英文期刊论文分析

分析数据来源于科学引文索引数据库（Web of Science，WOS）收录的文献类型为期刊论文（Article）、会议论文（Proceedings Paper）和述评（Review）的 Science Citation Index Expanded（SCIE）论文数据，数据时间范围为2013—2022年，共检索到天津市农业科学院作者发表的论文346篇。

1.1　发文量

2013—2022年天津市农业科学院历年SCI发文与被引情况见表1-1，天津市农业科学院英文文献历年发文趋势（2013—2022年）见图1-1。

表1-1　2013—2022年天津市农业科学院历年SCI发文与被引情况

出版年	发文量（篇）	WOS所有数据库总被引频次	WOS核心库被引频次
2013	15	511	437
2014	8	321	302
2015	13	444	380
2016	21	374	329
2017	22	634	575
2018	17	396	358
2019	31	461	431
2020	41	264	241
2021	75	314	304
2022	103	44	43

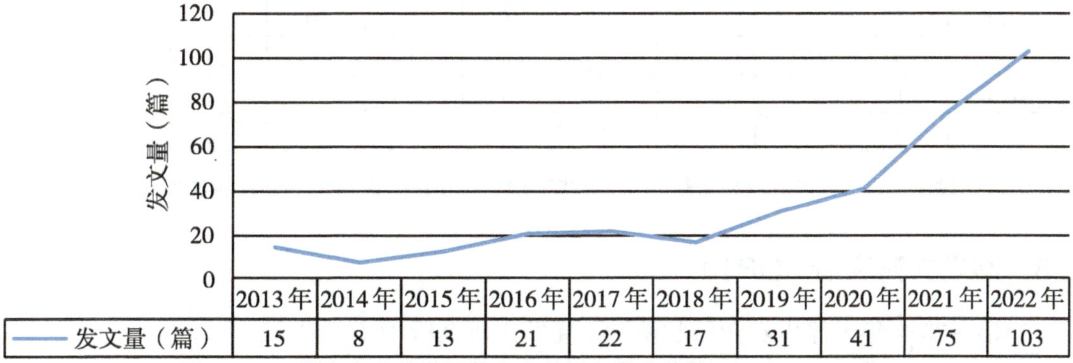

图1-1　天津市农业科学院英文文献历年发文趋势（2013—2022年）

1.2 发文期刊 JCR 分区

2013—2022 年天津市农业科学院 SCI 发文期刊 WOSJCR 分区情况见表 1-2，天津市农业科学院 SCI 发文期刊 WOSJCR 分区趋势（2013—2022 年）见图 1-2。

表 1-2 2013—2022 年天津市农业科学院 SCI 发文期刊 WOSJCR 分区情况 单位：篇

出版年	Q1 区发文量	Q2 区发文量	Q3 区发文量	Q4 区发文量	其他发文量
2013	7	5	0	1	2
2014	3	2	2	1	0
2015	5	4	2	1	1
2016	10	4	3	3	1
2017	12	4	3	3	0
2018	8	6	2	1	0
2019	15	10	2	3	1
2020	16	15	6	2	2
2021	43	17	5	4	5
2022	56	31	13	0	3

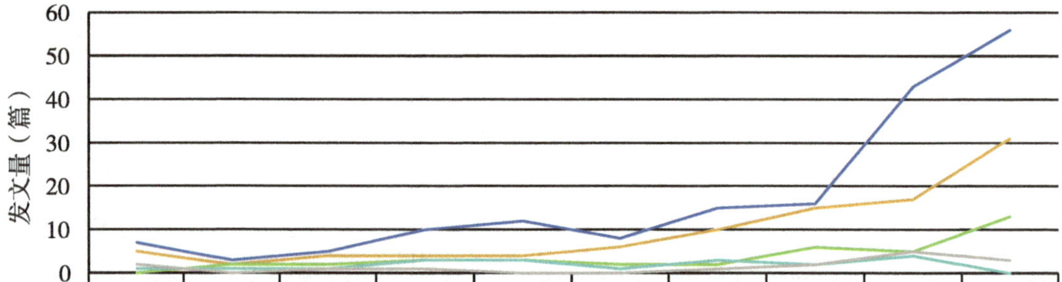

	2013 年	2014 年	2015 年	2016 年	2017 年	2018 年	2019 年	2020 年	2021 年	2022 年
Q1（篇）	7	3	5	10	12	8	15	16	43	56
Q2（篇）	5	2	4	4	4	6	10	15	17	31
Q3（篇）	0	2	2	3	3	2	2	6	5	13
Q4（篇）	1	1	1	3	3	1	3	2	4	0
其他（篇）	2	0	1	1	0	0	1	2	5	3

图 1-2 天津市农业科学院 SCI 发文期刊 WOSJCR 分区趋势（2013—2022 年）

1.3 高发文研究所 TOP10

2013—2022 年天津市农业科学院 SCI 高发文研究所 TOP10 见表 1-3。

表 1-3　2013—2022 年天津市农业科学院 SCI 高发文研究所 TOP10　单位：篇

排序	研究所	发文量
1	国家农产品保鲜工程技术研究中心（天津）	56
2	天津市植物保护研究所	44
3	天津市畜牧兽医研究所	30
4	天津市农作物（水稻）研究所	29
5	天津市农业质量标准与检测技术研究所	21
6	天津市林业果树研究所	7
7	天津市农业科学院信息研究所	4
8	天津市农业资源与环境研究所	2
9	天津市农村经济与区划研究所	1
9	天津市园艺工程研究所	1
9	天津科润农业科技股份有限公司蔬菜研究所	1

1.4　高发文期刊 TOP10

2013—2022 年天津市农业科学院 SCI 高发文期刊 TOP10 见表 1-4。

表 1-4　2013—2022 年天津市农业科学院 SCI 发文期刊 TOP10

排序	期刊名称	发文量（篇）	WOS 所有数据库总被引频次	WOS 核心库被引频次	期刊影响因子（最近年度）
1	SCIENTIA HORTICULTURAE	9	88	79	4.3（2022）
2	FRONTIERS IN PLANT SCIENCE	9	84	80	5.6（2022）
3	SCIENTIFIC REPORTS	8	369	324	4.6（2022）
4	POSTHARVEST BIOLOGY AND TECHNOLOGY	8	176	156	7.0（2022）
5	PLOS ONE	7	304	284	3.7（2022）
6	AGRICULTURAL WATER MANAGEMENT	7	143	125	6.7（2022）
7	FOOD CHEMISTRY	7	119	110	8.8（2022）
8	BMC GENOMICS	7	38	38	4.4（2022）
9	INTERNATIONAL JOURNAL OF MOLECULAR SCIENCES	7	24	23	5.6（2022）
10	ANIMALS	7	20	20	3.0（2022）

1.5 合作发文国家与地区 TOP10

2013—2022 年天津市农业科学院 SCI 合作发文国家与地区（合作发文 1 篇以上）TOP10 见表 1-5。

表 1-5　2013—2022 年天津市农业科学院 SCI 合作发文国家与地区 TOP10

排序	国家与地区	合作发文量（篇）	WOS 所有数据库总被引频次	WOS 核心库被引频次
1	美国	47	1 008	907
2	丹麦	24	414	388
3	德国	6	100	90
4	新西兰	3	57	48
5	加拿大	3	53	45
6	荷兰	3	32	30
7	澳大利亚	2	11	9
8	罗马尼亚	2	10	9
9	南非	2	0	0

注：全部 SCI 合作发文国家与地区（合作发文 1 篇以上）数量不足 10 个。

1.6 合作发文机构 TOP10

2013—2022 年天津市农业科学院 SCI 合作发文机构 TOP10 见表 1-6。

表 1-6　2013—2022 年天津市农业科学院 SCI 合作发文机构 TOP10

排序	合作发文机构	发文量（篇）	WOS 所有数据库总被引频次	WOS 核心库被引频次
1	中国农业科学院	86	308	267
2	中国农业大学	42	128	122
3	南开大学	30	60	57
4	天津大学	29	28	22
5	中国科学院	26	42	41
6	哥本哈根大学	24	51	48
7	天津农业大学	22	42	38
8	西北农林大学	18	80	65
9	天津科技大学	17	54	52
10	天津商业大学	14	40	38

1.7 高频词 TOP20

2013—2022 年天津市农业科学院 SCI 发文高频词（作者关键词）TOP20 见表 1-7。

表 1-7　2013—2022 年天津市农业科学院 SCI 发文高频词（作者关键词）TOP20

排序	关键词（作者关键词）	频次	排序	关键词（作者关键词）	频次
1	Salt stress	7	11	DNA methylation	4
2	Sheep	6	12	Phylogenetic analysis	4
3	Transcriptome	6	13	Gene expression	4
4	Drought stress	5	14	Agaricusbisporus	4
5	Mitochondrial genome	5	15	Tomato	4
6	Photosynthesis	5	16	Melatonin	4
7	Chilling injury	5	17	Arma chinensis	4
8	Foxtail millet	5	18	Phosphorus	4
9	Fruit quality	4	19	Cold chain	3
10	Rice	4	20	Wheat	3

2　中文期刊论文分析

2013—2022 年，天津市农业科学院作者共发表北大中文核心期刊论文 1 293篇，中国科学引文数据库（CSCD）期刊论文 405 篇。

2.1　发文量

天津市农业科学院中文文献历年发文趋势（2013—2022 年）见图 2-1。

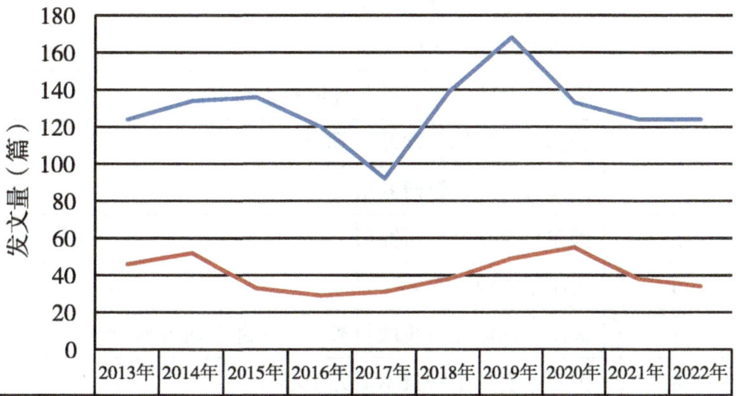

	2013年	2014年	2015年	2016年	2017年	2018年	2019年	2020年	2021年	2022年
北大中文核心期刊—发文量（篇）	124	134	136	120	92	139	168	133	124	123
CSCD期刊—发文量（篇）	46	52	33	29	31	38	49	55	38	34

图 2-1　天津市农业科学院中文文献历年发文趋势（2013—2022 年）

2.2 高发文研究所 TOP10

2013—2022 年天津市农业科学院北大中文核心期刊高发文研究所 TOP10 见表 2-1，2013—2022 年天津市农业科学院中国科学引文数据库（CSCD）期刊高发文研究所 TOP10 见表 2-2。

表 2-1 2013—2022 年天津市农业科学院北大中文核心期刊高发文研究所 TOP10 单位：篇

排序	研究所	发文量
1	天津市畜牧兽医研究所	267
2	国家农产品保鲜工程技术研究中心（天津）	219
3	天津市农业科学院	178
4	天津科润农业科技股份有限公司蔬菜研究所	120
5	天津市农业资源与环境研究所	98
6	天津市林业果树研究所	80
7	天津科润农业科技股份有限公司	78
8	天津市农业质量标准与检测技术研究所	72
9	天津市植物保护研究所	58
9	天津市农作物（水稻）研究所	58
10	天津市农村经济与区划研究所	47

注：“天津市农业科学院”发文包括作者单位只标注为“天津市农业科学院”、院属实验室等。

表 2-2 2013—2022 年天津市农业科学院 CSCD 期刊高发文研究所 TOP10 单位：篇

排序	研究所	发文量
1	天津市农业资源与环境研究所	68
1	天津市畜牧兽医研究所	68
2	天津市农业质量标准与检测技术研究所	49
3	天津市农作物（水稻）研究所	47
4	天津市林业果树研究所	35
5	天津市植物保护研究所	34
6	天津市农业科学院	33
7	天津科润农业科技股份有限公司蔬菜研究所	28
8	天津市农业生物技术研究中心	17
9	国家农产品保鲜工程技术研究中心（天津）	13
10	天津市农村经济与区划研究所	10

注：“天津市农业科学院”发文包括作者单位只标注为“天津市农业科学院”、院属实验室等。

2.3 高发文期刊 TOP10

2013—2022 年天津市农业科学院高发文北大中文核心期刊 TOP10 见表 2-3，2013—2022 年天津市农业科学院高发文 CSCD 期刊 TOP10 见表 2-4。

表 2-3 2013—2022 年天津市农业科学院高发文期刊（北大中文核心）TOP10 单位：篇

排序	期刊名称	发文量	排序	期刊名称	发文量
1	北方园艺	71	6	食品与发酵工业	50
2	中国蔬菜	61	7	包装工程	48
3	食品工业科技	58	8	中国畜牧兽医	38
4	华北农学报	57	9	食品科学	35
5	食品研究与开发	51	10	保鲜与加工	34

表 2-4 2013—2022 年天津市农业科学院高发文期刊（CSCD）TOP10 单位：篇

排序	期刊名称	发文量	排序	期刊名称	发文量
1	华北农学报	50	6	园艺学报	12
2	植物营养与肥料学报	14	7	食品工业科技	10
3	畜牧兽医学报	14	8	中国农学通报	10
4	食品与发酵工业	13	9	中国土壤与肥料	9
5	中国农业科学	12	10	南开大学学报（自然科学版）	9

2.4 合作发文机构 TOP10

2013—2022 年天津市农业科学院北大中文核心期刊合作发文机构 TOP10 见表 2-5，2013—2022 年天津市农业科学院 CSCD 期刊合作发文机构 TOP10 见表 2-6。

表 2-5 2013—2022 年天津市农业科学院北大中文核心期刊合作发文机构 TOP10 单位：篇

排序	合作发文机构	发文量	排序	合作发文机构	发文量
1	中国农业科学院	113	6	天津师范大学	45
2	天津农学院	108	7	大连工业大学	40
3	天津商业大学	72	8	南开大学	39
4	沈阳农业大学	57	9	天津科技大学	38
5	中国农业大学	51	10	天津大学	32

表 2-6　2013—2022 年天津市农业科学院 CSCD 期刊合作发文机构 TOP10　　单位：篇

排序	合作发文机构	发文量	排序	合作发文机构	发文量
1	中国农业科学院	67	6	天津大学	11
2	天津农学院	25	7	中国科学院	11
3	南开大学	19	8	天津师范大学	10
4	中国农业大学	15	9	河北农业大学	8
5	天津商业大学	13	10	西北农林科技大学	7

西藏自治区农牧科学院

1 英文期刊论文分析

分析数据来源于科学引文索引数据库（Web of Science，WOS）收录的文献类型为期刊论文（Article）、会议论文（Proceedings Paper）和述评（Review）的 Science Citation Index Expanded（SCIE）论文数据，数据时间范围为2013—2022 年，共检索到西藏自治区农牧科学院作者发表的论文 407 篇。

1.1 发文量

2013—2022 年西藏自治区农牧科学院历年 SCI 发文与被引情况见表 1-1，西藏自治区农牧科学院英文文献历年发文趋势（2013—2022 年）见图 1-1。

表 1-1 2013—2022 年西藏自治区农牧科学院历年 SCI 发文与被引情况

出版年	发文量（篇）	WOS 所有数据库总被引频次	WOS 核心库被引频次
2013	4	47	40
2014	9	143	117
2015	20	354	309
2016	10	143	132
2017	22	188	165
2018	39	577	516
2019	53	645	589
2020	63	511	474
2021	83	312	300
2022	104	31	31

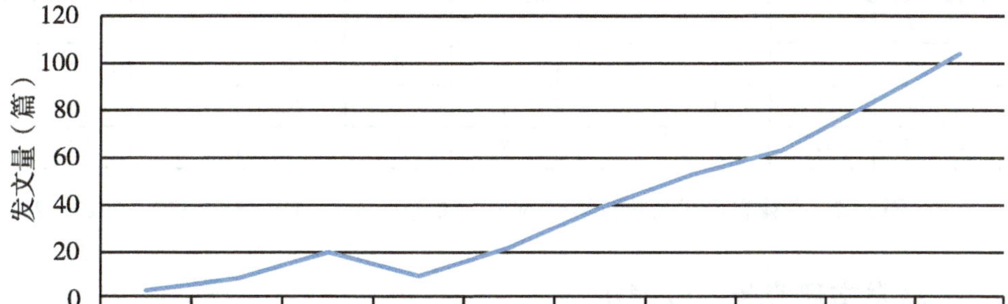

	2013年	2014年	2015年	2016年	2017年	2018年	2019年	2020年	2021年	2022年
发文量（篇）	4	9	20	10	22	39	53	63	83	104

图 1-1 西藏自治区农牧科学院英文文献历年发文趋势（2013—2022 年）

1.2 发文期刊 JCR 分区

2013—2022 年西藏自治区农牧科学院 SCI 发文期刊 WOSJCR 分区情况见表 1-2，西藏自治区农牧科学院 SCI 发文期刊 WOSJCR 分区趋势（2013—2022 年）见图 1-2。

表 1-2 2013—2022 年西藏自治区农牧科学院 SCI 发文期刊 WOSJCR 分区情况 单位：篇

出版年	Q1 区发文量	Q2 区发文量	Q3 区发文量	Q4 区发文量	其他发文量
2013	0	1	1	2	0
2014	3	2	0	4	0
2015	4	5	7	4	0
2016	2	3	1	1	3
2017	3	7	4	7	1
2018	5	12	8	14	0
2019	20	10	10	8	5
2020	23	20	5	8	3
2021	52	14	2	7	7
2022	50	32	14	5	3

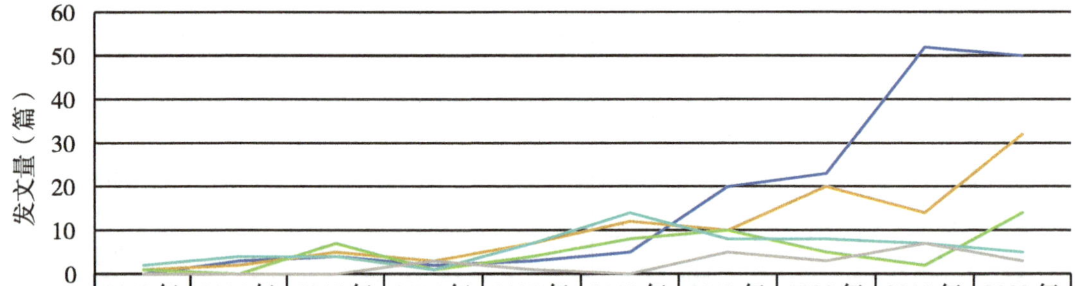

	2013 年	2014 年	2015 年	2016 年	2017 年	2018 年	2019 年	2020 年	2021 年	2022 年
Q1（篇）	0	3	4	2	3	5	20	23	52	50
Q2（篇）	1	2	5	3	7	12	10	20	14	32
Q3（篇）	1	0	7	1	4	8	10	5	2	14
Q4（篇）	2	4	4	1	7	14	8	8	7	5
其他（篇）	0	0	0	3	1	0	5	3	7	3

图 1-2 西藏自治区农牧科学院 SCI 发文期刊 WOSJCR 分区趋势（2013—2022 年）

1.3 高发文研究所 TOP10

2013—2022 年西藏自治区农牧科学院 SCI 高发文研究所 TOP10 见表 1-3。

表 1-3　2013—2022 年西藏自治区农牧科学院 SCI 高发文研究所 TOP10　　单位：篇

排序	研究所	发文量
1	西藏自治区农牧科学院畜牧兽医研究所	226
2	西藏自治区农牧科学院农业质量标准与检测研究所	20
3	西藏自治区农牧科学院农业研究所	17
4	西藏自治区农牧科学院农产品开发与食品科学研究所	11
5	西藏自治区农牧科学院草业科学研究所	9
6	西藏自治区农牧科学院农业资源与环境研究所	4

注：全部发文研究所数量不足 10 个。

1.4　高发文期刊 TOP10

2013—2022 年西藏自治区农牧科学院 SCI 高发文期刊 TOP10 见表 1-4。

表 1-4　2013—2022 年西藏自治区农牧科学院 SCI 发文期刊 TOP10

排序	期刊名称	发文量（篇）	WOS 所有数据库总被引频次	WOS 核心库被引频次	期刊影响因子（最近年度）
1	MITOCHONDRIAL DNA PART B-RESOURCES	25	35	33	0.5（2022）
2	FRONTIERS IN MICROBIOLOGY	14	53	49	5.2（2022）
3	SCIENTIFIC REPORTS	11	119	105	4.6（2022）
4	FRONTIERS IN GENETICS	10	19	15	3.7（2022）
5	BMC GENOMICS	8	108	103	4.4（2022）
6	ANIMALS	8	32	29	3.0（2022）
7	FRONTIERS IN VETERINARY SCIENCE	8	3	3	3.2（2022）
8	FOOD CHEMISTRY	7	69	69	8.8（2022）
9	FRONTIERS IN PLANT SCIENCE	7	19	19	5.6（2022）
10	GENETICS AND MOLECULAR RESEARCH	6	37	32	0.4（2022）

1.5　合作发文国家与地区 TOP10

2013—2022 年西藏自治区农牧科学院 SCI 合作发文国家与地区（合作发文 1 篇以上）TOP10 见表 1-5。

表 1-5　2013—2022 年西藏自治区农牧科学院 SCI 合作发文国家与地区 TOP10

排序	国家与地区	合作发文量（篇）	WOS 所有数据库总被引频次	WOS 核心库被引频次
1	美国	18	229	210
2	澳大利亚	13	155	140
3	巴基斯坦	9	15	15
4	新西兰	7	34	30
5	土耳其	5	61	57
6	加拿大	5	49	44
7	埃及	5	39	37
8	德国	4	180	166
9	以色列	4	148	127
10	泰国	4	38	33

1.6　合作发文机构 TOP10

2013—2022 年西藏自治区农牧科学院 SCI 合作发文机构 TOP10 见表 1-6。

表 1-6　2013—2022 年西藏自治区农牧科学院 SCI 合作发文机构 TOP10

排序	合作发文机构	发文量（篇）	WOS 所有数据库总被引频次	WOS 核心库被引频次
1	中国科学院	67	320	276
2	中国农业科学院	66	56	49
3	西南大学	35	41	37
4	四川农业大学	27	23	23
5	中国科学院大学	25	211	180
6	西南民族大学	22	21	20
7	西北农林大学	20	25	24
8	甘肃农业大学	17	11	11
9	兰州大学	15	21	20
10	中国农业大学	15	9	8

1.7　高频词 TOP20

2013—2022 年西藏自治区农牧科学院 SCI 发文高频词（作者关键词）TOP20 见表 1-7。

表 1-7　2013—2022 年西藏自治区农牧科学院 SCI 发文高频词（作者关键词）TOP20

排序	关键词（作者关键词）	频次	排序	关键词（作者关键词）	频次
1	Mitochondrial genome	20	11	Hulless barley	6
2	Yak	15	12	Climate change	6
3	Tibet	13	13	Gut microbiota	6
4	Phylogenetic	10	14	Highland barley	5
5	Tibetan plateau	9	15	Transcriptome	5
6	Phylogenetic analysis	9	16	Tibetanhulless barley	5
7	China	7	17	New species	4
8	Genetic diversity	7	18	Phylogeny	4
9	Yaks	7	19	Population structure	4
10	Barley	6	20	Metabolome	4

2　中文期刊论文分析

2013—2022 年，西藏自治区农牧科学院作者共发表北大中文核心期刊论文 671 篇，中国科学引文数据库（CSCD）期刊论文 403 篇。

2.1　发文量

西藏自治区农牧科学院中文文献历年发文趋势（2013—2022 年）见图 2-1。

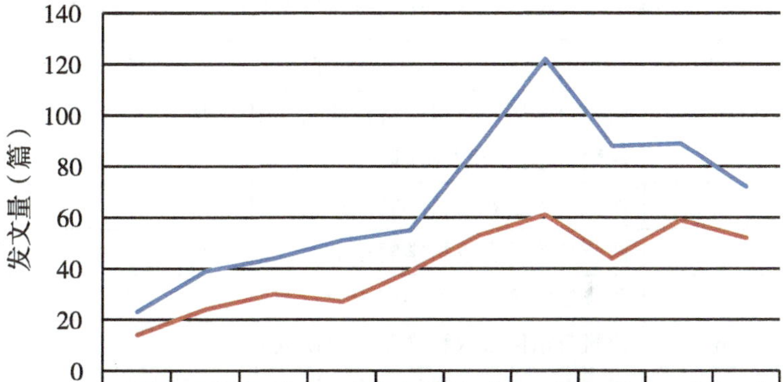

	2013年	2014年	2015年	2016年	2017年	2018年	2019年	2020年	2021年	2022年
北大中文核心期刊—发文量（篇）	23	39	44	51	55	88	122	88	89	72
CSCD期刊—发文量（篇）	14	24	30	27	39	53	61	44	59	52

图 2-1　西藏自治区农牧科学院中文文献历年发文趋势（2013—2022 年）

2.2 高发文研究所 TOP10

2013—2022 年西藏自治区农牧科学院北大中文核心期刊高发文研究所 TOP10 见表 2-1，2013—2022 年西藏自治区农牧科学院中国科学引文数据库（CSCD）期刊高发文研究所 TOP10 见表 2-2。

表 2-1 2013—2022 年西藏自治区农牧科学院北大中文核心期刊高发文研究所 TOP10 单位：篇

排序	研究所	发文量
1	西藏自治区农牧科学院	175
2	西藏自治区农牧科学院畜牧兽医研究所	163
3	西藏自治区农牧科学院农业研究所	82
4	西藏自治区农牧科学院水产科学研究所	72
5	西藏自治区农牧科学院草业科学研究所	66
6	西藏自治区农牧科学院蔬菜研究所	61
7	西藏自治区农牧科学院农业质量标准与检测研究所	39
8	西藏自治区农牧科学院农业资源与环境研究所	38
9	西藏自治区农牧科学院农产品开发与食品科学研究所	32
10	西藏自治区农牧科学院网络中心	2
11	西藏自治区农牧科学院院机关	1

注：“西藏自治区农牧科学院”发文包括作者单位只标注为“西藏自治区农牧科学院”、院属实验室等。

表 2-2 2013—2022 年西藏自治区农牧科学院 CSCD 期刊高发文研究所 TOP10 单位：篇

排序	研究所	发文量
1	西藏自治区农牧科学院畜牧兽医研究所	81
2	西藏自治区农牧科学院	74
3	西藏自治区农牧科学院水产科学研究所	59
4	西藏自治区农牧科学院草业科学研究所	58
5	西藏自治区农牧科学院农业研究所	56
6	西藏自治区农牧科学院蔬菜研究所	45
7	西藏自治区农牧科学院农业资源与环境研究所	27
8	西藏自治区农牧科学院农业质量标准与检测研究所	23
9	西藏自治区农牧科学院农产品开发与食品科学研究所	6
10	西藏自治区农牧科学院网络中心	1

注：“西藏自治区农牧科学院”发文包括作者单位只标注为“西藏自治区农牧科学院”、院属实验室等。

2.3 高发文期刊 TOP10

2013—2022 年西藏自治区农牧科学院高发文北大中文核心期刊 TOP10 见表 2-3，2013—2022 年西藏自治区农牧科学院高发文 CSCD 期刊 TOP10 见表 2-4。

表 2-3 2013—2022 年西藏自治区农牧科学院高发文期刊（北大中文核心）TOP10 单位：篇

排序	期刊名称	发文量	排序	期刊名称	发文量
1	西南农业学报	51	6	中国水产科学	15
2	黑龙江畜牧兽医	31	7	西北农业学报	14
3	动物营养学报	25	8	水产科学	14
4	麦类作物学报	18	9	水生生物学报	13
5	中国畜牧杂志	17	10	动物医学进展	13

表 2-4 2013—2022 年西藏自治区农牧科学院高发文期刊（CSCD）TOP10 单位：篇

排序	期刊名称	发文量	排序	期刊名称	发文量
1	西南农业学报	47	6	西北农业学报	12
2	动物营养学报	23	7	草地学报	11
3	麦类作物学报	16	8	水产科学	11
4	中国水产科学	14	9	应用与环境生物学报	9
5	中国草地学报	12	10	基因组学与应用生物学	9

2.4 合作发文机构 TOP10

2013—2022 年西藏自治区农牧科学院北大中文核心期刊合作发文机构 TOP10 见表 2-5，2013—2022 年西藏自治区农牧科学院 CSCD 期刊合作发文机构 TOP10 见表 2-6。

表 2-5 2013—2022 年西藏自治区农牧科学院北大中文核心期刊合作发文机构 TOP10 单位：篇

排序	合作发文机构	发文量	排序	合作发文机构	发文量
1	中国农业科学院	63	6	西藏大学	29
2	中国科学院	52	7	甘肃农业大学	28
3	西南民族大学	42	8	西南大学	21
4	西藏农牧学院	36	9	西北农林科技大学	19
5	四川农业大学	31	10	湖南农业大学	17

表 2-6　2013—2022 年西藏自治区农牧科学院 CSCD 期刊合作发文机构 TOP10　单位：篇

排序	合作发文机构	发文量	排序	合作发文机构	发文量
1	中国农业科学院	47	6	西藏农牧学院	20
2	中国科学院	40	7	中国水产科学研究院黑龙江水产研究所	13
3	西南民族大学	25	8	西南大学	12
4	甘肃农业大学	21	9	湖南农业大学	11
5	四川农业大学	20	10	西北农林科技大学	11

新疆农垦科学院

1 英文期刊论文分析

分析数据来源于科学引文索引数据库（Web of Science，WOS）收录的文献类型为期刊论文（Article）、会议论文（Proceedings Paper）和述评（Review）的 Science Citation Index Expanded（SCIE）论文数据，数据时间范围为2013—2022 年，共检索到新疆农垦科学院作者发表的论文 406 篇。

1.1 发文量

2013—2022 年新疆农垦科学院历年 SCI 发文与被引情况见表 1-1，新疆农垦科学院英文文献历年发文趋势（2013—2022 年）见图 1-1。

表 1-1 2013—2022 年新疆农垦科学院历年 SCI 发文与被引情况

出版年	发文量（篇）	WOS 所有数据库总被引频次	WOS 核心库被引频次
2013	15	339	283
2014	13	313	277
2015	16	299	272
2016	14	191	171
2017	25	381	335
2018	21	306	281
2019	43	384	325
2020	66	504	465
2021	76	252	243
2022	117	87	87

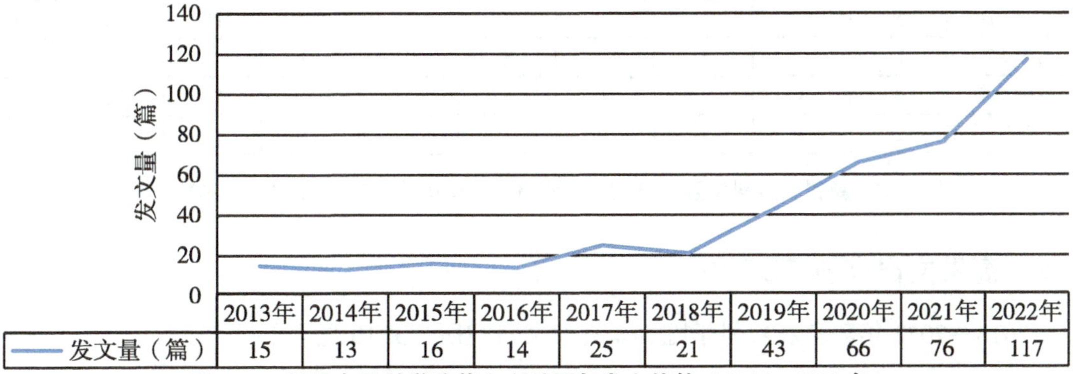

图 1-1 新疆农垦科学院英文文献历年发文趋势（2013—2022 年）

1.2 发文期刊 JCR 分区

2013—2022 年新疆农垦科学院 SCI 发文期刊 WOSJCR 分区情况见表 1-2，新疆农垦科学院 SCI 发文期刊 WOSJCR 分区趋势（2013—2022 年）见图 1-2。

表 1-2 2013—2022 年新疆农垦科学院 SCI 发文期刊 WOSJCR 分区情况 单位：篇

出版年	Q1 区发文量	Q2 区发文量	Q3 区发文量	Q4 区发文量	其他发文量
2013	3	5	2	3	2
2014	1	7	0	4	1
2015	7	2	5	1	1
2016	2	6	2	3	1
2017	8	3	8	5	1
2018	6	9	2	4	0
2019	21	8	9	4	1
2020	21	15	6	14	10
2021	36	10	7	12	9
2022	69	29	3	7	9

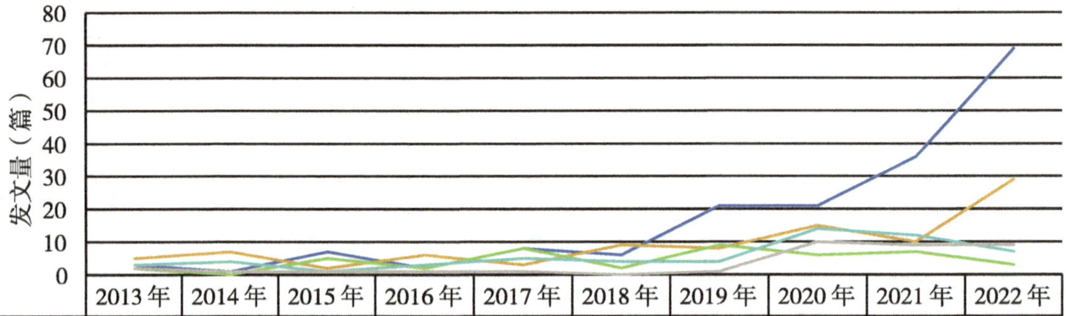

	2013 年	2014 年	2015 年	2016 年	2017 年	2018 年	2019 年	2020 年	2021 年	2022 年
Q1（篇）	3	1	7	2	8	6	21	21	36	69
Q2（篇）	5	7	2	6	3	9	8	15	10	29
Q3（篇）	2	0	5	2	8	2	9	6	7	3
Q4（篇）	3	4	1	3	5	4	4	14	12	7
其他（篇）	2	1	1	1	1	0	1	10	9	9

图 1-2 新疆农垦科学院 SCI 发文期刊 WOSJCR 分区趋势（2013—2022 年）

1.3 高发文研究所 TOP10

2013—2022 年新疆农垦科学院 SCI 高发文研究所 TOP10 见表 1-3。

表 1-3　2013—2022 年新疆农垦科学院 SCI 高发文研究所 TOP10　　单位：篇

排序	研究所	发文量
1	新疆农垦科学院棉花研究所	61
2	新疆农垦科学院畜牧兽医研究所	59
3	新疆农垦科学院农产品加工研究所	25
4	新疆农垦科学院分析测试中心	24
5	新疆农垦科学院作物研究所	17
6	新疆农垦科学院机械装备研究所	8
7	新疆农垦科学院植物保护研究所	7
8	新疆农垦科学院农田水利与土壤肥料研究所	2
9	新疆农垦科学院生物技术研究所	1
9	新疆农垦科学院分子农业技术育种中心	1

1.4　高发文期刊 TOP10

2013—2022 年新疆农垦科学院 SCI 高发文期刊 TOP10 见表 1-4。

表 1-4　2013—2022 年新疆农垦科学院 SCI 发文期刊 TOP10

排序	期刊名称	发文量（篇）	WOS 所有数据库总被引频次	WOS 核心库被引频次	期刊影响因子（最近年度）
1	SCIENTIFIC REPORTS	10	87	73	4.6（2022）
2	PLOS ONE	9	274	239	3.7（2022）
3	BIOLOGICAL TRACE ELEMENT RESEARCH	9	96	96	3.9（2022）
4	FRONTIERS IN GENETICS	8	84	78	3.7（2022）
5	FRONTIERS IN PLANT SCIENCE	7	47	44	5.6（2022）
6	THERIOGENOLOGY	7	25	24	2.8（2022）
7	MOLECULAR BREEDING	6	54	49	3.1（2022）
8	FRONTIERS IN MICROBIOLOGY	6	26	26	5.2（2022）
9	FOODS	6	15	15	5.2（2022）
10	PAKISTAN JOURNAL OF ZOOLOGY	6	4	4	0.6（2022）

1.5 合作发文国家与地区 TOP10

2013—2022 年新疆农垦科学院 SCI 合作发文国家与地区（合作发文 1 篇以上）TOP10 见表 1-5。

表 1-5 2013—2022 年新疆农垦科学院 SCI 合作发文国家与地区 TOP10

排序	国家与地区	合作发文量（篇）	WOS 所有数据库总被引频次	WOS 核心库被引频次
1	美国	20	169	146
2	巴基斯坦	13	58	54
3	澳大利亚	11	119	110
4	芬兰	8	211	191
5	荷兰	8	98	92
6	加拿大	7	102	95
7	英格兰	6	106	100
8	肯尼亚	6	97	91
9	伊朗	6	96	90
10	苏格兰	5	148	129

1.6 合作发文机构 TOP10

2013—2022 年新疆农垦科学院 SCI 合作发文机构 TOP10 见表 1-6。

表 1-6 2013—2022 年新疆农垦科学院 SCI 合作发文机构 TOP10

排序	合作发文机构	发文量（篇）	WOS 所有数据库总被引频次	WOS 核心库被引频次
1	石河子大学	129	75	72
2	中国农业科学院	72	111	105
3	中国农业大学	42	58	54
4	中国科学院	40	89	83
5	扬州大学	21	9	9
6	新疆农业大学	19	4	4
7	南京农业大学	18	193	174
8	西北农林科技大学	17	19	18
9	华中农业大学	16	22	18
10	西南科技大学	15	77	77

1.7 高频词 TOP20

2013—2022 年新疆农垦科学院 SCI 发文高频词（作者关键词）TOP20 见表 1-7。

表 1-7　2013—2022 年新疆农垦科学院 SCI 发文高频词（作者关键词）TOP20

排序	关键词（作者关键词）	频次	排序	关键词（作者关键词）	频次
1	Cotton	16	11	Kazakh sheep	4
2	Sheep	16	12	Hypothalamus	4
3	Upland cotton	10	13	New species	4
4	Candidate genes	9	14	Single nucleotide polymorphism	4
5	GWAS	7	15	RNA-seq	4
6	SNP	5	16	Candidate gene	4
7	GnRH	5	17	Molecularly imprinted polymers	4
8	Oocyte	4	18	Taxonomy	4
9	ModifiedQuEChERS	4	19	Yield	4
10	Fiber quality	4	20	Wheat	4

2　中文期刊论文分析

2013—2022 年，新疆农垦科学院作者共发表北大中文核心期刊论文 1 171篇，中国科学引文数据库（CSCD）期刊论文 745 篇。

2.1　发文量

新疆农垦科学院中文文献历年发文趋势（2013—2022 年）见图 2-1。

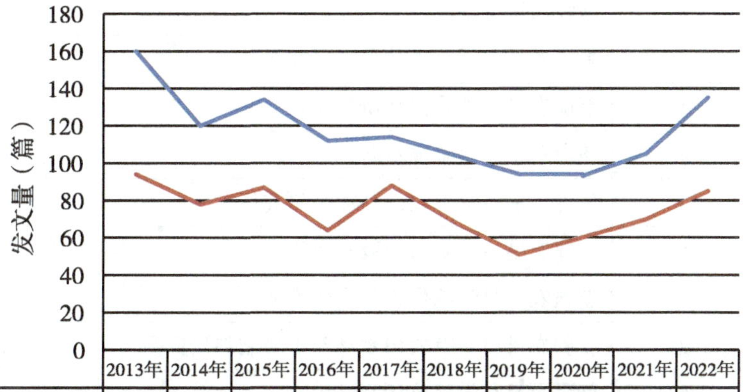

	2013年	2014年	2015年	2016年	2017年	2018年	2019年	2020年	2021年	2022年
北大中文核心期刊—发文量（篇）	160	120	134	112	114	104	94	93	105	135
CSCD期刊—发文量（篇）	94	78	87	64	88	68	51	60	70	85

图 2-1　新疆农垦科学院中文文献历年发文趋势（2013—2022 年）

2.2 高发文研究所 TOP10

2013—2022 年新疆农垦科学院北大中文核心期刊高发文研究所 TOP10 见表 2-1，2013—2022 年新疆农垦科学院中国科学引文数据库（CSCD）期刊高发文研究所 TOP10 见表 2-2。

表 2-1 2013—2022 年新疆农垦科学院北大中文核心期刊高发文研究所 TOP10 单位：篇

排序	研究所	发文量
1	新疆农垦科学院	241
2	新疆农垦科学院畜牧兽医研究所	225
3	新疆农垦科学院机械装备研究所	171
4	新疆农垦科学院棉花研究所	110
5	新疆农垦科学院作物研究所	106
6	新疆农垦科学院农产品加工研究所	91
7	新疆农垦科学院生物技术研究所	71
8	新疆农垦科学院农田水利与土壤肥料研究所	70
9	新疆农垦科学院分析测试中心	53
9	新疆农垦科学院林园研究所	53
10	新疆农垦科学院植物保护研究所	19

注："新疆农垦科学院"发文包括作者单位只标注为"新疆农垦科学院"、院属实验室等。

表 2-2 2013—2022 年新疆农垦科学院 CSCD 期刊高发文研究所 TOP10 单位：篇

排序	研究所	发文量
1	新疆农垦科学院	157
2	新疆农垦科学院畜牧兽医研究所	101
3	新疆农垦科学院作物研究所	94
4	新疆农垦科学院棉花研究所	89
5	新疆农垦科学院农产品加工研究所	67
5	新疆农垦科学院机械装备研究所	67
6	新疆农垦科学院生物技术研究所	65
7	新疆农垦科学院农田水利与土壤肥料研究所	60
8	新疆农垦科学院分析测试中心	31
9	新疆农垦科学院林园研究所	28
10	新疆农垦科学院植物保护研究所	16

注："新疆农垦科学院"发文包括作者单位只标注为"新疆农垦科学院"、院属实验室等。

2.3 高发文期刊 TOP10

2013—2022 年新疆农垦科学院高发文北大中文核心期刊 TOP10 见表 2-3，2013—2022 年新疆农垦科学院高发文 CSCD 期刊 TOP10 见表 2-4。

表 2-3 2013—2022 年新疆农垦科学院高发文期刊（北大中文核心）TOP10 单位：篇

排序	期刊名称	发文量	排序	期刊名称	发文量
1	新疆农业科学	90	6	食品工业科技	35
2	江苏农业科学	66	7	中国农机化学报	34
3	农机化研究	53	8	黑龙江畜牧兽医	30
4	西北农业学报	48	9	农业工程学报	30
5	西南农业学报	47	10	干旱地区农业研究	29

表 2-4 2013—2022 年新疆农垦科学院高发文期刊（CSCD）TOP10 单位：篇

排序	期刊名称	发文量	排序	期刊名称	发文量
1	新疆农业科学	100	6	食品工业科技	27
2	西南农业学报	50	7	甘肃农业大学学报	22
3	西北农业学报	47	8	麦类作物学报	21
4	农业工程学报	29	9	棉花学报	20
5	干旱地区农业研究	29	10	畜牧兽医学报	20

2.4 合作发文机构 TOP10

2013—2022 年新疆农垦科学院北大中文核心期刊合作发文机构 TOP10 见表 2-5，2013—2022 年新疆农垦科学院 CSCD 期刊合作发文机构 TOP10 见表 2-6。

表 2-5 2013—2022 年新疆农垦科学院北大中文核心期刊合作发文机构 TOP10 单位：篇

排序	合作发文机构	发文量	排序	合作发文机构	发文量
1	石河子大学	386	6	中国科学院	21
2	中国农业科学院	49	7	新疆石河子职业技术学院	18
3	中国农业大学	46	8	新疆农业科学院	17
4	新疆农业大学	31	9	新疆农业职业技术学院	15
5	塔里木大学	30	10	西北农林科技大学	9

表 2-6　2013—2022 年新疆农垦科学院 CSCD 期刊合作发文机构 TOP10　单位：篇

排序	合作发文机构	发文量	排序	合作发文机构	发文量
1	石河子大学	212	6	塔里木大学	16
2	中国农业科学院	37	7	新疆农业科学院	16
3	中国农业大学	35	8	新疆农业职业技术学院	11
4	新疆农业大学	22	9	新疆石河子职业技术学院	10
5	中国科学院	19	10	西北农林科技大学	10

新疆农业科学院

1 英文期刊论文分析

分析数据来源于科学引文索引数据库（Web of Science，WOS）收录的文献类型为期刊论文（Article）、会议论文（Proceedings Paper）和述评（Review）的 Science Citation Index Expanded（SCIE）论文数据，数据时间范围为2013—2022 年，共检索到新疆农业科学院作者发表的论文 786 篇。

1.1 发文量

2013—2022 年新疆农业科学院历年 SCI 发文与被引情况见表 1-1，新疆农业科学院英文文献历年发文趋势（2013—2022 年）见图 1-1。

表 1-1 2013—2022 年新疆农业科学院历年 SCI 发文与被引情况

出版年	发文量（篇）	WOS 所有数据库总被引频次	WOS 核心库被引频次
2013	20	1 077	945
2014	39	1 520	1 332
2015	51	1 380	1 212
2016	52	1 143	1 001
2017	49	1 136	1 023
2018	44	934	852
2019	109	1 476	1 347
2020	101	873	804
2021	139	374	360
2022	182	77	76

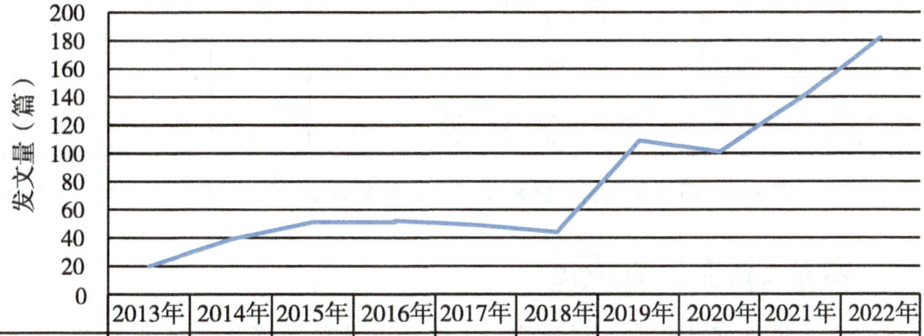

	2013年	2014年	2015年	2016年	2017年	2018年	2019年	2020年	2021年	2022年
发文量（篇）	20	39	51	52	49	44	109	101	139	182

图 1-1 新疆农业科学院英文文献历年发文趋势（2013—2022 年）

1.2 发文期刊 JCR 分区

2013—2022 年新疆农业科学院 SCI 发文期刊 WOSJCR 分区情况见表 1-2，新疆农业科学院 SCI 发文期刊 WOSJCR 分区趋势（2013—2022 年）见图 1-2。

表 1-2 2013—2022 年新疆农业科学院 SCI 发文期刊 WOSJCR 分区情况 单位：篇

出版年	Q1 区发文量	Q2 区发文量	Q3 区发文量	Q4 区发文量	其他发文量
2013	6	6	4	1	3
2014	13	13	7	3	3
2015	20	9	14	6	2
2016	17	21	11	1	2
2017	22	10	9	7	1
2018	22	10	10	2	0
2019	44	36	19	4	6
2020	40	23	13	9	12
2021	66	41	9	5	15
2022	111	51	13	4	3

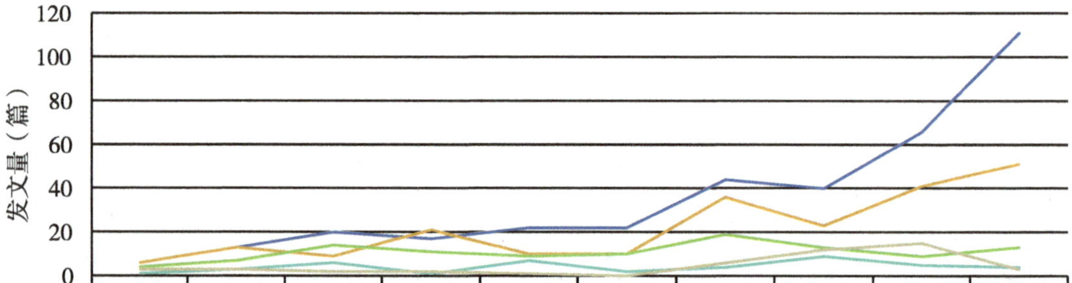

	2013 年	2014 年	2015 年	2016 年	2017 年	2018 年	2019 年	2020 年	2021 年	2022 年
Q1（篇）	6	13	20	17	22	22	44	40	66	111
Q2（篇）	6	13	9	21	10	10	36	23	41	51
Q3（篇）	4	7	14	11	9	10	19	13	9	13
Q4（篇）	1	3	6	1	7	2	4	9	5	4
其他（篇）	3	3	2	2	1	0	6	12	15	3

图 1-2 新疆农业科学院 SCI 发文期刊 WOSJCR 分区趋势（2013—2022 年）

1.3 高发文研究所 TOP10

2013—2022 年新疆农业科学院 SCI 高发文研究所 TOP10 见表 1-3。

表 1-3　2013—2022 年新疆农业科学院 SCI 高发文研究所 TOP10　　单位：篇

排序	研究所	发文量
1	新疆农业科学院植物保护研究所	127
2	新疆农业科学院微生物应用研究所	113
3	新疆农业科学院土壤肥料与农业节水研究所	57
4	新疆农业科学院园艺作物研究所	54
5	新疆农业科学院经济作物研究所	50
6	新疆农业科学院核技术生物技术研究所	48
7	新疆农业科学院农产品贮藏加工研究所	40
8	新疆农业科学院粮食作物研究所	35
9	新疆农业科学院农业质量标准与检测技术研究所	30
10	新疆农业科学院农业机械化研究所	25

1.4　高发文期刊 TOP10

2013—2022 年新疆农业科学院 SCI 高发文期刊 TOP10 见表 1-4。

表 1-4　2013—2022 年新疆农业科学院 SCI 发文期刊 TOP10

排序	期刊名称	发文量（篇）	WOS 所有数据库总被引频次	WOS 核心库被引频次	期刊影响因子（最近年度）
1	FRONTIERS IN PLANT SCIENCE	26	157	147	5.6（2022）
2	SCIENTIFIC REPORTS	22	423	375	4.6（2022）
3	PLOS ONE	20	222	198	3.7（2022）
4	JOURNAL OF INTEGRATIVE AGRICULTURE	19	235	189	4.8（2022）
5	SCIENTIA HORTICULTURAE	16	166	146	4.3（2022）
6	AGRONOMY-BASEL	16	39	36	3.7（2022）
7	POSTHARVEST BIOLOGY AND TECHNOLOGY	13	358	318	7.0（2022）
8	FRONTIERS IN MICROBIOLOGY	13	105	98	5.2（2022）
9	FOOD CHEMISTRY	12	167	161	8.8（2022）
10	AGROFORESTRY SYSTEMS	11	198	165	2.2（2022）

1.5 合作发文国家与地区 TOP10

2013—2022 年新疆农业科学院 SCI 合作发文国家与地区（合作发文 1 篇以上）TOP10 见表 1-5。

表 1-5 2013—2022 年新疆农业科学院 SCI 合作发文国家与地区 TOP10

排序	国家与地区	合作发文量（篇）	WOS 所有数据库总被引频次	WOS 核心库被引频次
1	美国	61	2 102	1 880
2	澳大利亚	21	444	388
3	英格兰	18	681	609
4	日本	9	257	229
5	巴基斯坦	9	58	57
6	法国	7	1 176	1 054
7	德国	7	597	531
8	埃及	6	115	109
9	加拿大	5	42	31
10	墨西哥	5	97	95

1.6 合作发文机构 TOP10

2013—2022 年新疆农业科学院 SCI 合作发文机构 TOP10 见表 1-6。

表 1-6 2013—2022 年新疆农业科学院 SCI 合作发文机构 TOP10

排序	合作发文机构	发文量（篇）	WOS 所有数据库总被引频次	WOS 核心库被引频次
1	中国农业科学院	178	786	679
2	中国农业大学	106	217	185
3	新疆农业大学	102	101	87
4	南京农业大学	74	392	363
5	石河子大学	54	70	58
6	中国科学院	53	354	317
7	西北农林科技大学	38	142	120
8	新疆大学	38	97	85
9	华中农业大学	37	558	484

（续表）

排序	合作发文机构	发文量（篇）	WOS 所有数据库总被引频次	WOS 核心库被引频次
10	中华人民共和国农业农村部	29	16	15

1.7 高频词 TOP20

2013—2022 年新疆农业科学院 SCI 发文高频词（作者关键词）TOP20 见表 1-7。

表 1-7 2013—2022 年新疆农业科学院 SCI 发文高频词（作者关键词）TOP20

排序	关键词（作者关键词）	频次	排序	关键词（作者关键词）	频次
1	Leptinotarsadecemlineata	39	11	Juvenile hormone	10
2	Cotton	25	12	Apricot	10
3	RNA interference	19	13	Drought tolerance	8
4	Gene expression	17	14	Transcriptome	8
5	20-Hydroxyecdysone	16	15	GWAS	7
6	Wheat	13	16	RNA-seq	7
7	Yield	12	17	Nitric oxide	6
8	Maize	12	18	Gossypiumhirsutum	6
9	Metamorphosis	10	19	QTL	6
10	Pupation	10	20	Rice	6

2 中文期刊论文分析

2013—2022 年，新疆农业科学院作者共发表北大中文核心期刊论文2 740篇，中国科学引文数据库（CSCD）期刊论文2 196篇。

2.1 发文量

新疆农业科学院中文文献历年发文趋势（2013—2022 年）见图 2-1。

2.2 高发文研究所 TOP10

2013—2022 年新疆农业科学院北大中文核心期刊高发文研究所 TOP10 见表 2-1，2013—2022 年新疆农业科学院中国科学引文数据库（CSCD）期刊高发文研究所 TOP10 见表 2-2。

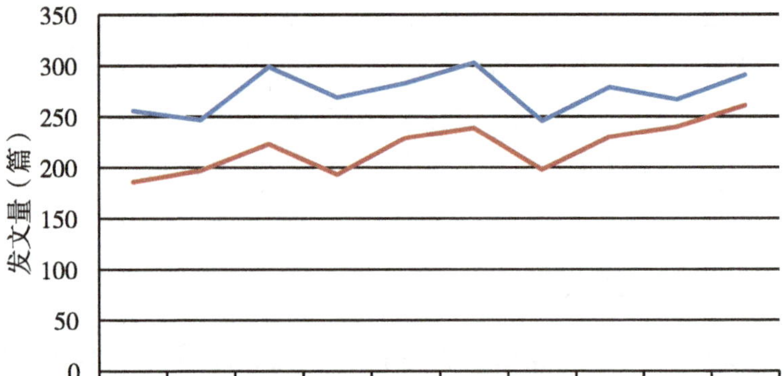

	2013年	2014年	2015年	2016年	2017年	2018年	2019年	2020年	2021年	2022年
北大中文核心期刊—发文量（篇）	256	247	299	269	283	303	246	279	267	291
CSCD期刊—发文量（篇）	186	197	223	193	229	239	198	230	240	261

图 2-1　新疆农业科学院中文文献历年发文趋势（2013—2022 年）

表 2-1　2013—2022 年新疆农业科学院北大中文核心期刊高发文研究所 TOP10　单位：篇

排序	研究所	发文量
1	新疆农业科学院植物保护研究所	328
2	新疆农业科学院土壤肥料与农业节水研究所	322
3	新疆农业科学院微生物应用研究所	296
4	新疆农业科学院园艺作物研究所	295
5	新疆农业科学院经济作物研究所	266
6	新疆农业科学院粮食作物研究所	207
7	新疆农业科学院农业机械化研究所	198
8	新疆农业科学院农产品贮藏加工研究所	188
9	新疆农业科学院核技术生物技术研究所	178
10	新疆农业科学院	152
11	新疆农业科学院农业质量标准与检测技术研究所	128

注：“新疆农业科学院”发文包括作者单位只标注为“新疆农业科学院”、院属实验室等。

表 2-2　2013—2022 年新疆农业科学院 CSCD 期刊高发文研究所 TOP10　单位：篇

排序	研究所	发文量
1	新疆农业科学院植物保护研究所	317
2	新疆农业科学院土壤肥料与农业节水研究所	308
3	新疆农业科学院微生物应用研究所	279

（续表）

排序	研究所	发文量
4	新疆农业科学院园艺作物研究所	254
5	新疆农业科学院经济作物研究所	239
6	新疆农业科学院粮食作物研究所	206
7	新疆农业科学院核技术生物技术研究所	154
8	新疆农业科学院农产品贮藏加工研究所	109
9	新疆农业科学院农业机械化研究所	104
10	新疆农业科学院农业质量标准与检测技术研究所	79

2.3 高发文期刊 TOP10

2013—2022 年新疆农业科学院高发文北大中文核心期刊 TOP10 见表 2-3，2013—2022 年新疆农业科学院高发文 CSCD 期刊 TOP10 见表 2-4。

表 2-3 2013—2022 年新疆农业科学院高发文期刊（北大中文核心）TOP10 单位：篇

排序	期刊名称	发文量	排序	期刊名称	发文量
1	新疆农业科学	1 087	6	麦类作物学报	46
2	北方园艺	65	7	农业工程学报	44
3	西北农业学报	63	8	农机化研究	35
4	分子植物育种	57	9	现代食品科技	34
5	食品工业科技	54	10	干旱地区农业研究	34

表 2-4 2013—2022 年新疆农业科学院高发文期刊（CSCD）TOP10 单位：篇

排序	期刊名称	发文量	排序	期刊名称	发文量
1	新疆农业科学	1 119	6	干旱地区农业研究	35
2	西北农业学报	64	7	植物保护	29
3	农业工程学报	39	8	中国农业科学	29
4	麦类作物学报	39	9	食品工业科技	29
5	分子植物育种	38	10	棉花学报	27

2.4 合作发文机构 TOP10

2013—2022 年新疆农业科学院北大中文核心期刊合作发文机构 TOP10 见表 2-5，2013—2022 年新疆农业科学院 CSCD 期刊合作发文机构 TOP10 见表 2-6。

表 2-5　2013—2022 年新疆农业科学院北大中文核心期刊合作发文机构 TOP10　单位：篇

排序	合作发文机构	发文量	排序	合作发文机构	发文量
1	新疆农业大学	732	6	中国科学院	52
2	中国农业科学院	152	7	新疆农业职业技术学院	50
3	中国农业大学	145	8	塔里木大学	42
4	新疆大学	140	9	西北农林科技大学	34
5	石河子大学	116	10	南京农业大学	28

表 2-6　2013—2022 年新疆农业科学院 CSCD 期刊合作发文机构 TOP10　单位：篇

排序	合作发文机构	发文量	排序	合作发文机构	发文量
1	新疆农业大学	515	6	中国科学院	44
2	中国农业科学院	122	7	新疆农业职业技术学院	32
3	中国农业大学	114	8	塔里木大学	29
4	新疆大学	107	9	西北农林科技大学	29
5	石河子大学	94	10	新疆师范大学	21

新疆畜牧科学院

1 英文期刊论文分析

分析数据来源于科学引文索引数据库（Web of Science，WOS）收录的文献类型为期刊论文（Article）、会议论文（Proceedings Paper）和述评（Review）的 Science Citation Index Expanded（SCIE）论文数据，数据时间范围为2013—2022年，共检索到新疆畜牧科学院作者发表的论文202篇。

1.1 发文量

2013—2022年新疆畜牧科学院历年SCI发文与被引情况见表1-1，新疆畜牧科学院英文文献历年发文趋势（2013—2022年）见图1-1。

表1-1 2013—2022年新疆畜牧科学院历年SCI发文与被引情况

出版年	发文量（篇）	WOS所有数据库总被引频次	WOS核心库被引频次
2013	6	292	233
2014	8	291	269
2015	13	528	459
2016	17	365	323
2017	21	468	429
2018	21	276	254
2019	22	362	334
2020	28	179	170
2021	31	123	115
2022	35	13	13

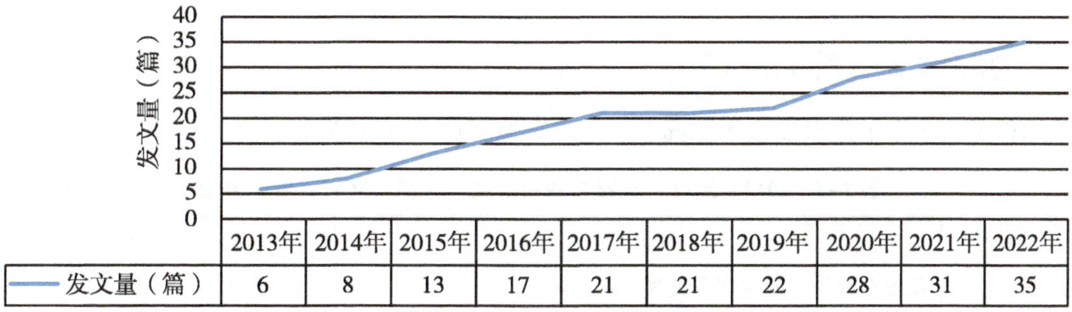

图1-1 新疆畜牧科学院英文文献历年发文趋势（2013—2022年）

1.2 发文期刊 JCR 分区

2013—2022 年新疆畜牧科学院 SCI 发文期刊 WOSJCR 分区情况见表 1-2，新疆畜牧科学院 SCI 发文期刊 WOSJCR 分区趋势（2013—2022 年）见图 1-2。

表 1-2 2013—2022 年新疆畜牧科学院 SCI 发文期刊 WOSJCR 分区情况 单位：篇

出版年	Q1 区发文量	Q2 区发文量	Q3 区发文量	Q4 区发文量	其他发文量
2013	2	2	2	0	0
2014	2	2	3	1	0
2015	5	3	2	3	0
2016	4	4	4	2	3
2017	7	4	7	3	0
2018	3	11	4	2	1
2019	6	10	5	1	0
2020	11	7	1	5	2
2021	19	6	0	2	4
2022	18	10	3	2	2

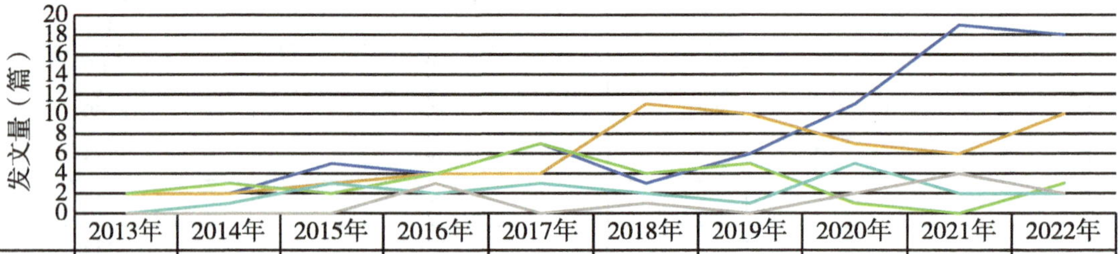

	2013年	2014年	2015年	2016年	2017年	2018年	2019年	2020年	2021年	2022年
Q1（篇）	2	2	5	4	7	3	6	11	19	18
Q2（篇）	2	2	3	4	4	11	10	7	6	10
Q3（篇）	2	3	2	4	7	4	5	1	0	3
Q4（篇）	0	1	3	2	3	2	1	5	2	2
其他（篇）	0	0	0	3	0	1	0	2	4	2

图 1-2 新疆畜牧科学院 SCI 发文期刊 WOSJCR 分区趋势（2013—2022 年）

1.3 高发文研究所 TOP10

2013—2022 年新疆畜牧科学院 SCI 高发文研究所 TOP10 见表 1-3。

表 1-3 2013—2022 年新疆畜牧科学院 SCI 高发文研究所 TOP10 单位：篇

排序	研究所	发文量
1	新疆畜牧科学院兽医研究所	55
2	新疆畜牧科学院生物技术研究所	33

（续表）

排序	研究所	发文量
3	新疆畜牧科学院畜牧研究所	31
4	新疆畜牧科学院草业研究所	8
5	新疆畜牧科学院饲料研究所	5
6	新疆畜牧科学院畜牧业经济与信息研究所	1

注：全部发文研究所数量不足 10 个。

1.4 高发文期刊 TOP10

2013—2022 年新疆畜牧科学院 SCI 高发文期刊 TOP10 见表 1-4。

表 1-4 2013—2022 年新疆畜牧科学院 SCI 发文期刊 TOP10

排序	期刊名称	发文量（篇）	WOS 所有数据库总被引频次	WOS 核心库被引频次	期刊影响因子（最近年度）
1	BMC GENOMICS	7	222	206	4.4（2022）
2	ANIMALS	7	30	26	3.0（2022）
3	PLOS ONE	6	53	48	3.7（2022）
4	ARCHIVES OF VIROLOGY	6	40	34	2.7（2022）
5	GENE	6	29	26	3.5（2022）
6	MOLECULAR BIOLOGY AND EVOLUTION	5	340	315	10.7（2022）
7	FRONTIERS IN GENETICS	5	32	32	3.7（2022）
8	PARASITES & VECTORS	4	86	70	3.2（2022）
9	SCIENTIFIC REPORTS	4	81	73	4.6（2022）
10	INTERNATIONAL JOURNAL OF MOLECULAR SCIENCES	4	44	43	5.6（2022）

1.5 合作发文国家与地区 TOP10

2013—2022 年新疆畜牧科学院 SCI 合作发文国家与地区（合作发文 1 篇以上）TOP10 见表 1-5。

表 1-5 2013—2022 年新疆畜牧科学院 SCI 合作发文国家与地区 TOP10

排序	国家与地区	合作发文量（篇）	WOS 所有数据库总被引频次	WOS 核心库被引频次
1	美国	18	376	353

（续表）

排序	国家与地区	合作发文量（篇）	WOS 所有数据库总被引频次	WOS 核心库被引频次
2	澳大利亚	9	563	465
3	肯尼亚	8	430	398
4	芬兰	6	326	298
5	伊朗	5	137	127
6	德国	5	31	30
7	威尔士	4	128	118
8	巴基斯坦	4	108	98
9	印度	4	71	64
10	苏格兰	4	26	26

1.6 合作发文机构 TOP10

2013—2022 年新疆畜牧科学院 SCI 合作发文机构 TOP10 见表 1-6。

表 1-6 2013—2022 年新疆畜牧科学院 SCI 合作发文机构 TOP10

排序	合作发文机构	发文量（篇）	WOS 所有数据库总被引频次	WOS 核心库被引频次
1	中国农业科学院	48	103	91
2	新疆农业大学	35	23	23
3	石河子大学	34	81	73
4	中国科学院	22	113	104
5	中国农业大学	22	49	44
6	甘肃农业大学	16	32	26
7	新疆医科大学	14	192	158
8	新疆大学	11	57	53
9	内蒙古农业大学	10	67	58
10	中国科学院大学	10	42	35

1.7 高频词 TOP20

2013—2022 年新疆畜牧科学院 SCI 发文高频词（作者关键词）TOP20 见表 1-7。

表 1-7　2013—2022 年新疆畜牧科学院 SCI 发文高频词（作者关键词）TOP20

排序	关键词（作者关键词）	频次	排序	关键词（作者关键词）	频次
1	Sheep	13	11	microRNA	4
2	Phylogenetic analysis	6	12	Monoclonal antibody	3
3	Hypoxia	5	13	Mitochondrial genome	3
4	DNA methylation	5	14	miRNA	3
5	Xinjiang	5	15	Ovisaries	3
6	Genetic diversity	5	16	Myostatin	3
7	Echinococcusgranulosus	4	17	RNA-seq	3
8	Lamb	4	18	Foot-and-mouth disease virus	3
9	China	4	19	Horse	2
10	Bovine	4	20	SNP	2

2　中文期刊论文分析

2013—2022 年，新疆畜牧科学院作者共发表北大中文核心期刊论文 636 篇，中国科学引文数据库（CSCD）期刊论文 273 篇。

2.1　发文量

新疆畜牧科学院中文文献历年发文趋势（2013—2022 年）见图 2-1。

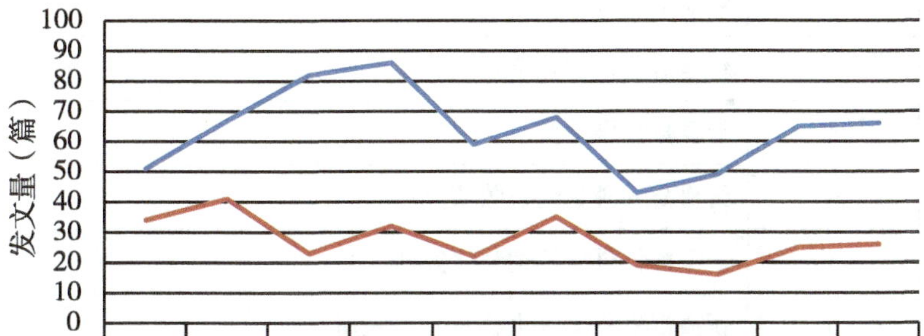

	2013年	2014年	2015年	2016年	2017年	2018年	2019年	2020年	2021年	2022年
北大中文核心期刊—发文量（篇）	51	67	82	86	59	68	43	49	65	66
CSCD期刊—发文量（篇）	34	41	23	32	22	35	19	16	25	26

图 2-1　新疆畜牧科学院中文文献历年发文趋势（2013—2022 年）

2.2 高发文研究所 TOP10

2013—2022 年新疆畜牧科学院北大中文核心期刊高发文研究所 TOP10 见表 2-1，2013—2022 年新疆畜牧科学院中国科学引文数据库（CSCD）期刊高发文研究所 TOP10 见表 2-2。

表 2-1 2013—2022 年新疆畜牧科学院北大中文核心期刊高发文研究所 TOP10 单位：篇

排序	研究所	发文量
1	新疆畜牧科学院兽医研究所	144
2	新疆畜牧科学院	142
3	新疆畜牧科学院畜牧研究所	95
4	新疆畜牧科学院畜牧业质量标准研究所	84
5	新疆畜牧科学院饲料研究所	76
6	新疆畜牧科学院草业研究所	52
7	新疆畜牧科学院生物技术研究所	40
8	新疆畜牧科学院畜牧业经济与信息研究所	21

注：全部发文研究所数量不足 10 个。“新疆畜牧科学院”发文包括作者单位只标注为“新疆畜牧科学院”、院属实验室等。

表 2-2 2013—2022 年新疆畜牧科学院 CSCD 期刊高发文研究所 TOP10 单位：篇

排序	研究所	发文量
1	新疆畜牧科学院兽医研究所	80
2	新疆畜牧科学院草业研究所	55
3	新疆畜牧科学院	40
4	新疆畜牧科学院畜牧研究所	39
5	新疆畜牧科学院饲料研究所	33
6	新疆畜牧科学院生物技术研究所	22
7	新疆畜牧科学院畜牧业质量标准研究所	8
8	新疆畜牧科学院畜牧业经济与信息研究所	2

注：全部发文研究所数量不足 10 个。“新疆畜牧科学院”发文包括作者单位只标注为“新疆畜牧科学院”、院属实验室等。

2.3 高发文期刊 TOP10

2013—2022 年新疆畜牧科学院高发文北大中文核心期刊 TOP10 见表 2-3，2013—2022 年新疆畜牧科学院高发文 CSCD 期刊 TOP10 见表 2-4。

表 2-3 2013—2022 年新疆畜牧科学院高发文期刊（北大中文核心）TOP10 单位：篇

排序	期刊名称	发文量	排序	期刊名称	发文量
1	新疆农业科学	77	6	畜牧与兽医	24
2	中国畜牧兽医	59	7	家畜生态学报	23
3	黑龙江畜牧兽医	49	8	饲料研究	23
4	中国畜牧杂志	33	9	中国饲料	19
5	动物医学进展	30	10	畜牧兽医学报	19

表 2-4 2013—2022 年新疆畜牧科学院高发文期刊（CSCD）TOP10 单位：篇

排序	期刊名称	发文量	排序	期刊名称	发文量
1	新疆农业科学	75	6	西南农业学报	12
2	动物营养学报	15	7	草业科学	11
3	西北农业学报	14	8	中国兽医科学	8
4	畜牧兽医学报	14	9	中国农业科学	8
5	中国预防兽医学报	12	10	动物医学进展	7

2.4 合作发文机构 TOP10

2013—2022 年新疆畜牧科学院北大中文核心期刊合作发文机构 TOP10 见表 2-5，2013—2022 年新疆畜牧科学院 CSCD 期刊合作发文机构 TOP10 见表 2-6。

表 2-5 2013—2022 年新疆畜牧科学院北大中文核心期刊合作发文机构 TOP10 单位：篇

排序	合作发文机构	发文量	排序	合作发文机构	发文量
1	新疆农业大学	215	6	新疆大学	18
2	石河子大学	58	7	塔里木大学	16
3	中国农业科学院	40	8	乌鲁木齐市动物疾病控制与诊断中心	13
4	中国农业大学	32	9	新疆农业科学院	12
5	华中农业大学	24	10	新疆维吾尔自治区动物卫生监督所	12

表 2-6　2013—2022 年新疆畜牧科学院 CSCD 期刊合作发文机构 TOP10　单位：篇

排序	合作发文机构	发文量	排序	合作发文机构	发文量
1	新疆农业大学	85	6	新疆农业科学院	9
2	石河子大学	32	7	塔里木大学	7
3	中国农业科学院	25	8	新疆维吾尔自治区动物卫生监督所	7
4	中国农业大学	13	9	新疆医科大学	7
5	乌鲁木齐市动物疾病控制与诊断中心	11	10	新疆大学	6

云南省农业科学院

1 英文期刊论文分析

分析数据来源于科学引文索引数据库（Web of Science，WOS）收录的文献类型为期刊论文（Article）、会议论文（Proceedings Paper）和述评（Review）的 Science Citation Index Expanded（SCIE）论文数据，数据时间范围为2013—2022 年，共检索到云南省农业科学院作者发表的论文 1 511篇。

1.1 发文量

2013—2022 年云南省农业科学院历年 SCI 发文与被引情况见表 1-1，云南省农业科学院英文文献历年发文趋势（2013—2022 年）见图 1-1。

表 1-1 2013—2022 年云南省农业科学院历年 SCI 发文与被引情况

出版年	发文量（篇）	WOS 所有数据库总被引频次	WOS 核心库被引频次
2013	76	1 546	1 305
2014	75	1 826	1 568
2015	113	3 531	3 121
2016	127	2 262	1 967
2017	128	2 713	2 383
2018	134	2 222	2 013
2019	174	2 181	2 048
2020	203	1 867	1 700
2021	211	566	544
2022	270	132	129

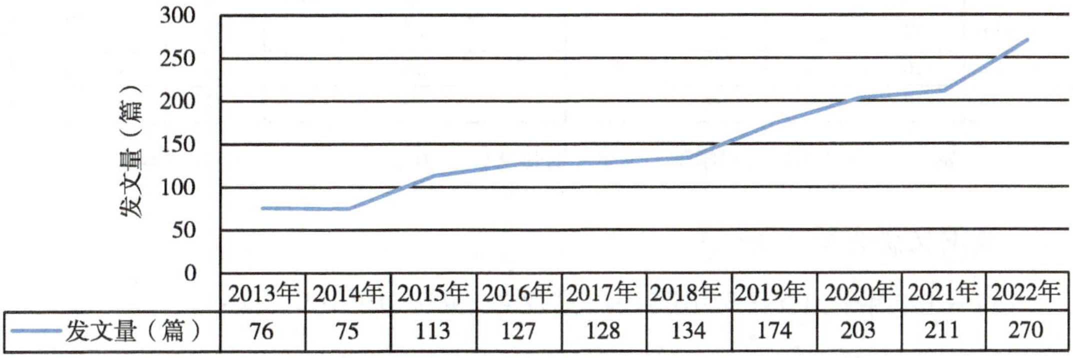

图 1-1 云南省农业科学院英文文献历年发文趋势（2013—2022 年）

1.2　发文期刊 JCR 分区

2013—2022 年云南省农业科学院 SCI 发文期刊 WOSJCR 分区情况见表 1-2，云南省农业科学院 SCI 发文期刊 WOSJCR 分区趋势（2013—2022 年）见图 1-2。

表 1-2　2013—2022 年云南省农业科学院 SCI 发文期刊 WOSJCR 分区情况　　单位：篇

出版年	Q1 区发文量	Q2 区发文量	Q3 区发文量	Q4 区发文量	其他发文量
2013	17	16	17	16	10
2014	18	19	15	14	9
2015	32	27	25	20	9
2016	32	30	28	32	5
2017	42	35	29	21	1
2018	42	40	23	26	3
2019	55	50	29	31	9
2020	77	46	34	22	22
2021	99	54	17	15	22
2022	156	75	20	15	4

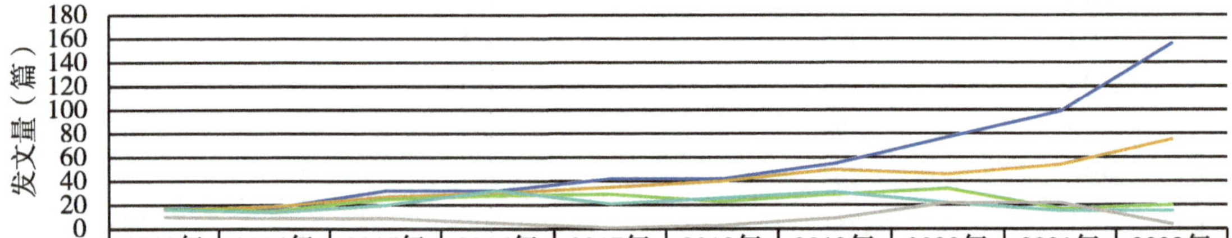

	2013年	2014年	2015年	2016年	2017年	2018年	2019年	2020年	2021年	2022年
Q1（篇）	17	18	32	32	42	42	55	77	99	156
Q2（篇）	16	19	27	30	35	40	50	46	54	75
Q3（篇）	17	15	25	28	29	23	29	34	17	20
Q4（篇）	16	14	20	32	21	26	31	22	15	15
其他（篇）	10	9	9	5	1	3	9	22	22	4

图 1-2　云南省农业科学院 SCI 发文期刊 WOSJCR 分区趋势（2013—2022 年）

1.3　高发文研究所 TOP10

2013—2022 年云南省农业科学院 SCI 高发文研究所 TOP10 见表 1-3。

表 1-3　2013—2022 年云南省农业科学院 SCI 高发文研究所 TOP10　　单位：篇

排序	研究所	发文量
1	云南省农业科学院药用植物研究所	327
2	云南省农业科学院生物技术与种质资源研究所	261
3	云南省农业科学院农业环境资源研究所	154
4	云南省农业科学院花卉研究所	133
5	云南省农业科学院粮食作物研究所	114
6	云南省农业科学院甘蔗研究所	97
7	云南省农业科学院质量标准与检测技术研究所	51
8	云南省农业科学院园艺作物研究所	49
9	云南省农业科学院蚕桑蜜蜂研究所	47
10	云南省农业科学院茶叶研究所	40

1.4　高发文期刊 TOP10

2013—2022 年云南省农业科学院 SCI 高发文期刊 TOP10 见表 1-4。

表 1-4　2013—2022 年云南省农业科学院 SCI 发文期刊 TOP10

排序	期刊名称	发文量（篇）	WOS 所有数据库总被引频次	WOS 核心库被引频次	期刊影响因子（最近年度）
1	FRONTIERS IN PLANT SCIENCE	52	477	433	5.6（2022）
2	SPECTROSCOPY AND SPECTRAL ANALYSIS	39	238	146	0.7（2022）
3	PLOS ONE	31	426	365	3.7（2022）
4	PLANT DISEASE	28	69	59	4.5（2022）
5	SCIENTIFIC REPORTS	26	554	493	4.6（2022）
6	MOLECULES	20	310	289	4.6（2022）
7	BMC PLANT BIOLOGY	18	102	96	5.3（2022）
8	INTERNATIONAL JOURNAL OF MOLECULAR SCIENCES	17	198	181	5.6（2022）
9	FRONTIERS IN MICROBIOLOGY	17	79	75	5.2（2022）
10	SUGAR TECH	17	73	56	1.9（2022）

1.5 合作发文国家与地区 TOP10

2013—2022 年云南省农业科学院 SCI 合作发文国家与地区（合作发文 1 篇以上）TOP10 见表 1-5。

表 1-5 2013—2022 年云南省农业科学院 SCI 合作发文国家与地区 TOP10

排序	国家与地区	合作发文量（篇）	WOS 所有数据库总被引频次	WOS 核心库被引频次
1	美国	133	4 642	4 237
2	泰国	42	1 714	1 545
3	加拿大	42	1 602	1 459
4	韩国	41	1 643	1 485
5	巴基斯坦	41	249	237
6	波兰	39	723	693
7	澳大利亚	29	1 771	1 631
8	哥伦比亚	23	280	273
9	新西兰	21	1 968	1 797
10	印度	20	1 580	1 432

1.6 合作发文机构 TOP10

2013—2022 年云南省农业科学院 SCI 合作发文机构 TOP10 见表 1-6。

表 1-6 2013—2022 年云南省农业科学院 SCI 合作发文机构 TOP10

排序	合作发文机构	发文量（篇）	WOS 所有数据库总被引频次	WOS 核心库被引频次
1	中国科学院	215	1 010	928
2	云南农业大学	193	811	702
3	中国农业科学院	129	361	304
4	云南中医药大学	106	240	193
5	云南大学	106	173	162
6	玉溪师范学院	73	459	351
7	中国科学院大学	65	330	290
8	昆明理工大学	63	312	304
9	南京农业大学	53	176	147
10	中国农业大学	52	229	198

1.7 高频词 TOP20

2013—2022 年云南省农业科学院 SCI 发文高频词（作者关键词）TOP20 见表 1-7。

表 1-7　2013—2022 年云南省农业科学院 SCI 发文高频词（作者关键词）TOP20

排序	关键词（作者关键词）	频次	排序	关键词（作者关键词）	频次
1	Sugarcane	29	11	Gentianarigescens	16
2	Taxonomy	29	12	Fungi	16
3	Phylogeny	28	13	Photosynthesis	14
4	Transcriptome	26	14	Infrared spectroscopy	14
5	Data fusion	25	15	Chemometrics	13
6	Rice	22	16	Mushrooms	13
7	Genetic diversity	20	17	Wheat	12
8	China	18	18	Breeding	12
9	Panaxnotoginseng	17	19	Yunnan	11
10	Gene expression	17	20	Diversity	10

2　中文期刊论文分析

2013—2022 年，云南省农业科学院作者共发表北大中文核心期刊论文3 046篇，中国科学引文数据库（CSCD）期刊论文2 257篇。

2.1　发文量

云南省农业科学院中文文献历年发文趋势（2013—2022 年）见图 2-1。

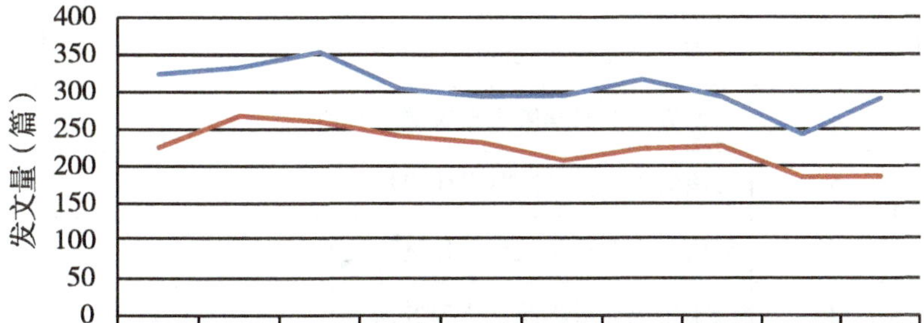

	2013年	2014年	2015年	2016年	2017年	2018年	2019年	2020年	2021年	2022年
北大中文核心期刊—发文量（篇）	324	333	353	304	294	295	316	293	243	291
CSCD期刊—发文量（篇）	226	268	260	241	232	208	224	227	185	186

图 2-1　云南省农业科学院中文文献历年发文趋势（2013—2022 年）

2.2　高发文研究所 TOP10

2013—2022 年云南省农业科学院北大中文核心期刊高发文研究所 TOP10 见表 2-1，

2013—2022 年云南省农业科学院中国科学引文数据库（CSCD）期刊高发文研究所 TOP10 见表 2-2。

表 2-1　2013—2022 年云南省农业科学院北大中文核心期刊高发文研究所 TOP10　单位：篇

排序	研究所	发文量
1	云南省农业科学院农业环境资源研究所	404
2	云南省农业科学院生物技术与种质资源研究所	398
3	云南省农业科学院药用植物研究所	304
4	云南省农业科学院蚕桑蜜蜂研究所	259
5	云南省农业科学院粮食作物研究所	245
6	云南省农业科学院甘蔗研究所	224
7	云南省农业科学院花卉研究所	214
8	云南省农业科学院热区生态农业研究所	205
9	云南省农业科学院园艺作物研究所	180
10	云南省农业科学院经济作物研究所	163

表 2-2　2013—2022 年云南省农业科学院 CSCD 期刊高发文研究所 TOP10　单位：篇

排序	研究所	发文量
1	云南省农业科学院农业环境资源研究所	370
2	云南省农业科学院生物技术与种质资源研究所	327
3	云南省农业科学院药用植物研究所	261
4	云南省农业科学院蚕桑蜜蜂研究所	195
5	云南省农业科学院甘蔗研究所	188
6	云南省农业科学院粮食作物研究所	188
7	云南省农业科学院花卉研究所	151
8	云南省农业科学院质量标准与检测技术研究所	116
8	云南省农业科学院经济作物研究所	116
9	云南省农业科学院热区生态农业研究所	114
10	云南省农业科学院热带亚热带经济作物研究所	96

2.3 高发文期刊 TOP10

2013—2022 年云南省农业科学院高发文北大中文核心期刊 TOP10 见表 2-3，2013—2022 年云南省农业科学院高发文 CSCD 期刊 TOP10 见表 2-4。

表 2-3 2013—2022 年云南省农业科学院高发文期刊（北大中文核心）TOP10 单位：篇

排序	期刊名称	发文量	排序	期刊名称	发文量
1	西南农业学报	556	6	南方农业学报	69
2	分子植物育种	98	7	植物保护	69
3	江苏农业科学	97	8	热带作物学报	67
4	植物遗传资源学报	87	9	蚕业科学	63
5	中国南方果树	73	10	云南农业大学学报 · 自然科学	51

表 2-4 2013—2022 年云南省农业科学院高发文期刊（CSCD）TOP10 单位：篇

排序	期刊名称	发文量	排序	期刊名称	发文量
1	西南农业学报	535	6	云南农业大学学报	69
2	南方农业学报	83	7	植物保护	66
3	植物遗传资源学报	80	8	蚕业科学	60
4	分子植物育种	79	9	光谱学与光谱分析	38
5	热带作物学报	72	10	园艺学报	34

2.4 合作发文机构 TOP10

2013—2022 年云南省农业科学院北大中文核心期刊合作发文机构 TOP10 见表 2-5，2013—2022 年云南省农业科学院 CSCD 期刊合作发文机构 TOP10 见表 2-6。

表 2-5 2013—2022 年云南省农业科学院北大中文核心期刊合作发文机构 TOP10 单位：篇

排序	合作发文机构	发文量	排序	合作发文机构	发文量
1	云南农业大学	416	6	昆明理工大学	63
2	中国农业科学院	110	7	西南林业大学	58
3	云南大学	103	8	云南省烟草公司	48
4	玉溪师范学院	84	9	云南中医药大学	40
5	中国科学院	74	10	昆明学院	33

表 2-6　2013—2022 年云南省农业科学院 CSCD 期刊合作发文机构 TOP10　　单位：篇

排序	合作发文机构	发文量	排序	合作发文机构	发文量
1	云南农业大学	337	6	云南省烟草公司	46
2	中国农业科学院	90	7	昆明理工大学	44
3	云南大学	79	8	西南林业大学	36
4	玉溪师范学院	70	9	云南中医药大学	31
5	中国科学院	62	10	南京农业大学	25

浙江省农业科学院

1　英文期刊论文分析

分析数据来源于科学引文索引数据库（Web of Science，WOS）收录的文献类型为期刊论文（Article）、会议论文（Proceedings Paper）和述评（Review）的 Science Citation Index Expanded（SCIE）论文数据，数据时间范围为2013—2022 年，共检索到浙江省农业科学院作者发表的论文 3 247篇。

1.1　发文量

2013—2022 年浙江省农业科学院历年 SCI 发文与被引情况见表 1-1，浙江省农业科学院英文文献历年发文趋势（2013—2022 年）见图 1-1。

表 1-1　2013—2022 年浙江省农业科学院历年 SCI 发文与被引情况

出版年	发文量（篇）	WOS 所有数据库总被引频次	WOS 核心库被引频次
2013	197	6 433	5 691
2014	200	4 740	4 182
2015	235	6 293	5 598
2016	227	6 280	5 631
2017	267	6 315	5 779
2018	254	5 617	5 183
2019	313	4 760	4 384
2020	380	3 850	3 605
2021	496	1 893	1 831
2022	678	456	452

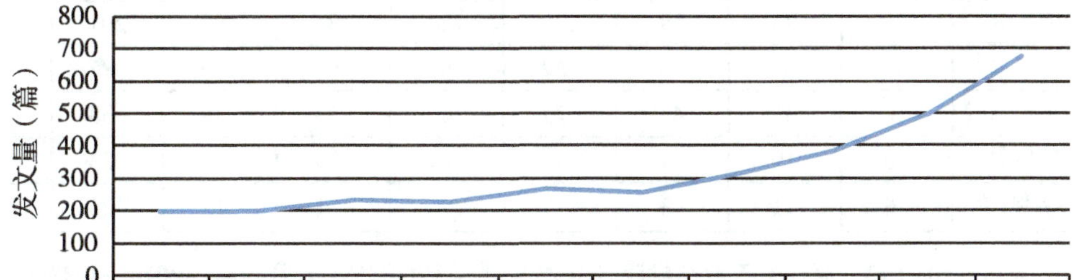

	2013年	2014年	2015年	2016年	2017年	2018年	2019年	2020年	2021年	2022年
发文量（篇）	197	200	235	227	267	254	313	380	496	678

图 1-1　浙江省农业科学院英文文献历年发文趋势（2013—2022 年）

1.2 发文期刊 JCR 分区

2013—2022 年浙江省农业科学院 SCI 发文期刊 WOSJCR 分区情况见表 1-2，浙江省农业科学院 SCI 发文期刊 WOSJCR 分区趋势（2013—2022 年）见图 1-2。

表 1-2 2013—2022 年浙江省农业科学院 SCI 发文期刊 WOSJCR 分区情况 单位：篇

出版年	Q1 区发文量	Q2 区发文量	Q3 区发文量	Q4 区发文量	其他发文量
2013	81	47	40	23	6
2014	77	61	32	19	11
2015	99	73	43	17	3
2016	120	62	22	16	7
2017	124	67	42	29	5
2018	135	66	33	19	1
2019	148	99	38	17	11
2020	201	87	38	23	28
2021	302	101	29	15	47
2022	435	194	27	10	12

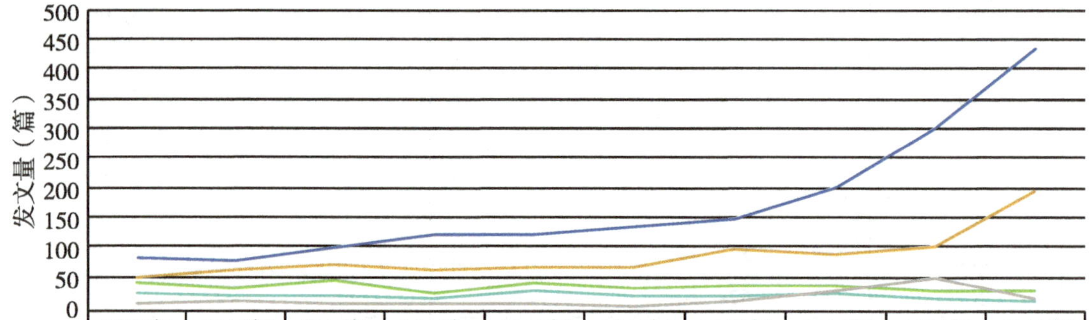

	2013年	2014年	2015年	2016年	2017年	2018年	2019年	2020年	2021年	2022年
Q1（篇）	81	77	99	120	124	135	148	201	302	435
Q2（篇）	47	61	73	62	67	66	99	87	101	194
Q3（篇）	40	32	43	22	42	33	38	38	29	27
Q4（篇）	23	19	17	16	29	19	17	23	15	10
其他（篇）	6	11	3	7	5	1	11	28	47	12

图 1-2 浙江省农业科学院 SCI 发文期刊 WOSJCR 分区趋势（2013—2022 年）

1.3 高发文研究所 TOP10

2013—2022 年浙江省农业科学院 SCI 高发文研究所 TOP10 见表 1-3。

表 1-3　2013—2022 年浙江省农业科学院 SCI 高发文研究所 TOP10　　单位：篇

排序	研究所	发文量
1	浙江省农业科学院农产品质量标准研究所	408
2	浙江省农业科学院畜牧兽医研究所	286
3	浙江省农业科学院环境资源与土壤肥料研究所	224
4	浙江省农业科学院食品科学研究所	222
5	浙江省农业科学院蔬菜研究所	220
6	浙江省农业科学院作物与核技术利用研究所	202
7	浙江省农业科学院园艺研究所	171
8	浙江省农业科学院数字农业研究所	87
9	浙江省农业科学院蚕桑研究所	73
10	浙江省农业科学院浙江亚热带作物研究所	45

1.4　高发文期刊 TOP10

2013—2022 年浙江省农业科学院 SCI 高发文期刊 TOP10 见表 1-4。

表 1-4　2013—2022 年浙江省农业科学院 SCI 发文期刊 TOP10

排序	期刊名称	发文量（篇）	WOS 所有数据库总被引频次	WOS 核心库被引频次	期刊影响因子（最近年度）
1	FRONTIERS IN PLANT SCIENCE	126	1 391	1 297	5. 6（2022）
2	PLOS ONE	84	1 554	1 393	3. 7（2022）
3	SCIENTIFIC REPORTS	78	1 809	1 653	4. 6（2022）
4	FOOD CHEMISTRY	71	1 179	1 057	8. 8（2022）
5	INTERNATIONAL JOURNAL OF MOLECULAR SCIENCES	65	403	378	5. 6（2022）
6	SCIENCE OF THE TOTAL ENVIRONMENT	62	1 177	1 085	9. 8（2022）
7	FRONTIERS IN MICROBIOLOGY	46	407	386	5. 2（2022）
8	ECOTOXICOLOGY AND ENVIRONMENTAL SAFETY	38	668	582	6. 8（2022）
9	ENVIRONMENTAL SCIENCE AND POLLUTION RESEARCH	38	386	354	5. 8（2022）
10	PEERJ	37	127	107	2. 7（2022）

1.5 合作发文国家与地区 TOP10

2013—2022 年浙江省农业科学院 SCI 合作发文国家与地区（合作发文 1 篇以上）TOP10 见表 1-5。

表 1-5 2013—2022 年浙江省农业科学院 SCI 合作发文国家与地区 TOP10

排序	国家与地区	合作发文量（篇）	WOS 所有数据库总被引频次	WOS 核心库被引频次
1	美国	348	8 576	7 909
2	澳大利亚	88	2 059	1 866
3	德国	55	1 782	1 702
4	巴基斯坦	52	479	443
5	加拿大	51	1 288	1 167
6	新西兰	43	579	529
7	英格兰	40	1 070	1 003
8	日本	30	1 472	1 332
9	苏格兰	25	1 179	1 067
10	菲律宾	25	1 054	908

1.6 合作发文机构 TOP10

2013—2022 年浙江省农业科学院 SCI 合作发文机构 TOP10 见表 1-6。

表 1-6 2013—2022 年浙江省农业科学院 SCI 合作发文机构 TOP10

排序	合作发文机构	发文量（篇）	WOS 所有数据库总被引频次	WOS 核心库被引频次
1	浙江大学	693	2 650	2 397
2	中国科学院	198	1 204	1 061
3	浙江工业大学	178	361	349
4	中国农业科学院	163	709	595
5	南京农业大学	157	829	727
6	华中农业大学	112	331	303
7	浙江师范大学	101	486	411
8	宁波大学	88	86	85
9	浙江农林大学	79	126	118
10	中国农业大学	78	185	167

1.7 高频词 TOP20

2013—2022 年浙江省农业科学院 SCI 发文高频词（作者关键词）TOP20 见表 1-7。

表 1-7 2013—2022 年浙江省农业科学院 SCI 发文高频词（作者关键词）TOP20

排序	关键词（作者关键词）	频次	排序	关键词（作者关键词）	频次
1	Rice	78	11	Antioxidant activity	22
2	Gene expression	58	12	Oxidative stress	22
3	Transcriptome	49	13	Brassica napus	21
4	Cadmium	29	14	Duck	19
5	Gut microbiota	27	15	Phylogenetic analysis	19
6	Biochar	26	16	Abiotic stress	19
7	Risk assessment	24	17	Arabidopsis	18
8	Genetic diversity	24	18	Soybean	18
9	Magnaporthe oryzae	23	19	Strawberry	18
10	RNA-seq	23	20	Apoptosis	17

2 中文期刊论文分析

2013—2022 年，浙江省农业科学院作者共发表北大中文核心期刊论文2 940篇，中国科学引文数据库（CSCD）期刊论文2 024篇。

2.1 发文量

浙江省农业科学院中文文献历年发文趋势（2013—2022 年）见图 2-1。

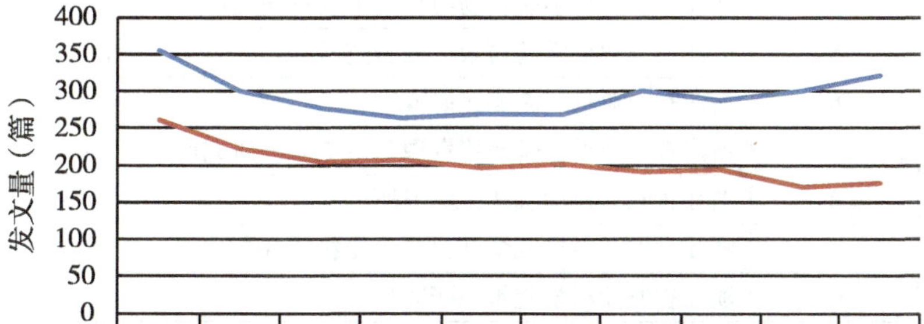

	2013年	2014年	2015年	2016年	2017年	2018年	2019年	2020年	2021年	2022年
北大中文核心期刊—发文量（篇）	354	301	278	263	268	268	300	288	300	320
CSCD期刊—发文量（篇）	262	223	204	206	197	202	191	193	171	175

图 2-1 浙江省农业科学院中文文献历年发文趋势（2013—2022 年）

2.2 高发文研究所 TOP10

2013—2022 年浙江省农业科学院北大中文核心期刊高发文研究所 TOP10 见表 2-1，2013—2022 年浙江省农业科学院中国科学引文数据库（CSCD）期刊高发文研究所 TOP10 见表 2-2。

表 2-1 2013—2022 年浙江省农业科学院北大中文核心期刊高发文研究所 TOP10 单位：篇

排序	研究所	发文量
1	浙江省农业科学院	720
2	浙江省农业科学院农产品质量标准研究所	367
3	浙江省农业科学院畜牧兽医研究所	321
4	浙江省农业科学院食品科学研究所	282
5	浙江省农业科学院作物与核技术利用研究所	230
6	浙江省农业科学院园艺研究所	216
7	浙江省农业科学院蔬菜研究所	171
8	浙江省农业科学院环境资源与土壤肥料研究所	167
9	浙江省农业科学院浙江柑橘研究所	101
10	浙江省农业科学院浙江亚热带作物研究所	95
11	浙江省农业科学院花卉研究中心	91
11	浙江省农业科学院农村发展研究所	91

注：“浙江省农业科学院”发文包括作者单位只标注为“浙江省农业科学院”、院属实验室等。

表 2-2 2013—2022 年浙江省农业科学院 CSCD 期刊高发文研究所 TOP10 单位：篇

排序	研究所	发文量
1	浙江省农业科学院	357
2	浙江省农业科学院农产品质量标准研究所	253
3	浙江省农业科学院食品科学研究所	249
4	浙江省农业科学院作物与核技术利用研究所	208
5	浙江省农业科学院畜牧兽医研究所	199
6	浙江省农业科学院园艺研究所	176
7	浙江省农业科学院环境资源与土壤肥料研究所	166
8	浙江省农业科学院蔬菜研究所	130
9	浙江省农业科学院浙江亚热带作物研究所	68
10	浙江省农业科学院蚕桑研究所	60
10	浙江省农业科学院浙江柑橘研究所	60
11	浙江省农业科学院花卉研究中心	50

注：“浙江省农业科学院”发文包括作者单位只标注为“浙江省农业科学院”、院属实验室等。

2.3 高发文期刊 TOP10

2013—2022 年浙江省农业科学院高发文北大中文核心期刊 TOP10 见表 2-3，2013—2022 年浙江省农业科学院高发文 CSCD 期刊 TOP10 见表 2-4。

表 2-3 2013—2022 年浙江省农业科学院高发文期刊（北大中文核心）TOP10 单位：篇

排序	期刊名称	发文量	排序	期刊名称	发文量
1	浙江农业学报	568	6	中国畜牧杂志	58
2	分子植物育种	160	7	农业生物技术学报	57
3	核农学报	145	8	动物营养学报	56
4	中国食品学报	114	9	浙江大学学报（农业与生命科学版）	56
5	果树学报	63	10	蚕业科学	54

表 2-4 2013—2022 年浙江省农业科学院高发文期刊（CSCD）TOP10 单位：篇

排序	期刊名称	发文量	排序	期刊名称	发文量
1	浙江农业学报	519	6	农业生物技术学报	51
2	核农学报	126	7	浙江大学学报（农业与生命科学版）	49
3	分子植物育种	105	8	动物营养学报	48
4	中国食品学报	91	9	蚕业科学	45
5	果树学报	59	10	食品科学	45

2.4 合作发文机构 TOP10

2013—2022 年浙江省农业科学院北大中文核心期刊合作发文机构 TOP10 见表 2-5，2013—2022 年浙江省农业科学院 CSCD 期刊合作发文机构 TOP10 见表 2-6。

表 2-5 2013—2022 年浙江省农业科学院北大中文核心期刊合作发文机构 TOP10 单位：篇

排序	合作发文机构	发文量	排序	合作发文机构	发文量
1	浙江师范大学	195	6	浙江工业大学	63
2	浙江大学	190	7	华中农业大学	51
3	浙江农林大学	115	8	中国农业科学院	50
4	南京农业大学	104	9	西北农林科技大学	36
5	浙江工商大学	96	10	安徽农业大学	33

表 2-6　2013—2022 年浙江省农业科学院 CSCD 期刊合作发文机构 TOP10　单位：篇

排序	合作发文机构	发文量	排序	合作发文机构	发文量
1	浙江师范大学	148	6	中国农业科学院	39
2	浙江大学	123	7	华中农业大学	30
3	浙江农林大学	80	8	西北农林科技大学	27
4	南京农业大学	79	9	安徽农业大学	25
5	浙江工业大学	47	10	杭州师范大学	25